高等学校"十三五"规划教材

化学与生活

杨 文 邱丽华 主编

U0331684

化学工业出版社

·北京·

《化学与生活》共五章，包括化学与食品、化学与日用品、化学与能源、化学与环境以及化学与材料，以化学为主线，围绕衣、食、住、行、学、用、玩等展开，侧重探讨化学与现代人生活的各领域，尤其注重新材料、新能源等新兴学科的生活应用，并配有二维码介绍生活中与化学有关的小知识。

　　《化学与生活》可作为大中专院校学生的公选课教材，也可作为科普性读物供相关管理、营销人员、中学化学教师、中学生和科普爱好者阅读。

图书在版编目（CIP）数据

　　化学与生活/杨文，邱丽华主编. —北京：化学工业出版社，2020.2（2024.7重印）
　　ISBN 978-7-122-35810-3

　　Ⅰ.①化⋯　Ⅱ.①杨⋯②邱⋯　Ⅲ.①化学-普及读物　Ⅳ.①O6-49

　　中国版本图书馆CIP数据核字（2020）第002090号

责任编辑：李　琰　宋林青　　　　　　　　　　　装帧设计：关　飞
责任校对：王鹏飞

出版发行：化学工业出版社（北京市东城区青年湖南街13号　邮政编码100011）
印　　刷：三河市航远印刷有限公司
装　　订：三河市宇新装订厂
787mm×1092mm　1/16　印张14¾　字数372千字　2024年7月北京第1版第8次印刷

购书咨询：010-64518888　　售后服务：010-64518899
网　　址：http://www.cip.com.cn
凡购买本书，如有缺损质量问题，本社销售中心负责调换。

定　　价：48.00元

前　言

化学是一门研究物质及其变化规律的科学，是自然科学，也是生动的、贴近生活的学科。我们几乎每天都会听到一些与化学有关的话题，生活中充满着化学的踪影，化学渗透在我们的衣、食、住、行之中。我们的生活中"处处有化学，无处无化学"。高度发展的化学科学使我们的生活更加丰富多彩。

我们生活在化学的世界里，享受着化学带给我们的种种方便和利益，同时也承受着化学品生产过程带给我们的种种污染和危害。汽车尾气排放，造成大气污染，酸雨在警告我们，臭氧层空洞威胁着我们，环境污染成了工业生产给人们生活带来的重大问题。只有清楚地认识到这一点，并用化学知识解决当今生活中的实际问题，才能真正做到让化学服务于社会、服务于其他学科、服务于人类自己。因此，利用化学知识更好、更健康地生活是我们的共同追求和愿望。

现代生活衣食住行的各个细节都离不了化学。人造纤维等可以制成颜色鲜艳、轻薄舒适的衣服；化学杀虫剂和化肥用于农业可以增加粮食的产量；食品添加剂可改善食物的味道和气味等；天然气可以用于煮熟食物；三合土（水泥）、钢筋、瓷砖、玻璃、铝和塑胶等均可用于建筑；特殊的合金可用于制造飞机机身等；燃料等化学品可用作飞机、轮船、汽车的动力；用化学方法制成的药物，增强了我们抵抗疾病的能力，使人类的平均寿命增长；洗衣粉和肥皂是家用去污的好产品，漂白水和清洁剂等家居化学品均来自化学工业的制成品。

近年来，国内外相继出版了许多精彩有趣、贴近生活的相关书籍与教科书。然而，任何一册书籍都无法做到包罗万象。本书在编写过程中，既借鉴了大量的此类书籍的内容，更侧重探讨化学在现代人生活的各个领域，尤其注重新材料、新能源等新兴学科的生活应用。

《化学与生活》以化学为主线，围绕衣、食、住、行、学、用、玩等生活活动展开，包括化学与食品、化学与日用品、化学与能源、化学与环境以及化学与材料，共五章内容。在编写方式上，尽可能避免比较专业的化学术语，力求做到集知识性、技术性、实用性和趣味性于一体，紧扣生活实际，深入浅出地展开阐述，并配有一系列贴合内容的图片，部分内容配有二维码介绍生活中与化学有关的小知识，引人入胜。

《化学与生活》由杨文、邱丽华任主编，负责全书框架和内容的统筹。书中第一章由邱丽华编写，第二章和第四章由杨文编写，第三章由周为群编写，第五章由张振江编写。本书在编写过程中，参考了有关文献和书籍，并得到了许多学者的帮助，在此一并表示感谢。因时间仓促，书中难免错误之处，恭请读者指正。

本书可作为具有中学化学基础的非化学专业的大中专院校学生的公选课教材，也可供相关管理、营销人员、中学化学教师、中学生和科普爱好者作为普通类型的科普性读物。

编者

2019 年 11 月

目 录

第一章　化学与食品 /1

第二章 化学与日用品 /51

第三章 化学与能源 /102

第四章　化学与环境 /142

第五章　化学与材料 /176

第一章
化学与食品

民以食为天，人类的生存离不开食品，它是人类与环境进行物质联系并赖以生存的基础，是人类维持生命活动的重要物质。食品通常是指经过加工制作可以供人食用的物质。食品的发展有着悠久的历史、丰富的内涵，它深深植根于人们的日常饮食生活中。

社会发展到今天，人类对食品有了更全面、更深层的认识。人们开始从健康、卫生、营养、科学的角度注重饮食生活，对因饮食不当等原因而造成的心脏病、糖尿病等各种慢性疾病的现象已引起充分重视。现在我国的食品安全现状不容乐观，存在诸多的问题。其中，不少问题是与化学密切相关的。

第一节　概　述

《食品安全法》第九十九条对"食品"的定义：食品，指各种供人食用或者饮用的成品和原料以及按照传统既是食品又是药品的物品，但是不包括以治疗为目的的物品。《食品工业基本术语》对食品的定义：可供人类食用或饮用的物质，包括加工食品、半成品和未加工食品，不包括烟草或只作药品用的物质。

从食品卫生立法和管理的角度看，广义的食品概念还涉及：所生产食品的原料，食品原料种植、养殖过程接触的物质和环境，食品的添加物质，所有直接或间接接触食品的包装材料、设施以及影响食品原有品质的环境。

一、食品分类

食品分类系统用于界定食品添加剂的使用范围，只适用于使用该标准查询添加剂。该标准的食品分类系统共分十六大类，每一大类下分若干亚类，亚类下分次亚类，次亚类下分小类，有的小类还可再分为次小类。如果允许某一食品添加剂应用于某一食品类别，则允许其应用于该类别下的所有类别食品，另有规定的除外。具体说，如果允许某一食品添加剂应用于某一食品大类，则其下的亚类、次亚类、小类和次小类所包含的食品均可使用；亚类可以使用的，则其下的次亚类、小类和次小类也可以使用，但是大类不可以使用，另有规定的除外。

食品分类系统的十六大类如下：①乳与乳制品；②脂肪、油和乳化脂肪制品；③冷冻饮品；④水果、蔬菜（包括块根类）、豆类、食用菌、藻类、坚果以及籽类等；⑤可可制品、巧克力和巧克力制品（包括类巧克力和代巧克力）以及糖果；⑥粮食和粮食制品；⑦焙烤食品；⑧肉及肉制品；⑨水产品及其制品；⑩蛋及蛋制品；⑪甜味料；⑫调味品；⑬特殊营养食品；⑭饮料类；⑮酒类；⑯其他类。其中，其他类包含七个亚类：果冻；茶叶、咖啡；胶原蛋白肠衣（肠衣）；酵母类制品；油炸食品；膨化食品；其他。

二、新概念食品

近年来，随着科学的发展，一些新概念的食品如无公害食品、绿色食品、有机食品、转基因食品、辐照食品、健康食品不断地出现。

1. 无公害食品

无公害食品指产地生态环境清洁，按照特定的技术操作规程生产，将有害物含量控制在规定标准内，并由授权部门审定批准，允许使用无公害标识（图1-1）的食品。无公害食品的生产过程中允许限量、限品种、限时间地使用人工合成的、安全的化学农药、兽药、渔药、肥料、饲料添加剂等。

图1-1　无公害食品标识

2. 绿色食品

绿色食品概念是我国提出的，遵循可持续发展原则，按照特定生产方式生产，经专门机构认证、许可使用绿色食品标志识（图1-2）的无污染的安全、优质、营养类食品。由于与环境保护有关的事物国际上通常都冠之以"绿色"，为了更加突出这类食品出自良好生态环境，将这类食品定名为绿色食品。

AA级绿色食品标识　　A级绿色食品标识

图1-2　绿色食品标识

3. 有机食品

国际有机农业运动联合会（IFOAM）给有机食品下的定义是：根据有机食品种植标准和生产加工技术规范而生产的、经过有机食品颁证组织认证并颁发证书的一切食品和农产品。有机食品是国际上普遍认同的称呼，这一名词是从Organic Food 翻译的，也可称作生态或生物食品。这里所说的"有机"不是化学上的概念。国家环保局有机食品发展中心（OFDC）认证标准中有机食品的定义是：来自有机农业生产体系，根据有机认证标准生产、加工、并经独立的有机食品认证机构认证的农产品及其加工品等（图1-3），包括粮食、蔬菜、水果、奶制品、禽畜产品、蜂蜜、水产品、调料等。

有机食品、绿色食品和无公害食品的区别如下。

（1）有机食品在生产加工过程中绝对禁止使用农药、化肥、激素等人工合成物质，并且不允许使用基因工程技术；其他食品则允许有限度地使用这些物质，并且不禁止使用基因工程技术。如绿色食品对基因工程技术和辐射技术的使用就未作规定。

（2）有机食品在土地生产转型方面有严格规定。考虑到某些物质在环境中会残留相当一段时间，土地从生产其他食品到生产有机食品需要两到三年的转换期，而绿色食品和无公害食品则没有转换期的要求。

图1-3　有机食品标识

（3）有机食品在数量上进行严格控制，要求定地块、定产量，其他食品没有如此严格的要求。总之，生产有机食品比生产其他食品的难度要大，需要建立全新的生产体系和监控体系，采用相应的病虫害防治、地力保持、种子培育、产品加工和储存等替代技术。

当代农产品生产需要由普通农产品发展到无公害农产品，再发展至绿色食品或有机食品，绿色食品跨接在无公害食品和有机食品之间，无公害食品是绿色食品发展的初级阶段，有机食品是质量更高的绿色食品。

4. 转基因食品

转基因食品是指利用基因工程（转基因）技术在物种基因组中嵌入了（非同种）特定的外源基因的食品，包括转基因植物食品、转基因动物食品和转基因微生物食品。转基因作为一种新兴的生物技术手段，它的不成熟和不确定性，必然使得转基因食品的安全性成为人们关注的焦点。

5. 辐照食品

辐照食品指用钴60、铯137产生的 γ 射线或者电子加速器产生的低于10兆电子伏特电子束辐照加工处理的食品，包括辐照处理的食品原料、半成品。国家对食品辐照加工实行许可制度，经国家有关部门审核批准后发给辐照食品品种批准文号，批准文号为"卫食辐字（××）第 ×× 号"。辐照食品在包装上必须贴有国家有关部门统一制定的辐照食品标识（图1-4）。

图1-4　辐照食品标识

6. 健康食品

健康食品具有一般食品的共性，其原材料也主要取自动植物，经先进生产工艺，将其所含丰富的功效成分作用发挥到极致，从而能调节人体机能，是适用于有特定功能需求的相应人群食用的特殊食品。

健康食品按功能可分为营养补充型、抗氧化型（延年益寿型）、减肥型、辅助治疗型等。根据需求分类，主要可分为营养补充、疾病预防或改善、特定功能三项。表1-1所示即为某特定功能健康食品的营养成分表。

表1-1　高蛋白保健瘦身粉营养成分表

项目	蛋白质 /%	碳水化合物 /%	脂肪 /%	100g 该品含能量 /kJ
平均数 ± 标准差	25.2 ± 1.0	11.9 ± 1.0	9.1 ± 1.5	963 ± 33.4

第二节　食物中的营养成分

一、六大营养素

营养是供给人类用于修补旧组织、增生新组织、产生能量和维持生理活动所需要的合理食物。食物中可以被人体吸收利用的物质叫作营养素。营养素主要包含糖类、脂类、蛋白质、维生素、无机盐和水等六类物质（也有分类方法认为膳食纤维是第七大营养素）。前三者在体内代谢后产生能量，故又称为产能营养素。

（一）糖类

糖类物质是人体重要的能源和碳源，对于人体正常生长发育起着重要作用。糖类亦称碳水化合物，是自然界存在最多、分布最广的一类重要的有机化合物，包括葡萄糖、果糖、乳糖、淀粉、纤维素等，糖分解时释放能量，供给生命活动的需要。

从化学成分上看，糖类化合物由 C（碳）、H（氢）、O（氧）三种元素组成。分子中 H 和 O 的比例通常为 2∶1，与水分子中的比例一样，故又称碳水化合物。可用通式 $C_m(H_2O)_n$ 表示。后来发现有些化合物按其构造和性质应属于糖类化合物，可是它们的组成并不符合 $C_m(H_2O)_n$ 通式，如鼠李糖（$C_6H_{12}O_5$）、脱氧核糖（$C_5H_{10}O_4$）等；而有些化合物如乙酸（$C_2H_4O_2$）、乳酸（$C_3H_6O_3$）等，其组成虽符合通式 $C_m(H_2O)_n$，但结构与性质却与糖类化合物完全不同。所以，碳水化合物这个名称并不确切，但因使用已久，迄今仍在沿用。

食物中的碳水化合物分成两类。一类是人类能够消化、吸收的供能型碳水化合物，如：葡萄糖、果糖、乳糖、淀粉等。另一类是人类不能消化、吸收的但有助于人类健康的碳水化合物，如：膳食纤维。

（二）脂类

脂类主要由一分子甘油与三分子脂肪酸形成的甘油三酯组成（图 1-5）。组成甘油三酯的脂肪酸绝大多数是含有偶数碳原子的饱和脂肪酸和不饱和脂肪酸。通常只含碳碳单键的脂肪酸为饱和脂肪酸。饱和脂肪甘油酯通常呈固态，习惯叫作脂。日常食用的动物油脂如猪油、牛油、羊油、奶油等为饱和脂肪酸甘油酯（简称饱和脂肪）。含碳碳双键的脂肪酸为不饱和脂肪酸。不饱和度大的油脂通常呈液态，习惯叫作油。植物油脂如花生油、豆油、菜籽油、芝麻油、棉籽油、玉米油、葵花籽油和精加工的色拉油等，为不饱和脂肪酸甘油酯（简称不饱和脂肪）。油和脂统称油脂。油脂的共同特性：不溶于水，易溶于有机溶剂。

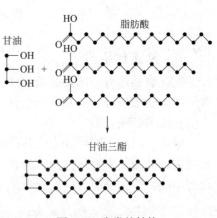

图 1-5　脂类的结构

（三）蛋白质

1838 年，荷兰化学家马尔德首先提出"蛋白质"一词。蛋白质的原意为第一顺位，意思是蛋白质是人类最重要的物质，没有它，就没有生命。蛋白质是细胞结构里最复杂多变的一类大分子，它存在于一切活细胞中。所有蛋白质都含有 C、N、O、H、S 等元素，大多数蛋白质还含有如 Fe、Cu、Zn 等其他元素。多数蛋白质的分子量在 1.2 万 ~ 100 万之间。

（四）维生素

维生素是维持正常生命过程所必需的一类有机物。其需要量很少，但对维持健康十分重要。维生素不能供给机体热能，也不能作为构成组织的物质，其主要功能是通过作为酶的成分调节机体代谢。长期缺乏任何一种维生素都会导致某种营养不良症及相应的疾病。人类的保健、儿童的发育都需要维生素。人类必须每天从膳食（或维生素制剂）中摄入一定量的维生素。人体摄入的维生素并非愈多愈好。例如，超量的维生素 D 会引起乏力、疲倦、恶心、头痛、腹泻等，还可使总血脂的量增加，妨碍心血管功能。

（五）矿物质

矿物质是构成人体组织和维持正常生理功能必需的各种元素的总称。人体中含有的各种元素，除了碳、氧、氢、氮等主要以有机物的形式存在以外，其余的 60 多种元素统称为矿物质（也叫无机盐）。其中 25 种为人体营养所必需的。钙、镁、钾、钠、磷、硫、氯 7 种元素含量较多，约占矿物质总量的 60% ~ 80%，称为常量元素。其他元素如铁、铜、碘、锌、锰、钼、钴、铬、锡、钒、硅、镍、硒、氟共 14 种，存在数量极少，在机体内含量少于 0.01%，被称为微量元素。

（六）生命之源—水（H_2O）。

水是活细胞中最多的化合物，人体 67% 是由水构成的。普通成年人一天需要补充大约 2L 水，其中 800mL 左右可以从食物中获得，还要喝 1200mL 左右的水。

二、生命体的能量来源

人体能量来源于食物。食物通常包括：主体食物、维生素和无机物质（特别是微量元素）。其中食物主体指糖、蛋白质和脂肪，它们被氧化成二氧化碳和水，同时放出热量，所以有人将它们可以称为热量素，它们可以满足人体正常能量需求。维生素及微量元素则在能量的转换和保证机体的正常运行中发挥独特作用。

（一）糖

轻体力劳动者每人每天需糖 400 ~ 450g，重体力劳动者为 500 ~ 600g。1g 糖约提供 17kJ 能量，400 ~ 450g 糖理论上可提供 6800 ~ 7650kJ 能量，占人体所需总能 60% ~ 70%。

糖是快速能源。唾液中的淀粉酶作用于淀粉或糖原，产生二糖（如麦芽糖），这是消化作用的第一步。进入胃后，食物被胰脏分泌的酶作用，使糖继续水解成麦芽糖，再水解成葡萄糖，最后形成一些单糖的混合物。

$$（C_6H_{12}O_5）_n \longrightarrow C_{12}H_{22}O_{11} \longrightarrow C_6H_{12}O_6$$
$$\text{淀粉} \qquad \text{麦芽糖} \qquad \text{葡萄糖}$$

然后这些单糖被吸收进入血液，成为血糖，其浓度受激素胰岛素的调节和控制。如果血糖含量过高，单糖将在肝中转化为多糖糖原，成为肝糖，在人肝中约为 6%。如果血糖含量太低，则肝中贮藏的糖原被水解，从而提高血糖水平。

在酶催化下，被吸收后转化产生的单糖（如葡萄糖）才被"氧化"（燃烧），提供人体所需要的能量。葡萄糖氧化的反应式为：

$$C_6H_{12}O_6（s）+6O_2（g）=\!\!=\!\!= 6CO_2（g）+6H_2O（l）+ 能量$$

（二）蛋白质

1g 蛋白质大约可提供 17kJ 能量，人体每天摄入 46 ~ 56g 蛋白质（相当于 310g 瘦肉或 3 个鸡蛋）就可达到要求。但考虑到实际吸收效率，一般人体每天应供给 80 ~ 120g 蛋白质，放出 1360 ~ 2040kJ 能量，相当于饮食总热量的 10% ~ 15%。

在胃蛋白酶的作用下，蛋白质的水解从胃中开始，并且延续到小肠中。经胃加工后的蛋白质，经多种蛋白酶的作用最后分解为氨基酸，通过肠壁吸收。

（三）脂肪

每克脂肪可提供37kJ能量，正常情况下人体每天摄取60～75g脂肪，可放出2220～2780kJ能量，占总能量的20%～25%。

脂肪的消化主要在肠道中进行，脂肪分解为甘油与脂肪酸。由于帮助水解的酶是水溶性的，脂肪又不溶于水，靠肝脏分泌的胆盐（具有亲油、亲水的双亲结构）使油乳化，所以胃对脂肪的消化作用较弱。

第三节　常见食物的成分及贮存

一、常见食物的成分

（一）主食

主食通常指粮食，包括谷物和豆类等，其共同特点是均为干品。湿存水含量一般在2%以下。

1. 谷物

谷物包括大米、小麦、玉米、高粱、小米、荞麦等，它们的主成分为糖类，基本以淀粉的形式存在。谷物含一定量蛋白质，缺少赖氨酸、苏氨酸，色氨酸含量不高。谷物含脂肪较少，维生素含量以B族较多。淀粉是以葡萄糖为单元连接而成的大分子，结构上有直链与支链之分。

2. 豆类

豆类包括大豆、花生、芝麻、葵花子及杂豆等，其化学成分较为复杂。下面选择大豆、花生类略做分析。

（1）大豆

大豆所含的氨基酸中除胱氨酸及甲硫氨酸较少外，其他与动物性蛋白相似，故有植物蛋白之称。大豆中含大量维生素B及多种其他维生素，含较多的磷脂质（达1.5%，大部分为卵磷质及少量脑磷脂），所以营养价值很高。其中的磷脂质呈浆状，提取后可作食品加工的乳化剂；经精制后可作营养强壮剂、高血压预防剂等。

（2）花生

花生的营养价值很高，其所含蛋白质中含有人体必需的8种氨基酸，脂肪含量也很高，还有约占1%的钾、磷和较丰富的维生素B，唯缺维生素C。此外，其消化率仅次于牛肉及蛋类，优于大豆。花生在人体中消化的时间较谷类长一些。

3. 薯芋类

薯芋类主要包括马铃薯、甘薯、凉薯、山药、芋头等，主要成分为淀粉，蛋白质含量1%～3%，含维生素B_1和维生素C比较多。无机质中含钾、钙较少，含磷较多。

（二）副食

副食可分肉、蔬菜及水果三类。按其来源可分为陆产与水产两类；按一般习惯分为荤、素两类；有的西方国家则分为动物性与植物性两大类。

1. 肉类

（1）畜禽肉类

畜禽肉类常指鸡、鸭、鱼及其他禽兽（家养及野生）的可食用部分，包括肌肉、结缔组织、脂肪及脏器（脑、舌、心、肺、肝、脾、肾、肠、胃等）以及血、骨、筋、胶原等，以肌肉为主。肉类营养成分含量见表1-2。

瘦肉主要成分为蛋白质（20%），干物中蛋白质约占80%，氨基酸甚多，且组成匹配好，因而瘦肉成为营养之必备品。肝脏中富含维生素，特别是鸡肝、牛肝中最丰富，其维生素A可达400～500毫克/100克。

表1-2　肉类营养成分含量

营养成分	化学成分含量/%				100g 肉类中微量元素含量/毫克			100g 肉类中维生素含量/毫克			
	蛋白质	脂肪	水分	灰分	钙	磷	铁	维生素 A	维生素 B₁	维生素 B₂	维生素 PP
鲜鸡肉	20.3	12.6	66	0.9	11	140	2.5	70	0.91	0.20	4.0
鲜牦牛肉	21.5	4.4	73	1.1	12	180	4.5	83	0.27	0.25	5.1
鲜牛肉	18.0	12.0	69	0.9	11	166	2.7	72	0.08	0.15	4.4
鲜羊肉	16.3	14.8	68	0.8	11	129	2.0	69	0.07	0.13	4.9
鲜猪肉	17	15.1	67	0.9	9	120	2.3	67	0.85	0.18	4.0

（2）鱼及水产品

无论是淡水还是海水产品，除含高蛋白（10%～20%）、低脂肪（1%～10%）外，均以维生素多及无机微量元素高（1%～2%）为特点。另一特点是水产品蛋白质中的硫等非氮化合物约占30%，赋予其鲜美味道。

（3）蛋

各类禽蛋主成分均为蛋白质（约18%），其中鹌鹑蛋和鹅蛋的蛋白质含量较高。蛋清和蛋黄的成分不同。蛋含氨基酸品种最齐全（18种）。

2. 蔬菜、水果

（1）蔬菜

蔬菜是指含水分90%以上，可作维生素、无机质和纤维素之源的植物。

蔬菜的价值还在于其特殊成分及其特殊作用。蔬菜中的纤维素和果胶质使肠蠕动，促进消化；蔬菜中酶含量较多，有助于消化及发挥各种生理功能；蔬菜中的多种维生素（尤其是维生素C）有鲜味及各种刺激性成分，如葱类之辛辣味等能刺激食欲。

（2）水果

水果分浆果（葡萄、草莓、凤梨等）、仁果（苹果、柿、枇杷、柑橘等）、核果（桃、梅、杏、李等）、坚果（栗、核桃、白果、榛子等）四类，除后者为干果外，前三者约含90%水分，故称水果。水果的主要成分为糖（10%），发热量约200J/g，多数缺脂肪及蛋白质，但含某些特殊营养成分。

二、贮存和保鲜

（一）食物腐败

食物腐败的主要原因是氧化作用和微生物作用引起变质和产生毒素。氧化作用包括大气氧化、呼吸作用和微生物作用。

1. 大气氧化

大气氧化是造成脂肪、糖、蛋白质、维生素变质的主要因素。氧与脂肪作用生成过氧化物，高温生成聚合物、脂肪酸、醛及烃类化合物。加热、氧化糖时，伴随有脱水、分解成羟甲基糠醛，进而与氨基酸作用生成褐色物，常用于酱油等着色。加热蛋白质后部分变性，生化功能并未显著改变，主要是溶解度减小甚至凝固。加热会破坏鸡蛋蛋白中的卵黏蛋白及抗生物素蛋白和大豆中的抗胰蛋白酶及凝结血红蛋白，从而消除了生蛋白毒性，但过度加热，氨基酸损失，与糖共存时损失更多。在空气中加热维生素会使各类维生素不同程度地被破坏。例如，维生素 A 对热相当稳定，但易氧化成环氧维生素 A，进而分解；维生素 B 虽油炸几天无损失，但文火炖煮，可破坏 50%；维生素 C 本身对热稳定，但因蔬菜中常含维生素 C 氧化酶，加热时易被破坏，该酶分解后，维生素 C 分解减少。

2. 呼吸作用

植物类食物如谷物、蔬菜、水果等在存放期间继续其呼吸作用（植物体在有氧情况下将有机物分解成二氧化碳、水和释放能量的过程为植物的呼吸作用。萝卜放久了要空心，是因为呼吸作用分解了大量有机物）。减少空气中的氧气与增加二氧化碳的浓度，可抑制蔬菜及果体的呼吸，降低其氧化分解，以保持其鲜度，称为充气贮藏法。

3. 微生物作用

可分为酶酵解和细菌作用两类。

① 酶酵解　指食物在酶作用下的分解现象。生物体中本来含有多种酶（果蔬中较多），如氧化酶、过氧化酶、酚酶等，特别是维生素 C 氧化酶分布甚广，易使维生素 C 氧化失效，导致物质腐败。

② 细菌作用　在合适的湿度（10% ~ 70%）和温度（25 ~ 40℃或10 ~ 60℃）以及不同的 pH 条件下，细菌迅速繁殖。

（二）贮存的一般方法

1. 物理方法

贮存的物理方法包括低温冷藏、高温杀菌、脱水或干燥、辐射杀菌、提高渗透压、密封罐装。

2. 化学方法

（1）防腐剂　也称保存剂、抗微生物剂、抗菌剂，应用于食物贮存时，其效果随食品 pH、成分、保存条件而异。通常微生物在 pH=5.5 ~ 8.0 最易繁殖，故可加入适量酸使 pH 低于5。防腐剂分无机防腐剂和有机防腐剂两大类。

常用无机防腐剂：兼有去色、杀菌作用的有亚硫酸盐、过氧化氢、溴酸钾，兼有护色、防腐作用的有硝酸钾、硝酸钠、亚硝酸钾、亚硝酸钠，使用量分别为 0.5g/kg、0.15g/kg。

常用有机防腐剂：苯甲酸及其盐、对羟基苯甲酸酯、山梨酸及其盐等三大类。其毒性大小：苯甲酸及其盐类＞对羟基苯甲酸酯＞山梨酸及其盐类。

（2）抗氧化剂　可阻止或延迟食品氧化。动植物体中常含天然抗氧化剂，如没食子酸、抗坏血酸、黄色素类以及小麦胚芽中的维生素 E、芝麻油中的芝麻油酚、丁香酚等。

人工抗氧化剂有 L-抗坏血酸及其盐、二丁基羟基甲苯（BHT）、丁基羟基甲氧苯（BHA）、没食子酸丙酯、维生素 E 等。当它们的用量为 0.005% 时即可以防止油脂酸败。

（3）脱氧剂　也称游离氧吸收剂或驱除剂。

（三）保鲜

食物的保存和防腐，通常方法如下。

（1）阻止腐蚀剂的作用　这类腐蚀剂通常是大气、灰尘、水分、盐及各种化学药品，办法是改善包装，如充以惰性气体等。

（2）防止细菌作用　办法是阻挠微生物细胞膜透过食物或营养素，使细菌饿死；设法干扰其遗传机制，抑制细菌繁殖；阻挠细菌内酶的活性，停止代谢过程；清除菌源，杀灭细菌。

（四）常见食物的贮存与保鲜办法

（1）谷类　谷类在贮存中因氧化、呼吸、酶作用而发生各种变质。故小麦、稻米贮存切忌受潮。

（2）肉、乳、蛋类　即荤食类，其特点是蛋白质及脂肪含量高，贮存时易发生细菌作用和酵解。肉类贮藏的主要问题是控制腐败细菌的活动。通常的方法是酸化（因酸性环境不利于细菌生长，如醋泡猪蹄等）、排除空气（或充二氧化碳、氮气包装，以防氧化）、干燥（烘干、风干、速冻以降低水分）、腌制（盐、糖渍）、辐射、加入香料（如丁香）等。用芥末油、大蒜汁涂抹鲜肉，其中的大蒜素可有效抑制细菌活动，加入香料还可掩盖异味，是值得推荐的家用香料调制法。

（3）蔬菜、水果类　蔬菜、水果通用的存放办法是在 10℃以下保存（因 10℃以下酶及细菌活动减弱），但随物而异。

第四节　饮品与化学

一、饮用水

水是生命物质的溶剂，也是生命的营养物质，是消化过程中水解反应的主要反应物和食物润滑剂，是体内输送营养、排泄废物的载体，是体温调节剂和关节润滑剂。

市面上的涉水产品众多，有名为矿泉水、矿物质水、纯净水、天然饮用水的，也有冠以竹炭水、月子水、冰川水、弱碱性水、小分子团水等概念的。实际上目前常见的饮用水，大致可分成矿物质水、矿泉水、纯净水。

（一）矿物质水

矿物质水是生活饮用水（自来水）经过纯化，然后添加矿物质，经杀菌装罐制得的。矿物质通常是指无机盐，水里面比较常见的无机盐是钠、钾、钙、镁的碳酸盐，偏硅酸盐等。水里也存在一些其他元素，比如铁、锌、锰、钼、钒等。不否认这些元素都是人体需要的，但是我们获取这些营养元素的主要途径还是一日三餐。

（二）矿泉水

矿泉水是从地下深处自然涌出或钻井采集得到的，它对水源地有严格要求，需经过地矿部门勘探评价，采取水源地保护措施，可以理解为一种矿产资源。矿泉水的价格相对较高，主要是因为水源成本高，而不是因为其中微量的矿物质真有什么神奇的功效。

矿泉水来自地下深处，其成分受岩层成分的影响较大，所以与生活饮用水相比，它有更多的元素如锑、钡、硼、镍、银等的含量需要控制，而这些在生活饮用水中都只是非常规指标。

矿泉水广告中常吹嘘含有丰富的"微量营养元素"锶、硒等，实际上矿泉水中这些物质的含量往往并不比自来水高，有的甚至还不如自来水。"矿泉水优于其他水"的说法从未得到科学界的认可。

（三）纯净水

纯净水是以符合生活饮用水卫生标准的水为原料，通过离子交换、反渗透、蒸馏等工艺制成的。它的离子含量低，硬度低，几乎不含矿物质，用它来烧水不会形成水垢。纯净水在发达国家和地区的普及率很高，可以达到 80% 以上，中东地区的居民喝的也几乎都是纯净水。

饮用纯净水的优点是非常洁净，不含防腐剂；缺点是保鲜期短，价格高。

（四）健康饮水小知识

1. 并非弱碱性的水才健康

无论是弱酸性水还是弱碱性水，喝到肚子里都变成酸性的，因为胃酸的 pH 为 2.0 左右。然后到了肠道，甭管什么水又都变成碱性了，这是消化道细菌喜欢的环境。

我们的机体是一个精密的缓冲体系，如血液的 pH 正常范围是 7.35 ~ 7.45，只有这样才能保证各种生理功能正常。水的弱碱性来自矿物质，如碳酸盐、偏硅酸盐等，但这些微量的矿物质对人体的生理影响根本无法与来自膳食的相提并论。就连所谓的酸性食物、碱性食物也不能大幅改变我们的体液 pH 环境，更何况水呢！

2. 不要把运动饮料当水喝

运动饮料主要是用于大量运动后补充能量和加速消除疲劳的，往往含有一些糖分、维生素，也会添加一些钠、钾成分以补充流汗的损失。这种饮料并不适合普通人群当水喝，尤其是糖尿病患者。如果成天坐办公室的人把运动饮料当水喝，显然是不健康的，除了摄入能量过多，还可能摄入较多的钠。既然叫运动饮料，还是请大家多迈腿，多流汗，然后再考虑要不要喝运动饮料吧！

3. 果汁含糖高

有些家长觉得给孩子喝果汁比喝水更有营养，甚至有父母从婴幼儿时期就开始把果汁当水给孩子喝。

实际上，果汁永远无法替代水果，因为果肉还含有丰富的膳食纤维素等其他营养物质，也有更强的饱腹感，不会吃太多。现在家长一般都知道不给孩子喝高糖碳酸饮料，而果汁里其实也含有丰富的糖分，当水喝一样会导致能量摄入过多。家长应该让孩子从小养成口渴喝白开水的习惯，同时多鼓励孩子吃水果，而不是抱着各种果汁饮料不放。

4. 喝隔夜水、蒸锅水、千滚水不会中毒、致癌

这些水其实都是白开水，有的是存放时间长，有的是反复煮沸。传言这些水里亚硝酸盐很多，喝了会引起中毒，严重的甚至意识丧失、死亡。

久存、久沸、反复蒸馏的确可以让水里的部分硝酸盐转变为亚硝酸盐，但水里的硝酸盐本身含量很低，煮沸也不可能让硝酸盐凭空增加，能转化为亚硝酸盐的就更少。

亚硝酸盐中毒需要 200mg 以上。而水里的亚硝酸盐很少，即使是反复煮沸的水或蒸锅水每升也只有 100μg 左右，喝 1t 水才能达到亚硝酸盐中毒的量。

生活饮用水（自来水）里的硝酸盐限量是每升水 10μg（地下水源是每升水 20μg），而矿泉水是每升水 45μg，是非常安全的。另外，隔夜水就不能喝的说法也是片面的（白天放12h 的水和夜晚放 12h 的水是一样的）至于蒸锅水，还是不要喝，用来浇花、洗碗、冲厕所也挺好。

5. 对水里的溴酸盐不必太紧张

溴酸盐对实验动物有一定致癌性，但在人身上没找到直接证据，因此国际癌症研究机构把它列为"可能对人类致癌"（2B 类）。它是由臭氧消毒工艺产生的，水里面天然含有的溴化物在臭氧的作用下氧化为溴酸盐。

我国参照国际标准制定的《生活饮用水卫生标准》以及《食品安全标准 饮用天然矿泉水》中对溴酸盐的限量为每升水 0.01mg。在这一限量值以下的水，终生饮用不会有健康问题。

6. 自来水里的余氯是安全的

水的消毒一般是直接加氯气或者使用二氧化氯等氯化物，形成次氯酸和游离氯，达到杀菌抑菌效果。自来水里是需要有一定"余氯"的，这样在它出水厂经过管网到达居民家里的时候还能保持清洁卫生，以前常说的"漂白粉的味道"就是游离氯带来的。从动物实验推算出的对人无害的余氯浓度大约是每升水 5mg，远远高于国家标准对余氯的控制水平，因此自来水是安全的。

和臭氧消毒一样，用氯消毒也会产生一些副产物。对于游离氯，只要煮沸就基本上跑光了，这一点不必担心。对于形成的少量其他氯化物，世界卫生组织认为其带来的健康风险远小于不杀菌带来的风险。从风险收益分析的角度来说，加氯消毒毫无疑问对消费者健康更有利。

7. 山上的泉水、溪水不一定安全

野外的泉水、溪水看似很天然，但是否安全就不好说了，如有可能受到"纯天然"的野生动物粪便中的细菌、寄生虫污染。天气活动、地质活动也能对水质产生影响，所以地震后要加强水质监测。

最基本的建议是，不要自行从野外的水源采水，尤其是不熟悉的水源、静止的水源。如果一定要喝，尽量从上游采水，不要久存，而且要烧开再喝，以防微生物导致的食源性疾病。

8. 开水就是"小分子团水"

传闻中专供产妇喝的"月子水"是"小分子团水"（也称小分子水），利于吸收。所谓的"大分子团水"就是几十个水分子以氢键形成的团簇，"小分子团水"就是几个水分子形成的小团簇，但由于氢键本身结合力很弱，因此无论哪种团簇结构都是不稳定的。

商家把"小分子团水"吹上了天：除了对产妇有益外，老人喝了可以清除血脂、氧自由基，小孩喝了则有助于智力发育。但目前没有任何一种净水机能真正生产"小分子团水"，更没有任何一个靠谱的文献证明这种水有什么神奇功效，所有有关这种水的功效信息，都来自卖这类产品的商家。如果你真想喝"小分子团水"，不如烧开了趁热喝，因为加热也会破坏"大分子团水"，使其变成"小分子团水"。

类似的还有磁化水、量子共振信息水、富氢水、富氧水、电解水、生物离子能量催化水、离子重组水等各种可以让消费者云里雾里的科学概念，这些水的功效没一个得到科学界的认可。

小知识：喝水的学问

喝水有学问，要做到饮优质水，及时补水，适量饮水，因人而异，因时而别。健康生活之一天八杯水：

第一杯　　一起床6：30 喝一杯温开水，一晚上身体处于缺水状态，喝一杯水有助于身体恢复正常新陈代谢。还有清肠作用。便秘的人可以喝淡蜂蜜水或淡盐水。

第二杯　　一到单位8：30，避免因工作忙导致没有时间喝水

第三杯　　11：00 午饭前，补充上午缺失的水分

第四杯　　13：00 饭后20分钟补充水分，有助于消化

第五杯　　15：30 下午工作有精神，可以喝一些花茶／红茶

第六杯　　17：00 下班前喝一杯 缓解工作疲劳

第七杯　　18：30 新陈代谢旺盛时期，补充水分可以排毒

第八杯　　21：00 睡前两个小时补充水分。临睡前不要喝太多水，否则易造成水肿。

不要喝饮料。

二、豆浆、奶及其制品

（一）豆浆及其制品

豆浆由豆类主要是大豆制成。大豆含蛋白质35%～40%、脂肪15%～20%（不饱和脂肪酸85%）、磷脂1.6%、糖25%～30%，以及较多的钙、铁、锌、硒等无机盐，维生素 B_1、B_2、B_3 含量高于大米、玉米等谷类食物。

豆浆即豆腐的前体，是将大豆经过浸泡、磨浆、过滤、煮沸等工序加工而成的液态制品。

民间曰："一杯鲜豆浆，天天保健康。"鲜豆浆营养丰富，味美可口，富含人体所需优质

植物蛋白，八种必需的氨基酸，多种维生素及钙、铁、磷、锌、硒等微量元素，不含胆固醇，并且含有大豆皂甙等至少五六种可有效降低人体胆固醇的物质。鲜豆浆的大豆营养易于消化吸收，若经常饮用，对预防高血压、冠心病、动脉粥状硬化及糖尿病、骨质疏松等大有益处，还具平补肝肾、防老抗癌、降脂降糖、增强免疫的功效。豆浆营养高，国内外兴起了饮用豆浆热。

小知识：喝豆浆有五忌，否则适得其反

一忌不煮透——生豆浆含有胰蛋白酶抑制物，不经煮沸破坏，可阻碍胰蛋白酶分解蛋白质成氨基酸，人喝了会出现消化不良、恶心、呕吐、腹泻等症状。

二忌喝超量——一般成人喝豆浆一次不宜超过500g，小儿酌减。大量饮用，容易导致消化不良、腹胀等不适症状。

三忌豆浆冲鸡蛋——鸡蛋中的黏液性蛋白容易和豆浆中的胰蛋白酶结合，产生不被人体吸收的物质而减弱营养价值。

四忌豆浆加红糖——红糖里的有机酸和豆浆中的蛋白质结合，会产生变性沉淀物，而白糖则没有这种不良反应。

五忌保温瓶装豆浆——保温瓶装豆浆易使细菌繁殖。

（二）奶及其制品

奶包括人奶及各种动物奶，主要是牛奶及其制品。常见奶的成分如表1-3所示。

表1-3　常见奶的成分

奶种	水分/%	蛋白质/%	脂肪/%	乳糖/%	灰分/%	发热量/（J/g）	pH
人奶	87.73	1.53	2.97	7.61	0.16	265	6.93～7.18
牛奶	87.67	3.18	3.73	4.66	0.72	273	6.5～6.65
山羊奶	82.58	4.55	6.24	5.35	1.28	403	6.5
水牛奶	82.16	4.72	4.51	4.77	3.84	332	
马奶	89.98	1.82	1.82	6.08	0.30	202	6.89～7.46
驴奶	69.70	2.10	1.50	6.40	6.40	202	
鹿奶	63.30	10.30	22.46	2.50	1.44	1063	
兔奶	69.50	15.54	10.45	1.95	2.56	689	

牛奶是由乳糖、蛋白质、脂肪、矿物质、维生素、水等组成的复合乳胶体，蛋白质吸收率高达87%～89%，其中富含赖氨酸、色氨酸；钙、磷、钾、钠含量丰富，钙、磷比合适，易消化吸收，其钙为活性钙，是人类最好的钙源之一，含较多维生素A、维生素B_2，但铁含量很低。

常见奶制品可分成两大类：液态奶和固态奶。

1. 液态奶

含鲜奶、加工奶、酸奶、其他含乳制品等。

（1）鲜奶

对鲜奶现场处理的主要方式有以下几种。

① 低温消毒　如巴氏奶，又称巴氏杀菌乳，采用较低温度，在规定的时间内对牛奶进行加热处理，达到杀死微生物的目的，是一种既能达到消毒目的，又不损坏食品品质的方法，由法国微生物学家巴斯德发明从而得名。这种方式不能完全杀死细菌芽孢，仅能破坏、钝化、除去致病菌与有害微生物。这种杀菌方式生产的牛奶，不能长期保存，室温下仅能保存 1 ~ 2 天。

② 高温消毒　71.5℃至少 15 秒，随后立即冷却。

③ 超高温消毒　88.5℃，1 秒，国外普遍采用。

④ 灭菌奶　又称超高温瞬时灭菌奶。流动的乳液经 135℃以上灭菌数秒，在无菌状态下包装而制成产品，这种方式不但能保持食品风味、营养成分，还能将有害微生物杀死；配合无菌灌装，可以在无需冷藏的条件下保持 6 ~ 9 个月。

（2）加工奶

对鲜品经均质乳化、消毒加工而得。

① 多维奶　每升加入 400IU 维生素 D、2000 ~ 4000 IU 维生素 A 及其他必要的维生素和矿物质。

② 低脂或脱脂奶　从鲜奶中去除大部分乳脂，使其含量低于 2.0%，然后加入 10% 的无脂固体、维生素 A（≥ 2000 IU/L）。这种奶可用于特殊要求，如减肥。

③ 巧克力及加香奶　用巧克力糖浆、巧克力粉、可可粉或草莓、樱桃、菠萝、苹果等果汁或粉剂加香。一般巧克力固体物达 1% ~ 1.5%，还加入 5% ~ 7% 的蔗糖及维生素 D、维生素 A 等。

④ 全脂淡炼乳　全脂淡炼乳俗名淡奶，由于生产时不加糖，故又名无糖炼乳。加工方法为：50 ~ 55℃时在平底锅中真空浓缩，除去约 60% 水分后密封，在 116.5 ~ 118.5℃加热 15 分钟。用于冲调可可、红茶、咖啡，制作色拉或冰淇淋、麦乳精等的原料。

⑤ 浓缩乳　制法同淡炼乳，但不做进一步的高温灭菌处理，而加入奶量 40% ~ 45% 的蔗糖防腐。这些奶营养价值提高，便于贮存和运输。

（3）酸奶

酸奶指产生乳酸的细菌使牛奶或其制品成为发酸的黏稠体或液体。过程为鲜奶经消毒、均质、接种，在 42 ~ 46℃下发酵至达到所需要的酸度和滋味，然后冷却到 7℃以下停止发酵。

（4）其他含乳制品

其他含乳制品如奶油、冰淇淋、麦乳精、酪乳、干酪、凝乳、乳清等。

2. 固态奶

奶粉是将原汁奶消毒后在真空下低温脱水所得的固体粉末。由于奶粉是由鲜奶加工而成的，它保留了奶的主要营养成分，即奶粉中同样富含优质蛋白质、不饱和脂肪酸，还含有丰富的钙、磷等矿物质及各种维生素。各奶粉生产厂家根据不同年龄段人群营养健康的需要，设计了不同年龄段人群饮用的奶粉。

日常饮用奶粉时应注意以下几点。

（1）为了保证奶粉具有与鲜牛奶等同的营养价值，饮用时一定要按适当的比例冲饮，即一标准量匙（约 4.3g 奶粉）要加入温开水约 30mL，这样的饮品最接近新鲜牛奶的稠稀程度。

（2）为了最大限度地保证奶粉的营养价值，冲饮时一定要把沸腾的开水放凉到 70℃

左右。

（3）早上冲饮奶粉时一定要佐以面包、饼干或馒头这类干粮，以便消化吸收；晚间冲饮奶粉时应注意少放糖或不放糖，这样有利于减少糖尿病等病症的发生。

> **小知识：乳糖不耐受**
>
> 食物中的乳糖进入小肠后，由于乳糖酶缺乏不能被分解成单糖（葡萄糖和半乳糖），称为乳糖消化（或吸收）不良。当乳糖进入结肠后被细菌酵解成乳酸、氢气、甲烷和二氧化碳，刺激肠壁，增加肠蠕动而出现腹泻，可引起肠鸣、腹痛、直肠气体和渗透性腹泻。CO_2在肠道内产生胀气和增强肠蠕动，使婴儿表现不安，偶尔还可能诱发肠痉挛而出现肠绞痛。这些临床症状称为乳糖不耐受（LI）。严重的乳糖消化不良或吸收不良一般在摄入乳糖后30分钟至数小时内发生，对婴幼儿影响较大，会同时伴有尿布疹、呕吐、生长发育迟缓、体重减轻等，成人有时伴有恶心反应。

三、酒

酒是用粮食、水果等含淀粉或糖的物质经过发酵制成的含乙醇的饮品。

（一）酒的分类

1. 按酒精含量分

通常以20℃时每100mL酒液所含乙醇的毫升数称为标准酒度（啤酒的度数则不表示乙醇的含量，表示啤酒生产原料麦芽汁的浓度）。标准酒度分为高度酒（40度以上）、中度酒（20～40度之间）和低度酒（20度以下）三大类。

2. 按制造工艺分

我国人工酿酒距今已有4000多年的历史了。按照制造工艺，目前的酒大都可分为酿造酒、蒸馏酒和配置酒三类。

（1）酿造酒

酿造酒是制酒原料经发酵后，在一定容器内经过一定时间的窖藏而产生的含酒精饮品。这类酒品的酒精含量一般都不高，一般不超过百分之十几。这类酒主要包括啤酒、葡萄酒和米酒。

① 啤酒是用麦芽、啤酒花、水和酵母发酵而产生的含酒精的饮品的总称。啤酒按发酵工艺分为底部发酵啤酒和顶部发酵啤酒。

② 葡萄酒主要是以新鲜的葡萄为原料所酿制而成的。

③ 米酒主要是以大米、糯米为原料，与酒曲混合发酵而制成的。其代表为我国的黄酒和日本的清酒。

（2）蒸馏酒

蒸馏酒的制造过程一般包括原材料的粉碎、发酵、蒸馏及陈酿四个过程，这类酒因经过蒸馏提纯，故酒精含量较高。按制酒原材料的不同，大约可分为以下几种。

① 中国白酒　中国白酒一般以小麦、高粱、玉米等原料经发酵、蒸馏、陈酿制成。中国白酒品种繁多，有多种分类方法。

② 白兰地酒　白兰地酒是以水果为原材料制成的蒸馏酒。白兰地特指以葡萄为原材料

制成的蒸馏酒。其他白兰地酒还有苹果白兰地、樱桃白兰地等。

③ 威士忌酒　是用预处理过的谷物制造的蒸馏酒。不同国家和地区有不同的生产工艺，威士忌酒以苏格兰、爱尔兰、加拿大和美国等四个地区的产品最具知名度。

④ 伏特加　伏特加可以用任何可发酵的原料酿造，如马铃薯、大麦、黑麦、小麦、玉米、甜菜、葡萄甚至甘蔗。其最大的特点是不具有明显的特性、香气和味道。

⑤ 龙舌兰酒　龙舌兰酒是以植物龙舌兰为原料酿制的蒸馏酒。

⑥ 朗姆酒　朗姆酒主要以甘蔗为原料，经发酵蒸馏制成。一般分为淡色朗姆酒、深色朗姆酒和芳香型朗姆酒。

⑦ 度松子酒　人们通常按其英文发音叫作金酒，也有叫琴酒、锦酒的，是一种加入香料的蒸馏酒。也有人用混合法制酒，因而也有人把它列入配制酒。

（3）配制酒

配制酒是以酿造酒、蒸馏酒或食用酒精为酒基，加入各种天然或人造的原料，经特定的工艺处理后形成的具有特殊色、香、味的调配酒。

中国有许多著名的配制酒，如虎骨酒、参茸酒、竹叶青等。外国配制酒种类繁多，有开胃酒、利口酒、鸡尾酒等。

3. 按酒的香型分

这种方法按酒的主体香气成分的特征分类，在国家级评酒中，往往按这种方法对酒进行归类。

① 酱香型白酒　以茅台酒为代表。酱香柔润为其主要特点。发酵工艺最为复杂。所用的大曲多为超高温酒曲。

② 浓香型白酒　以泸州老窖特曲、五粮液、洋河大曲等酒为代表，以浓香甘爽为特点，发酵原料是多种原料，以高粱为主，发酵采用混蒸续渣工艺。发酵采用陈年老窖，也有人工培养的老窖。在名优酒中，浓香型白酒的产量最大。四川，江苏等地的酒厂所产的酒均是这种类型。

③ 清香型白酒　以汾酒为代表，其特点是清香纯正，采用清蒸清渣发酵工艺，发酵采用地缸。

④ 米香型白酒　以桂林三花酒为代表，特点是米香纯正，以大米为原料，小曲为糖化剂。

⑤ 其他香型白酒　这类酒的主要代表有西凤酒、董酒、白沙液等，香型各有特征，这些酒的酿造工艺采用浓香型、酱香型或汾香型白酒的一些工艺，有的酒的蒸馏工艺也采用串香法。

（二）酒对人体的作用

酒对人体的主要作用是刺激作用，加速血液循环，有温热感；药用功效，如减轻疼痛、促进睡眠和镇静作用；调味和营养作用，如去腥（溶出其成分并助其挥发）、赋香（与各种有机酸作用生成酯）、助消化（溶解其他食物中的营养素）等。

（三）酒精中毒及危害

乙醇对蛋白质具有变性作用，其在生物体中存在极少。正常人的血液中含有 0.003% 的酒精，血液中酒精的致死量是 0.7%。其吸收过程：到达胃部快速吸收，几分钟后，转入血液迅速分布于全身，0.5 ~ 3h，血液中乙醇浓度达到最高。酒精被带到肝脏，到达心脏，再到肺，从肺返回心脏，通过主动脉到达大脑和神经中枢。

1. 酒精中毒的临床表现

（1）暂时的黑视或记忆力丧失；

（2）暴躁、易怒或行为失常；

（3）会出现头痛，焦虑、失眠、恶心或其他不愉快的症状；

（4）皮肤潮红，脸上毛细血管破裂，声音嘶哑，双手颤抖，慢性腹泻。

2. 酒依赖性戒断综合征

当患者对酒精形成身体依赖，一旦停止饮用或骤然减量而出现的一系列以中枢神经系统抑制为主的酒精依赖性戒断综合征。

（1）心理依赖强烈的饮酒欲，无时间、地点和场合酗酒。

（2）躯体依赖一般于末次饮酒后 6 ~ 12 h 发病，高峰在 2 ~ 3d，4 ~ 5d 后改善。初起患者双手甚至躯干出现震颤、舌震颤。

（3）自主神经功能紊乱，失眠、焦虑、恐慌、噩梦，脉搏和呼吸加快，体温升高，继之出现以幻听为主的幻觉。

另外，劣质白酒中含有多种有害成分，如甲醇、醛类、杂醇油、氰化物和铅等，均对人体有害。

（四）酒精探测仪化学原理

（1）经过硫酸酸化的含红色三氧化铬的硅胶和乙醇反应，乙醇会被三氧化铬氧化成乙醛，同时三氧化铬被还原为绿色硫酸铬。化学方程式为：

$$2CrO_3+3C_2H_5OH+3H_2SO_4 =\!=\!= Cr_2(SO_4)_3+3CH_3CHO+6H_2O$$

（2）橙色的酸性重铬酸钾，当其遇到乙醇时由橙色变为绿色。

$$Cr_2O_7^{2-}+3CH_3CH_2OH+8H^+ =\!=\!= 3CH_3CHO+2Cr^{3+}+7H_2O$$

四、无酒精兴奋饮料

无酒精兴奋饮料包括茶、咖啡、可可，是一类无酒精的中等刺激性饮料。

（一）茶

茶最早源于中国。唐代陆羽著《茶经》，对茶叶加工做了系统介绍。

已有的研究资料表明，茶叶的化学成分有 500 多种，其中有机化合物达 450 种以上，无机化合物约有 30 种。茶叶中的化学成分归纳起来可分为水分和干物质两大部分。茶叶中化学成分种类繁多，组成复杂，但它们的合成和转化的生化反应途径有着相互联系、相互制约的关系。

（1）水分

水是一切生命活动的基础。植物体内发生的各种化学变化、物质的形成和转变，都离不开水。同样，水也是茶树生命活动不可缺少的物质，但水分在茶树体内各部位的分布是不均匀的，生命活动新陈代谢旺盛的部位水分含量高。幼嫩的茶树新叶中一般含水 75% ~ 78%，叶片老化以后含水量减少。不同茶树品种、自然条件以及农业技术措施，使鲜叶的水分含量也不同。水分在制造过程中参与一系列生化反应，也是化学反应的重要介质。因此，控制水分含量也是一项重要的技术指标，茶叶中除自由水外还有一种束缚水，它与细胞原生质相结合，呈原生质胶体存在。鲜叶在制茶过程中，水分都有不同程度的减少。由于水分减少，解除了叶细胞的膨压，细胞液浓缩，从而激发了细胞内各种化学成分的一系列变化，使鲜叶满足加工要求。因此，正确控制制茶过程中的水分变化，是制茶的一项重要技术指标，是保证制茶品质的关键。

（2）茶多酚

茶多酚是茶叶中酚类物质的总称。主要由三十多种酚类物质组成，根据其化学结构可分为儿茶素、黄酮类物质、花青素和酚酸等四大类。其中儿茶素的含量最高，所占比例最大，约占茶多酚总量的70%，不同品种有所差异，高的可达80%以上，低的也有50%左右。茶多酚是茶树生理活动最活跃的部分。在茶树幼嫩的，新陈代谢旺盛的，特别是光合作用强的部位合成最多。因此，芽叶愈嫩，茶多酚愈多，随着新梢成熟，含量逐渐下降。儿茶素在制茶过程中的变化相当显著，也相当重要，与茶叶的色、香、味均有密切关系。酯型儿茶素收敛性较强，带苦涩味；非酯型儿茶素收敛性较弱。在制茶过程中，儿茶素被氧化聚合，形成TF、TR、TB等一系列氧化聚合产物，对红茶的品质特征起着决定性作用。茶多酚含量及组成变化很易受外界条件的影响，是形成茶叶品质的重要成分之一。茶多酚是一类生理活性物质，茶多酚具有维生素P的功能，能调节人体血管壁的渗透性，增强微血管的韧性。与维生素C协同作用，效果更为明显，对某些心脏病有一定疗效，可预防动脉和肝脏硬化，还有解毒、止泻、抗菌等药理作用。

（3）蛋白质和氨基酸

茶叶中的氨基酸是氮代谢的产物，是茶树吸收氮元素经代谢转化而成的。土壤中的氨态氮或硝态氮被茶树吸收后，转化成氨再通过酮戊二酸的还原氨化作用，形成了某种氨基酸，然后再通过转氨作用与氨基酸的相互转变，就形成了各种各样的氨基酸。茶叶中的蛋白质含量最高达22%以上，但绝大部分不溶于水，所以饮茶时，人们并不能充分利用这些蛋白质。茶叶中的氨基酸种类甚多，已发现的有二十五种以上。以茶氨酸、谷氨酸、天门冬氨酸、精氨酸等含量较高，其中尤以茶氨酸的含量最为突出，约占游离氨基酸总量的50%～60%以上，嫩芽和嫩茎中所占比例更大；谷氨酸次之，约占总量的13%～15%；天门冬氨酸又次之，约占总量的10%。这三种氨基酸占游离氨基酸总量的80%左右。茶树大量合成茶氨酸，是茶树新陈代谢的特点之一。在制茶过程中，部分蛋白质在酶的作用下水解为氨基酸，有利于提高茶叶品质。

（4）芳香物质

芳香物质是茶叶中种类繁多的挥发性物质的总称，习惯上称为芳香油。芳香物质在茶叶中含量并不多，但对茶叶品质起着重要的作用。一般鲜叶中的含量不到0.02%，绿茶中约含0.005%～0.02%，红茶叶含量较多，含有0.01%～0.03%。应用气相色谱法分析组成茶叶香气的芳香物质，归纳起来可分为十大类：碳氢化合物、醇类、酮类、酯类、内酯类、酸类、酚类、含氧化合物、含硫化合物和含氮化合物。各种香气物质，由于分别含有羟基、酮基、醛基等发香基团而形成各种各样的香气。茶叶中的各种芳香物质各有各的香气特点，鲜叶中大量存在的是顺式青叶醇，有浓厚的青草气，制成绿茶以后，以含吲哚、紫罗酮类化合物、苯甲醇、沉香醇、乙烯醇和吡嗪化合物为主；制成红茶以后，以沉香醇及其氧化物、乙烯醇、水杨酸甲酯、己酸等为主。茶叶中的香气物质，除了以上介绍的芳香物质以外，某些氨基酸及其转化物、氨基酸与儿茶素邻醌的作用产物都具有某种茶香。

（5）生物碱

茶叶中含有多种嘌呤碱，其中主要成分是咖啡碱，它所占的比例相当大。此外，还含有少量的茶叶碱、可可碱等。咖啡碱是一种很弱的碱，味苦。茶叶中咖啡碱约含 2%～5%，咖啡碱的生物合成途径与氨基酸、核酸、核苷酸的代谢紧密相连，所以咖啡碱也是在茶树生命活动活跃的嫩梢部分合成最多，含量最高。咖啡碱是含氮物质的一种，属氮代谢产物，因此，含量多少与施用氮肥的水平有关。在制茶过程中，咖啡碱略有减少，由于咖啡碱在 120℃时开始升华，如果烘焙温度超过 120℃，损失量可能要多些。咖啡碱在茶汤中与茶多酚、氨基酸结合形成络合物，具鲜爽味，有改善茶汤滋味的作用。这种络合物在茶汤冷却后，能离析出来，形成乳状的"冷后浑"，这是茶汤优良的标志。

（6）糖类

茶叶中糖类包括单糖、双糖和多糖三类，有几十种之多，其含量为 20%～30%。茶叶中的糖类化合物都是由光合作用合成、代谢转化而形成的，因此，糖类化合物的含量与茶叶产量密切相关。茶叶中的单糖包括：葡萄糖、甘露糖、半乳糖、果糖、核糖、木酮糖、阿拉伯糖等，其含量约为 0.3%～1%；茶叶中的双糖包括：麦芽糖、蔗糖、乳糖、棉子糖等，其含量为 0.5%～3%。如鲜叶采摘不及时，纤维素增加，组织老化，使茶叶外形粗松，品质下降。茶叶中的糖类化合物，除上述糖类物质外，还有很多与糖有关的物质。通常将种子中的皂素称为茶籽皂素，而茶叶中的皂素称为茶叶皂素。茶皂素味苦而辛辣，在水中易起泡，粗老茶的苦味和泡沫可能与茶皂素有关。茶皂素是由木糖、阿拉伯糖、半乳糖等糖类和其他有机酸等物质结合成的大分子化合物。茶叶皂素一般含量约为 0.4%，如含量过高就可能影响茶汤的味质。

（7）茶叶色素

广义而言，茶叶色素是指茶树体内的色素成分和成茶冲泡后，形成茶汤颜色的色素成分，包括叶绿素、胡萝卜素、黄酮类物质、花青素及其他茶多酚的氧化产物，TF、TR、TB等。叶绿素、叶黄素和胡萝卜素不溶于水，统称为脂溶性色素。

茶叶中的叶绿素的含量一般为 0.3%～0.8%，叶绿素主要是由蓝绿色的叶绿素 a 和黄绿色的叶绿素 b 所组成。胡萝卜素在茶叶中一般含量为 0.02%～0.1%，叶黄素为 0.01%～0.07%，为黄色或橙黄色物质，这类色素在茶叶中已发现的大约有 17 种，统称为类胡萝卜素，含量较多的有 β- 胡萝卜素、叶黄素、堇黄素、α- 胡萝卜素等。

（8）有机酸

茶叶中含有多种数量较少的游离有机酸。其中主要的有苹果酸、柠檬酸、草酸、鸡纳酸和对 - 香豆酸等。茶叶中草酸含量为 0.01%，在茶树体内，它与钙质形成草酸钙晶体，在茶树叶片解剖进行显微观察中可以见到这种晶体，可作为鉴定真假茶叶的依据之一。

（9）酶和维生素

酶是一类具有生理活性的化合物，是生物体进行各种化学反应的催化剂，它具有功效高、专一性强的特点。离开这类化合物，一切生物包括茶树在内就不能生存，茶树物质的合成与转化，也依赖于这种物质的催化作用。茶叶中的酶类很多而且复杂，归纳起来有几大类：水解酶、糖甙酶、磷酸化酶、裂解酶、氧化还原酶、移换酶和同分异构酶等。酶是一种蛋白体，就其组成来看，酶可分为两大类，一类是由具有催化作用的蛋白构成，称为单成分酶；另一类是由蛋白质部分（酶蛋白）与非蛋白酶部分（辅基）所构成，称为双成分酶。

茶叶中含有多种维生素，有水溶性和脂溶性维生素两大类，水溶性维生素包含维生素 C、B_1、B_2、B_3、B_{11}、类维生素 P、维生素 B 和肌酸等。茶叶中含量最多的是维生素 C，高级绿茶中的含量可达 0.5%，但质量差的绿茶和红茶中含量只有 0.1%，甚至更少。茶叶中含有多种 B 族维生素，由于茶叶中富含各种维生素，因此饮茶不仅能解渴、提神，而且具有一定的营养意义。

茶叶中脂溶性维生素有维生素 A、维生素 D、维生素 E 和维生素 K 等。其中维生素 A 含量较多，维生素 A 是胡萝卜素的衍生物，这些维生素难溶于水，所以饮茶时为人们所利用的不多。

（10）灰分（无机成分）

茶叶经过高温灼烧后残留下来的物质总称"灰分"，约占干物质重的 4% ~ 7%。茶叶的无机成分中含量最多的是磷、钾，其次是钙、镁、铁、锰、铝、硫，微量成分有锌、铜、氟、钼、硼、铅、铬、镍、镉等。

> **小知识：茶叶的分类**
>
> 根据制作工艺（茶多酚的氧化程度来分），可分成下列主要几种茶。
>
> 绿茶：不发酵的茶，如龙井茶、碧螺春。
>
> 黄茶：微发酵的茶，如君山银针。
>
> 白茶：轻度发酵的茶，如白牡丹、白毫银针。
>
> 青茶：半发酵的茶，如武夷岩茶、铁观音、冻顶乌龙茶。
>
> 红茶：全发酵的茶，如正山小种、祁红、川红、闽红、英红。
>
> 黑茶：后发酵的茶，如普洱茶、六堡茶。

（二）咖啡

咖啡是热带的咖啡豆经 200 ~ 250℃烘烤和磨碎后制成的饮料。

1. 咖啡的主要成分

咖啡因、丹宁酸、脂肪、蛋白质、糖、纤维和矿物质等。

2. 市场上常见的咖啡种类

（1）速溶咖啡

适合学生、白领等喜欢咖啡或者需要提神的人群。过量饮用速溶咖啡对身体会产生一些影响，速溶咖啡中添加的色素和防腐剂对身体也没有什么好处。另外，咖啡的生产过程中产生了一种叫丙烯酰胺的物质，这种物质是一种已知的致癌物质。

（2）自磨咖啡

包括咖啡店非冲调咖啡，咖啡品质取决于咖啡豆品种以及烘焙。

（三）可可

可可来自亚热带可可树之果实可可豆，营养丰富，可加工成多种美食。其特点是脂肪含量高，属于高能食品。可可豆经发酵、粗碎、去皮等工序得到可可豆碎片（通称可可饼），由可可饼脱脂粉碎之后的粉状物，即为可可粉。多用于咖啡和巧克力、饮料的生产，也是朱古力蛋糕的重要制作成分。

1. 可可粉的主要化学成分

可可粉除含脂肪、蛋白质及碳水化合物等多种营养成分外，还含有可可碱、维生素 A、

维生素 B_1、维生素 B_2、尼克酸、磷、铁、钙等。可可碱对人体具有温和的刺激、兴奋作用。

2. 可可制品

① 巧克力 巧克力是最具代表性的可可制品，但是很多巧克力是用可可脂/代可可脂、大量的糖和糖浆、奶粉制作而成，有营养价值的可可粉含量并不高，同时使用了碱化技术进一步减少了营养成分，对健康有诸多不利，在购买巧克力前记得认真阅读成分表和营养表。

② 可可饮料 成分也是大量的糖和碱化的可可粉。

③ 巧克力酱 成分为糖浆 + 焦糖色 + 脂肪类成分 + 少量可可粉，少量调味即可，能少用就少用。

五、碳酸饮料

碳酸饮料指在一定条件下充入二氧化碳的饮料。主要成分包括：碳酸和柠檬酸等酸性物质、白糖、香料，有些含有咖啡因、人工色素等。除糖类能给人体补充能量外，充气的"碳酸饮料"中几乎不含营养素。常见的碳酸饮料有：可乐、雪碧、汽水。

1772 年英国人普里司特莱（Priestley）发明了制造碳酸饱和水的设备，成为制造碳酸饮料的始祖。他不仅研究了水的碳酸化，还研究了葡萄酒和啤酒的碳酸化。他指出水碳酸化后便产生一种令人愉快的味道，并可以和水中其他成分的香味一同逸出。他还强调碳酸水的医疗价值。1807 年美国推出果汁碳酸水，在碳酸水中添加果汁用以调味，这种产品受到欢迎，以此为开端开始工业化生产。以后随着人工香精的合成、液态二氧化碳的制成、帽形软木塞和皇冠盖的发明、机械化汽水生产线的出现，才使碳酸饮料首先在欧美国家工业化生产并很快传到全世界。

1. 汽水

汽水由矿泉水或煮沸过的凉饮用水或经紫外线照射消毒的水加入二氧化碳制成。自制汽水：食用柠檬酸（或酒石酸）和小苏打（$NaHCO_3$）溶于水后，能发生化学反应，产生二氧化碳气体。二氧化碳气体溶解在含糖、果汁等成分的水中，便可制成汽水。

2. 可乐

可乐（Cola）是黑褐色、甜味、含咖啡因的碳酸饮料。可乐主要口味包括香草、肉桂、柠檬香味等。名称来自可乐早期的材料之一的可乐果提取物，最知名的可乐品牌有可口可乐和百事可乐。

3. 雪碧

雪碧是 1961 年在美国推出的柠檬味型软饮料。

配料：水、葡萄糖浆、白砂糖、食品添加剂（二氧化碳、柠檬酸、柠檬酸钠、苯甲酸钠）、食用香料。

可乐等碳酸饮料深受大家的喜爱，尤其是年轻一族和孩子。但是，健康专家提醒，过量地饮用碳酸饮料，其中的高磷可能会改变人体的钙、磷比例。研究人员还发现，与不过量饮用碳酸饮料的人相比，过量饮用碳酸饮料的人骨折危险会增加大约 3 倍；而在体力劳动剧烈的同时，再过量地饮用碳酸饮料，其骨折的危险可能增加 5 倍。

专家提醒，儿童期、青春期是骨骼发育的重要时期。在这个时期，孩子们活动量大。如果食物中高磷低钙的摄入量不均衡，再加上喝过多的碳酸饮料，不仅对骨峰量可能产生负面影响，还可能会导致骨质疏松症。

另外，过量的碳酸型饮料可能破坏细胞。英国一项研究结果显示，部分碳酸饮料可能会导致人体细胞严重受损。专家们认为碳酸饮料里的一种常见防腐剂能够破坏人体 DNA 的一些重要区域，严重威胁人体健康。据悉，喝碳酸饮料造成的这种人体损伤一般都与衰老以及滥用酒精相关，最终会导致肝硬化和帕金森病等疾病。此次研究的焦点是苯甲酸钠的安全性。在过去数十年来，这种代号为 E211 的防腐剂一直被广泛应用于全球总价值 740 亿英镑的碳酸饮料产业。苯甲酸钠是苯甲酸的衍生物，天然存在于各种浆果之中，大量用作许多知名碳酸饮料的防腐剂。英国谢菲尔德大学的分子生物学和生物工艺学教授彼得·派珀是研究人体衰老的专家。他的试验结果证明：苯甲酸会破坏人体线粒体 DNA 中的一个重要区域。线粒体属于人体细胞中的一个细胞器，被称为人体细胞中的"能量工厂"，其功能是将细胞中的有机物当作燃料，使这些有机物与氧结合，转变成二氧化碳和水，同时将有机物中的化学能释放出来，供细胞利用。它以分解 ATP 来为人体提供 95% 的能量，我们的肌肉在收缩的时候，我们在思考的时候，线粒体都在时刻地工作着，为我们的神经元细胞和肌纤维细胞提供能量。派珀表示："这些化合物能够严重破坏线粒体 DNA，从而完全阻止了线粒体的活动。换言之，它们让线粒体罢工了。"据派珀介绍，线粒体能使有机物氧化并且释放能量。如果线粒体遭到了破坏，细胞就会出现严重故障。许多疾病是与这种破坏相关的，如帕金森病和其他神经系统退化性疾病。

过量饮用碳酸饮料还会导致骨质疏松，这是由于大部分碳酸饮料中都含有磷酸，这种磷酸会极大地影响人体对于钙质的吸收并引起钙质的异常流失；碳酸饮料可能增加患食管癌的危险，这是因为碳酸饮料使胃扩张，引发食物反流；不宜过量饮用冰饮料，否则会导致脏腑功能紊乱，发生胃肠黏膜血管收缩、胃肠痉挛、分泌减少等一系列病理改变，引起食欲下降等疾病。

在美国，软饮料被认为是造成肥胖问题日益严重的主要原因之一。美国疾病控制和预防中心的资料显示，北美地区 16% 的儿童和青少年体重超标。美国公共利益科学中心的数据也表明，美国十几岁的男孩平均每天喝的软饮料所含的糖分，相当于 15 茶匙白糖。

六、果汁饮料

果汁饮料是以水果为原料，经过物理方法如压榨、离心、萃取等得到的汁液产品，一般是指纯果汁或 100% 果汁。可以细分为果汁、果浆、浓缩果浆、果肉饮料、果汁饮料、果粒果汁饮料、水果饮料浓浆、水果饮料等 8 种类型，其大都采用打浆工艺将水果或水果的可食部分加工制成未发酵但能发酵的浆液或在浓缩果浆中加入与果浆在浓缩时失去的天然水分等量的水，制成的具有原水果果肉的色泽、风味和可溶性固形物含量的制品。

几种常见果汁：苹果汁，富含钾、铁、少维生素 C；葡萄汁，富含铬、钾、缺维生素 C；橙汁，富钾及维生素 C、维生素 A；菠萝汁，富钾和维生素 C；山楂汁，富含维生素 C 和铁；蓝莓汁，富含维生素 A、维生素 C、维生素 E、果胶物质、SOD、黄酮；西瓜汁，富含氨基酸，腺嘌呤、糖类、维生素、矿物质；草莓汁，富含氨基酸、矿物质、维生素 C、胡萝卜素、果胶和膳食纤维。

近年来流行的果蔬饮料是用新鲜或冷藏的水果或蔬菜加工制成的饮料。果蔬中含 B 族维生素、维生素 E、维生素 C、胡萝卜素，以及钙、镁、钾等无机盐，这些成分对维护人体健康起着重要的促进作用，所以也越来越受到消费者追捧。

果汁饮料是孩子健康的双刃剑。水果中缺乏所有的纤维素和过高的糖分有时被视为其缺点。3 ~ 15 岁的孩子大多都酷爱果汁饮料，渴了就喝果汁，结果越喝越渴，越渴越喝。有的孩子甚至拒绝果汁以外的一切饮品，从来不知道水的滋味。如此滥饮，许多孩子出现小腹胀鼓、食欲缺乏、消化不良、贫血、情绪不稳等症状，家长却不明白为什么会这样。其实这时孩子已患了"果汁综合征"。

大量无限制地喝果汁要么降低食欲，要么刺激食欲，患果汁综合征的孩子体格发育大多呈两极分化：过瘦或过度肥胖。正餐受影响，人体必需的蛋白质、脂肪和微量元素等必然缺乏，长此以往，孩子的免疫力下降，易生病。

七、功能饮料

功能饮料是指通过调整饮料中营养素的成分和含量比例，在一定程度上调节人体功能的饮料。据有关资料对功能性饮料的分类，认为广义的功能饮料包括运动饮料、能量饮料和其他有保健作用的饮料。功能饮料是 2000 年风靡于欧美和日本等发达国家的一种健康饮品。它含有钾、钠、钙、镁等电解质，成分与人体体液相似，饮用后能更迅速地被身体吸收，及时补充人体因大量运动出汗所损失的水分和电解质（盐分），使体液达到平衡状态。

第五节　食品添加剂

根据 1962 年 FAO/WHO 食品法典委员会（CAC）对食品添加剂的定义，食品添加剂是指在食品制造、加工、调整、处理、包装、运输、保管中，为达到技术目的而添加的物质。食品添加剂作为辅助成分可直接或间接成为食品成分，但不能影响食品的特性，是不含污染物并不以改善食品营养为目的的物质。食品添加剂是指用于改善食品品质、延长食品保存期、便于食品加工和增加食品营养成分的一类化学合成或天然物质。食品添加剂有很多种类，可按不同的标准分类。按其来源可分为天然食品添加剂和化学合成食品添加剂两大类。

（1）天然食品添加剂

主要以动、植物组织和微生物的代谢产物为原料经加工提取获得。

（2）化学合成食品添加剂

化学合成食品添加剂是通过化学的手段，如氧化还原、中和、聚合等过程获得的。化学合成食品添加剂如果按功能和用途分，则可分为四大类。

①为提高和增补食品营养价值的添加剂，如强氧化剂、食用酶制剂。

②保持食品新鲜度的添加剂，如抗氧化剂、保鲜剂。

③为改进食品感官质量的添加剂，如增味剂、增稠剂、乳化剂、膨松剂。

④为方便加工操作的添加剂，如消泡剂、凝固剂等。

中国的《食品添加剂使用卫生标准》将食品添加剂分为 22 类：防腐剂、抗氧化剂、发色剂、漂白剂、酸味剂、凝固剂、疏松剂、增稠剂、消泡剂、甜味剂、着色剂、乳化剂、品质改良剂、抗结剂、增味剂、酶制剂、被膜剂、发泡剂、保鲜剂、香料、营养强化剂以及其他添加剂。

国内外在实际使用时，一般也按功能进行分类，主要有：营养强化剂、防腐防霉剂、抗氧化保鲜剂、增稠剂、乳化剂、螯合剂（含稳定剂和凝固剂）、品质改良剂、调味剂、色泽处理剂、其他添加剂、食用香精、香料。

一、食品添加剂的作用

食品添加剂大大促进了食品工业的发展，并被誉为现代食品工业的灵魂，其主要作用大致如下。

（1）有利于食品的保藏，防止食品败坏变质。

（2）改善食品的感官性状。

（3）保持或提高食品的营养价值。

（4）增加食品的品种和方便性。

（5）有利于食品的加工制作，适应生产的机械化和自动化。

（6）满足其他特殊需要。

未来我国食品添加剂主要向以下几个方面发展：开发天然、营养、多功能食品添加剂，致力于开发多样化、专用的添加剂。

二、食品添加剂的一般要求与安全使用

由于食品添加剂毕竟不是食物的天然成分，少量长期摄入也有可能造成对人体的潜在危害。随着食品毒理学方法的发展，原来认为无害的某些食品添加剂近年来发现可能存在慢性毒性和致畸、致突变、致癌性的危害，故各国对此均给予充分的重视。目前国际、国内对待食品添加剂均持严格管理、加强评价和限制使用的态度。为了确保食品添加剂的食用安全，使用食品添加剂应该遵循以下原则。

（1）经食品毒理学安全性评价证明，在其使用限量内长期使用对人安全无害。

（2）不影响食品自身的感官性状和理化指标，对营养成分无破坏作用。

（3）食品添加剂应有中华人民共和国卫计委颁布并批准执行的使用卫生标准和质量标准。

（4）食品添加剂在应用中应有明确的检验方法。

（5）使用食品添加剂不得以掩盖食品腐败变质或以掺杂、掺假、伪造为目的。

（6）不得经营和使用无卫生许可证、无产品检验合格证及污染变质的食品添加剂。

（7）食品添加剂在达到一定使用目的后，能够经过加工、烹调或储存而被破坏或排除，不摄入人体则更为安全。

评价食品添加剂的毒性（或安全性）的首要标准是 ADI（人体每日摄入量）值。评价食品添加剂安全性的第二个常用指标是 LD_{50}（半数致死量，也称致死中量）值。

三、各种食品添加剂介绍

（一）防腐剂

防腐剂是为了抑制食品腐败和变质，延长贮存期和保鲜期的一类添加剂。目前常用的食品防腐剂分为化学食品防腐剂和天然食品防腐剂。化学食品防腐剂主要有：亚硝酸盐类、苯甲酸及其钠盐、山梨酸及其盐类、丙酸及其盐类、对羟基苯甲酸酯类。近年来，天然防腐剂的研究和开发利用成了食品工业的热点之一。经过许多科学家多年的精心研究，现已开发了多种天然防腐剂，并且发现天然防腐剂不但对人体健康无害，而且具有一定的营养价值，是今后开发的方向。目前已有的天然防腐剂有：那他霉素、葡萄糖氧化酶、鱼精蛋白、溶菌酶、聚赖氨酸、壳聚糖、果胶分解物、蜂胶、茶多酚等。

添加防腐剂是为了防止食品中微生物滋生引发食品腐烂变质。所以合理使用防腐剂并无害。防腐剂是有利也有弊的，以常用于肉类食品的抗氧化和防腐的硝酸盐类防腐剂为例：硝酸钠、硝酸钾（火硝）和亚硝酸钠（快硝）等可以防止鲜肉在空气中被逐步氧化成灰褐色的变性肌红蛋白，以确保肉类食品的新鲜程度。硝酸盐还是剧毒的肉毒杆菌的抑制剂。因此，硝酸盐便成为腌肉和腊肠等肉制品的必备品。但是，加入肉中的硝酸盐，易被细菌还原成活性致癌物质亚硝酸盐，在一定酸度作用下，亚硝酸盐中的亚硝基还可与肌红蛋白合成亚硝基肌红蛋白，经加热合成稳定的红色亚硝基的肌色原，肌色原同样具有致癌性质。另一方面，肉类蛋白质的氨基酸、磷脂等有机物质，在一定环境和条件下都可产生胺类，并与硝酸盐所产生的亚硝酸盐反应生成亚硝胺。所以应做到食物以天然为主，不要长期过量食用滥用含防腐剂的饮料和其他食品；不要购买非正式厂家生产的食品；对添加了硝酸盐的腌肉、腊肠等，食用前要多加日晒，硝酸盐在紫外线作用下容易分解。另外，亚硝胺在酸性环境里易分解，烹调时配些醋，可以减少亚硝胺的危害。

对羟基苯甲酸酯类的防腐剂，在许多研究中被发现有刺激性及致癌性。在多种乳腺癌的切片样中被发现有低浓度该防腐剂存在，证明其能够渗透并积累在人体组织内。高浓度下，该类有雌性激素的活性，而过高的雌性激素是乳腺癌形成的主要因素。对羟基苯甲酸酯类的防腐剂在乳腺中的积累是否会导致或促进乳腺癌的发病率还需要更多的研究。在细胞水平上，有实验显示对羟基苯甲酸酯类能加强 UVB 对表皮细胞 DNA 的破坏。

甲醛的水溶液又称为福尔马林，人们常用它来制作动物标本。用它浸泡腊肉、海产品、猪血、鸭血后，不仅色泽艳丽，而且保鲜持久。但是，它有强烈的致癌作用，所以，绝对不允许使用在食品的保鲜上，可仍有一些不法商贩非法使用，在社会上产生了一定的不良影响，造成了人们对防腐剂的恐惧，甚至对一些保质期长的食品望而生畏。现在，随着科学技术的发展，人们已经逐渐认识到甲醛和硼砂水溶液作为食品防腐剂的危害，国家的有关部门也规定，禁止把它们作为食品防腐剂使用。

（二）抗氧化剂

抗氧化剂是添加于食品后阻止或延迟食品氧化，提高食品质量的稳定性和延长储存期的一类食品添加剂。其主要应用于防止油脂及富脂食品的氧化酸败，避免引起食品褪色、褐变以及维生素被破坏等方面。

抗氧化剂的种类有：自由基清除剂（氢供体、电子供体）、氧清除剂、酶抑制剂、金属离子螯合剂、增效剂（如柠檬酸、酒石酸等）。常用的抗氧化剂有丁基羟基茴香醚（BHA）、二丁基羟基甲苯（BHT）、没食子酸丙酯（PG）和一些天然抗氧化剂。

天然抗氧化剂主要是一些酚类物质，如生育酚、类黄酮等。近年来由于崇尚天然食品天然的酚类抗氧化剂愈来愈受到重视，它既可作为自由基的终结者，又可作为金属螯合剂。生育酚和类黄酮已被证实具抗氧化活性并进行了工业化生产。

（三）保鲜剂

食品保鲜剂是用于保持食品原有色香味和营养成分的添加剂，按保鲜对象可分为大米保鲜剂、果蔬保鲜剂、禽畜肉保鲜剂和禽蛋保鲜剂等，其使用方法有药剂熏蒸、浸泡杀菌和涂膜保鲜等。

（四）乳化剂

凡是添加少量即能使互不相溶的液体（如油和水）形成稳定乳浊液的食品添加剂称为乳化剂，如脂肪酸甘油酯、蔗糖脂肪酸酯、失水山梨醇脂肪酸酯和大豆磷脂。

（五）增稠剂

增稠剂是一类能提高食品黏度并不改变性能的一类食品添加剂。明胶、卡拉胶（也称鹿角菜或鹿角藻胶）和黄原胶等是常用增稠剂。

（六）调味剂

调味剂是指改善食品的感官性质，使食品更加美味可口，并能促进消化液的分泌和增进食欲的食品添加剂。食品中加入一定的调味剂，不仅可以改善食品的感观性，使食品更加可口，而且有些调味剂还具有一定的营养价值。调味剂的种类很多，主要包括酸味剂、甜味剂（主要是糖、糖精等）、咸味剂（主要是食盐）、鲜味剂、辛辣剂等。

1. 酸味剂

酸味剂是以赋予食品酸味为主要目的的化学添加剂。酸味给味觉以爽快的刺激，能增进食欲，另外酸还具有一定的防腐作用，又有助于钙、磷等营养的消化吸收。酸味剂主要有柠檬酸、酒石酸、苹果酸、乳酸、醋酸等。其中柠檬酸在所有的有机酸中酸味最缓和可口，它广泛应用于各种汽水、饮料、果汁、水果罐头、蔬菜罐头等。大多数食品的 pH 为 5～6.5，处于微酸性，人们一般感觉不到酸味。但 pH<3.0 时，就会觉得太酸而难以入口。常见物品的 pH 见表 1-4。家庭酸性调料主要以醋为主。我国的名醋主要有山西老陈醋、四川保宁醋和江苏镇江醋。

表 1-4　常见物品的 pH

品名	pH	品名	pH	品名	pH
胃液	1	马铃薯汁	4.1～4.4	山羊奶	6.5
柠檬汁	2.2～2.4	黑咖啡	4.8	牛奶	6.4～6.8
食醋	2.4～3.4	南瓜汁	4.8～5.2	母乳	6.93～7.18
苹果汁	2.9～3.3	胡萝卜	4.9～5.2	马奶	6.89～7.45
橘汁	3.4	酱油	4.5～5.0	米饭汤	6.7
草莓	3.2～3.6	豆	5～6	唾液	6.7～6.9
樱桃	3.2～4.1	白面包	5.5～6.0	雨水	6.5
果酱	3.5～4.0	菠菜	5.1～5.7	血液	7.4
葡萄	3.5～4.5	包心菜	5.2～5.4	尿	5～6
番茄汁	4.0	甘薯汁	5.3～5.6	蛋黄	6.3
啤酒	4～5	鱼汁	6.0	蛋清	7～8
汽水	4.5～5.0	面粉	6.0～6.5	海水	8.0～8.4

2. 甜味剂

甜味剂是指赋予食品或饲料以甜味的食物添加剂。世界上使用的甜味剂很多，有几种不同的分类方法：按其来源可分为天然甜味剂和人工合成甜味剂；按其营养价值分为营养性甜味剂和非营养性甜味剂；按其化学结构和性质分为糖类甜味剂和非糖类甜味剂。糖类甜味剂多由人工合成，其甜度与蔗糖差不多。因其热值较低，或因其与葡萄糖有不同的代谢过程，尚可有某些特殊的用途。非糖类甜味剂甜度很高，用量少，热值很小，多不参与代谢过程。常称为非营养性或低热值甜味剂，称高甜度甜味剂，是甜味剂的重要品种。

（1）甜味剂的化学特征及甜度

甜味剂多系脂肪族的羟基化合物。一般说来，分子结构中羟基越多，味就越甜。如分子中含 2 个羟基的乙二醇，略有甜味；含 3 个羟基的丙三醇（俗称甘油）较乙二醇甜；葡萄糖分子含 6 个羟基，就比较甜了。不同甜味剂产生甜的效果用甜度表示，它是以蔗糖为基准的一种相对标度。常见糖的甜度见表 1-5。果糖是最甜的糖。按甜度比较，果糖、蔗糖、葡萄糖的比例大约是 9：5：4。氢键的作用可加强甜感。

表 1-5　常见糖的甜度

物质名称	甜度	物质名称	甜度
蔗糖	1.00	麦芽糖	0.33 ~ 0.60
果糖	1.07 ~ 1.73	鼠李糖	0.33 ~ 0.60
转化糖	0.78 ~ 1.27	半乳糖	0.27 ~ 0.52
葡萄糖	0.49 ~ 0.74	乳糖	0.16 ~ 0.28
木糖	0.40 ~ 0.60	糖精	450 ~ 700

① 木糖醇　木糖醇原产于芬兰，是从白桦树、橡树、玉米芯、甘蔗渣等植物原料中提取出来的一种天然甜味剂。木糖醇甜度与蔗糖相当，溶于水时可吸收大量热量，是所有糖醇甜味剂中吸热值最大的一种，故以固体形式食用时，会在口中产生愉快的清凉感。木糖醇不致龋且有防龋齿的作用。代谢不受胰岛素调节，在人体内代谢完全，热值为 16.72kJ/g，可作为糖尿病人的热能源。

② 元贞糖　元贞糖是以麦芽糊精、阿斯巴甜、甜菊糖、罗汉果糖、甘草提取物等配料制成的食用糖，其甜度相当于蔗糖的 10 倍，而热量仅为蔗糖的 8%。高营养，不含糖精，添加天然甜味物质甜菊糖、罗汉果糖、甘草提取物等。高甜度（甜度相当于蔗糖的 10 倍）、超低热量（热量仅为同等甜度蔗糖的 5%）而有益健康，对人体血糖值不产生升高影响。

（2）常用合成或人工甜料

① 糖精　化学名为邻苯甲酰磺亚胺，分子式 $C_7H_5NO_3S$，无色单斜晶体，熔点 229℃，难溶于水，甜度为蔗糖的 450 ~ 700 倍，稀释 10000 倍仍有甜味。但是，糖精并非"糖之精华"，它不是从糖里提炼出来的，而是以煤焦油为基本原料制成的。糖精的钠盐称为糖精钠，分子式 $C_7H_4NNaO_3S$，溶于水，甜味约相当于蔗糖的 300 ~ 500 倍，可供糖尿病患者作为食糖的代用品。

② 甜精　化学名为乙氧基苯基脲，甜度为蔗糖的 200 ~ 250 倍。其与糖精混用，因协同作用而使甜味倍增。糖精和甜精都没有营养价值，它们在用量超过 0.5% 以上时，均显苦味，煮沸以后分解也有苦味，通常不消化而排出。少量食用无害，过量食用有害健康。

③ 甜蜜素　化学名为环己基氨基磺酸钠，分子式为 $\langle\bigcirc\rangle\text{—NHS}\overset{\text{O}}{\underset{\text{O}}{\|}}\text{—O—Na}$，是食品生产中常用的添加剂。甜蜜素是一种常用甜味剂，其甜度是蔗糖的 30 ～ 40 倍。消费者如果经常食用甜蜜素含量超标的饮料或其他食品，就会因摄入过量对人体的肝脏和神经系统造成危害，特别是对代谢排毒能力较弱的老人、孕妇、小孩危害更明显。

3. 咸味剂

咸味是中性盐显示的味，是食品中不可或缺的、最基本的味。咸味是由盐类离解出的正负离子共同作用的结果，阳离子产生咸味，阴离子抑制咸，并能产生副味。无机盐类的咸味或所具有的苦味与阳离子、阴离子的离子直径有关，在直径和小于 0.65nm 时，盐类一般为咸味，超出此范围则出现苦味，例如 $MgCl_2$（离子直径和 0.85nm）苦味相当明显。只有 NaCl 才产生纯正的咸味，其他盐多带有苦味或其他不愉快味。食品调味料中，专用食盐产生咸味，其阈值一般在 0.2%，在液态食品中的最适浓度为 0.8% ～ 1.2%。由于过量摄入食盐会带来健康方面的不利影响，所以现在提倡低盐食品。目前作为食盐替代物的化合物主要有 KCl，如 20% 的 KCl 与 80% 的 NaCl 混合所组成的低钠盐，苹果酸钠的咸度约为 NaCl 咸度的 1/3，可以部分替代食盐。常见的咸味物质主要有 NaCl、KCl、NAI、$NaNO_3$、KNO_3 等分子量小于 150 的盐。

4. 鲜味剂

鲜味剂主要是增强食品风味的物质，例如味精（谷氨酸钠）是目前应用最广的鲜味剂。现在市场上出售的味精有两种：一种呈结晶状，含 100% 谷氨酸钠盐；另一种是粉状的，含 80% 谷氨酸钠盐。实践证明，如果用谷氨酸钠与 5- 肌苷酸以 5 ：1 至 20 ：1 比例混合，谷氨酸钠的鲜味可增加 6 倍。味精有特殊鲜味，但在高温下（超过 120℃）长时间加热会分解生成有毒的焦谷氨酸钠，所以在烹调中，不宜长时间加热。此外，味精不是营养品，仅作调味剂，不能当滋补品使用。

从化学角度讲，鲜味的产生与氨基酸、缩氨酸、甜菜碱、核苷酸、酰胺、有机碱等物质有关。鲜味剂的主要代表性物质有味精、核苷酸等。

（1）味精

味精又叫味素，主要成分为谷氨酸钠（分子式 $C_5H_8NO_4Na$），白色晶体或结晶性粉末，含一分子结晶水，无气味，易溶于水，微溶于乙醇，无吸湿性，对光稳定，中性条件下水溶液加热也不分解，一般情况下无毒性。

作为调味品的市售味精，为干燥颗粒或粉末，因含一定量的食盐而稍有吸湿性，故应密封防潮贮存。商品味精中的谷氨酸钠含量分别有 90%、80%、70%、60% 等不同规格，以 80% 最为常见，其余为精盐。食盐在味精中起助鲜作用兼作填充剂。也有不含盐的颗粒较大的"结晶味精"。

（2）核苷酸

核苷酸类中的肌苷酸、鸟苷酸、黄苷酸以及它们的许多衍生物都呈强鲜味。如肌苷酸钠比味精鲜 40 倍，鸟苷酸钠比味精鲜 160 倍，特别是 2- 呋喃甲硫基肌苷酸比味精鲜 650 倍。

肌苷酸钠是在 20 世纪 60 年代兴起的鲜味剂，又名肌苷磷酸二钠，分子式为 $C_{10}H_{11}O_8N_4PNa_2$，含 5 ～ 7.5 分子结晶水，是用淀粉糖化液经肌苷菌发酵制得的无色或白色结晶。在市场上看到的"强力味精""加鲜味精"就是由 88% ～ 95% 的味精和 12% ～ 5% 的肌苷酸钠组成的，鲜度在 130 之上。

鸟苷酸钠又名鸟苷磷酸二钠，分子式 $C_{10}H_{12}O_8N_5PNa_2$，为白色至无色晶体或白色结晶性粉末，含 4 ~ 7 分子结晶水，无气味，易溶于水，不溶于乙醇、乙醚、丙酮。鸟苷酸钠和适量味精混合会发生"协同作用"，可比普通味精鲜 160 倍。

前几年，人们又制造出了新的超鲜物质，名叫甲基呋喃肌苷酸（$C_{15}H_{18}O_9N_4P$）。它的鲜度超过 60000，可谓是当今世界鲜味之最了。

小知识：鸡精与味精

鸡精和味精差别不大，很多消费者都认为，味精是化学合成物质，不仅没什么营养，常吃还会对身体有害。鸡精则不同，是以鸡肉为主要原料做成的，不仅有营养，而且安全。于是，有些人炒菜时对味精唯恐避之而不及，但对鸡精却觉得放多少、什么时候放都可以。其实，鸡精与味精并没有太大的区别。

鸡精的味道之所以很鲜，主要还是其中味精的作用。另外，肌苷酸、鸟苷酸都是助鲜剂，也具有调味的功效，而且它们和谷氨酸钠结合，能让鸡精的鲜味更柔和，口感更圆润、丰满，且香味更浓郁。至于鸡精中逼真的鸡肉味道，主要来自鸡肉、鸡骨粉，它们是从新鲜的鸡肉和鸡骨中提炼出来的。鸡味香精的使用也可以使鸡精的"鸡味"变浓；淀粉的作用则是使鸡精呈颗粒状或粉状。

5. 辛辣剂

简单地说，"辛"就是辣，这个构成是同义反复。辛辣的意思是：尖锐而强烈. 产生辣味的物质主要是两亲（亲水、亲油）性分子，如辣椒中的辣椒素，肉豆蔻中的丁香酚，生姜中的姜酮、姜酚、姜醇及大蒜中的蒜苷、蒜素等。此类食物包括葱、蒜、韭菜、生姜、酒、辣椒、胡椒、桂皮、八角、小茴香等。

6. 苦味剂

"苦"主要来自分子量大于 150 的盐、胺、生物碱、尿素、内酯等物质，主要有各种生物碱（包括有机叔胺）和含—SH、—S—S—基团的化合物。

7. 涩味

明矾或不熟的柿子那种使舌头感到麻木干燥的味道，称为涩味。柿子、绿香蕉、绿苹果有涩味，其原因是在这些物质中存在涩丹宁。

（七）食用香料、香精

1. 食用香料

从化学结构上看，各种香料组分的分子量均较低，挥发性及水溶性有相当大的差异。它们通常具有某种特征官能团。以含两个碳原子的化合物为例：乙烷，无臭；乙醇，酒香；乙醛，辛辣；乙酸，醋香；乙硫醇，蒜臭；二甲醚，醚香；二甲硫醚，西红柿或蔬菜香。此外，如乙酸乙酯等酯类化合物呈水果香，甲硫基丙醛呈土豆、奶酪或肉香。

（1）天然香料

我国的香料品种很多。常用的天然香料有八角、茴香、花椒、姜、胡椒、薄荷、橙皮、丁香、桂花、玫瑰、肉豆蔻和桂皮等。它们不仅呈味、赋香，而且有杀菌功能（如蒜受热或在消化器官内酵素的作用下生成蒜素或内烯亚磺酸，有强杀菌力），还含有多种维生素（如葱头含大量维生素 B）。市场上有干粉调料如姜粉、洋葱泥、胡椒粉、辣椒面供应。

（2）合成香料

主要有：香兰素，具有香荚兰豆特有的香气；苯甲醛，又称人造苦杏仁油，有苦杏仁的特殊香气；柠檬醛，呈浓郁柠檬香气，为无色或黄色液体；α-戊基桂醛，为黄色液体，类似茉莉花香；乙酸异戊酯，人称香蕉水；乙酸苄酯，为茉莉花香；丙酸乙酯，有凤梨香气；异戊酸异戊酯，有苹果香气；麦芽酚，又称麦芽醇，系微黄色针晶或粉末，有焦甜香气，虽然本身香气并不浓，但具有缓和及改善其他香料香气的功能，常用作增香剂或定香剂。

2. 食用香精

食用香精是参照天然食品的香味，采用天然和天然等同香料、合成香料经精心调配而成，具有天然风味的各种香型的香精。包括水果类、奶类、家禽类、肉类、蔬菜类、坚果类、蜜饯类、乳化类以及酒类等各种香精，适用于饮料、饼干、糕点、冷冻食品、糖果、调味料、乳制品、罐头、酒等食品中。

3. 调料

主要有酒（可使鱼体中的三甲胺溶出而挥发，从而解鱼腥）、醋（杀菌、溶解鱼刺和骨、去腥、去碱、增加胃酸）、酱油（赋香剂和着色剂）等。

4. 辅料

辅料一般指不直接单独食用，但可用于就餐提味的固体或液体成品，通常已熟制。主要有：花椒盐、花椒油、辣椒油、葱姜油、清汤、奶汤、高汤、各种酱。

（八）色泽处理剂

食物的色泽能促进人的食欲，增加消化液的分泌，因而有利于消化和吸收，是食品的重要感官指标。食物的色主要来源于食物的色素和食物发色剂。

食物的色素主要有天然食用色素、合成食用色素和人工着色物质三类。

1. 天然食用色素

指未加工的自然界的花、果和草木的色源。常用的天然食用色素主要有以下几种。

① 红曲色素，用乙醇浸泡红曲米所得到的液体红色素。可直接用于红香肠、红腐乳、各种酱菜及各种糕点的着色。

② 姜黄素，从姜黄茎中提取的一种黄色色素。由于具有稳定性好、着色力强、色泽鲜亮等特点，可广泛作为食品的着色剂使用。资料显示，姜黄素能抑制实验动物皮肤癌、胃癌、十二指肠癌、结肠癌及乳腺癌的发生，显著减少肿瘤数目，缩小瘤体。

③ 甜菜红，由紫甜菜中提取的红色水溶液浓缩而得，适用于饮料、食品、药品包衣、化妆品等行业。

④ 红花黄色素，由中药红花中提取，可广泛应用于多种饮料、多种果酒，配制酒、糖果、糕点。

⑤ β-胡萝卜素，由胡萝卜素中提取，呈橘红色，性能稳定，属油溶性物质，多用于肉类及其食品着色。

⑥ 虫胶红，又名紫胶红，是从昆虫分泌物紫梗中提取的天然食用色素，为红色粉末。与其他天然食用色素相比，它的纯度高，着色力较强，对光和热的稳定性好。

⑦ 越橘红，越橘红是从杜鹃花科越橘属越橘果实中提取制得的。为深红色膏状物，味酸甜清香，属于花青素类色素。越橘红可用作食品着色剂。我国规定可用于果汁（味）类饮料、冰淇淋。

2. 合成食用色素

合成食用色素有价格低廉、色泽鲜艳、着色稳定性高、色彩多样等特点，广泛被食品企业所使用。这些合成色素如果食用过量，会引起人体慢性中毒、畸形，甚至会致癌。由于毒理方面的原因，合成的食用色素使用受到很多限制，而且不断被淘汰。

常用的合成食用色素主要是以下 5 种：苋菜红、胭脂红、柠檬黄、日落黄、靛蓝。

① 苋菜红，又名食用赤色 2 号（日本）、食用红色 9 号、酸性红、杨梅红、鸡冠花红、蓝光酸性红，为水溶性偶氮类着色剂。化学名称为 1-(4′- 磺酸基 -1′- 萘偶氮)-2- 萘酚 -3，6- 二磺酸三钠盐。我国规定苋菜红可用于果味水、果味粉、果子露、汽水、配制酒、糖果、糕点上彩色装饰、红绿丝、罐头、浓缩果汁、青梅等的着色。

② 胭脂红，又名食用赤色 102 号（日本）、食用红色 7 号、丽春红 4R、大红、亮猩红，为水溶液偶氮类着色剂。化学名称为 1-(4′- 磺酸基 -1′- 萘偶氮)-2- 萘酚 -6，8- 二磺酸三钠盐，是苋菜红的异构体。

③ 柠檬黄又称酒石黄、酸性淡黄、肼黄。化学名称为 1-(4- 磺酸苯基)-4-(4- 磺酸苯基偶氮)-5- 吡唑啉酮 -3- 羧酸三钠盐，为水溶性合成色素。呈鲜艳的嫩黄色，是单色品种。多用于食品、饮料、药品、化妆品、饲料、烟草、玩具、食品包装材料等的着色，也用于羊毛、蚕丝的染色。

④ 日落黄，又名食用黄色 5 号（日本）、食用黄色 3 号、夕阳黄、橘黄、晚霞黄，为水溶性偶氮类着色剂。化学名称 1-(4′- 磺基 -1′- 苯偶氮)-2- 萘酚 -6- 磺酸二钠盐。性质稳定和价格较低，广泛用于食品和药物的着色。

⑤ 靛蓝，又名食品蓝 1 号、食用青色 2 号、食用蓝、酸性靛蓝、硬化靛蓝，为水溶性非偶氮类着色剂。化学名称 3，3′- 二氧 -2，2′- 联吲哚基 -5，5′- 二磺酸二钠盐。靛蓝类色素是人类所知最古老的色素之一，广泛用于食品、医药和印染工业。

有机合成色素可以改善商品外观并吸引消费者购买，于是有不法分子在利益驱使下，突破允许使用品种、范围和数量，滥用、重剂量使用色素，更使食品安全面临挑战。食用色素对人体有危害，主要是由于食用合成色素多以苯、甲苯、萘等化工产品为原料，经过磺化、硝化、偶氮化等一系列有机反应而成，大多为含有 R—N=N—R′键、苯环或氧杂蒽结构化合物。因而许多合成色素有一定毒性，必须严格控制使用品种、范围和数量，限制每日允许摄入量（ADI）。有些色素长期低剂量摄入，也存在致畸、致癌的可能性。

胭脂红作为一种偶氮化合物，在体内经代谢生成 β- 萘胺和 α- 氨基 -1- 萘酚等具有强烈致癌性的物质，胭脂红与欧盟标准禁用的苏丹红 I 同属于偶氮类色素，偶氮化合物在体内可代谢生成致突变原前体——芳香胺类化合物，芳香胺被进一步代谢活化后成为亲电子产物，与 DNA 和 RNA 结合形成加合物而诱发突变。有些色素在人体内可能转换成致癌物质。特别是偶氮化合物类合成色素的致癌作用更明显。

3. 人工着色物质

（1）酱色

是用蔗糖或葡萄糖经高温焦化而得的赤褐色色素。不法厂商用酱色、食盐、水勾兑酱油。

（2）腌色

火腿、香肠等肉类腌制品，因其肌红蛋白及血红蛋白与亚硝基作用而显示艳丽的红色。

亚硝酸盐是一种常见的物质，是广泛用于食品加工业的发色剂和防腐剂。它有三方面的功能：使肉制品呈现一种漂亮的鲜红色；使肉类具有独特的风味；能够抑制有害的肉毒杆菌的繁殖和分泌毒素。一般来说，只要其含量在安全的范围内，不会对人产生危害。一次性食入 0.2～0.5g 亚硝酸盐会引起轻度中毒，食入 3g 会引起重度中毒。中毒后造成人体组织缺氧，严重时甚至引起死亡。亚硝酸盐在天然食物中含量很少，却常常潜藏在一些经过特殊加工——腌制、腊制、发酵的食物中，如家庭制作的腌菜、腌肉、咸鱼、腊肉、熏肉、奶酪、酸菜等，在酱油、醋、啤酒等中都可能含有亚硝酸盐如亚硝酸胺等。亚硝酸胺是目前国际上公认的一种强致癌物，动物试验结果表明：不仅长期小剂量作用有致癌作用，而且一次摄入足够的量，也有致癌作用。因此，国际上对食品中添加硝酸盐和亚硝酸盐的问题十分重视，在没有理想的替代品之前，把用量限制在最低水平。

4. 有毒化学有色添加剂

（1）苏丹红一号

苏丹红一号色素是一种人造化学制剂，全球多数国家都禁止将其用于食品生产。这种色素常用于工业方面，如溶解剂、机油、蜡和鞋油等产品的染色。

苏丹红一号染色剂含有偶氮苯，当偶氮苯被降解后，就会产生苯胺（图1-6），这是一种中等毒性的致癌物。过量的苯胺被吸入人体，可能会造成组织缺氧，呼吸不畅，引起中枢神经系统、心血管系统和其他脏器受损，甚至导致不孕症。

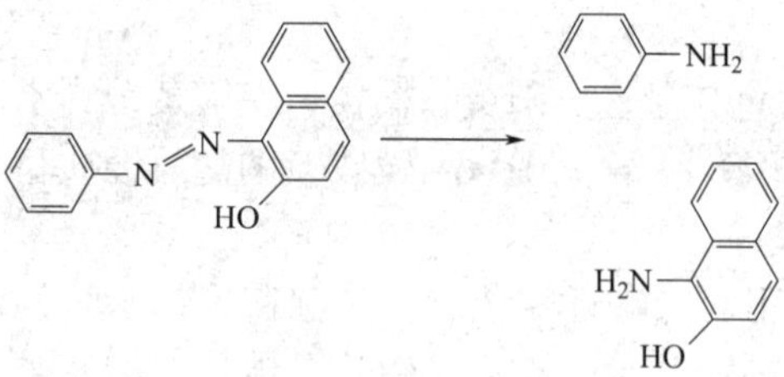

图 1-6　苏丹红的降解

科学家通过实验发现，苏丹红一号会导致鼠类患癌，它在人类肝细胞研究中也显现出可能致癌的特性。由于这种被当成食用色素的染色剂只会缓慢影响食用者的健康，并不会快速致病，因此隐蔽性很强。但长期食用含"苏丹红"的食品，最突出的表现是可能会使肝部 DNA 结构变化，导致肝部病症。

2005 年 1 月 28 日，英国第一食品公司发现其从印度进口的 5 吨红辣椒粉含有工业色素"苏丹红一号"。英国第一食品公司在 2 月 7 日向英国食品标准局作了报告。英国食品标准局马上向各国发出通告，在 2 月 21 日要求召回 400 多种可能含有"苏丹红一号"的食品，包括了麦当劳的 4 种调味料：西部烧烤调味汁、地戎芥末蛋黄酱、恺撒调味汁（普通脂肪型）和恺撒调味汁（低脂肪型）。

（2）碱性橙Ⅱ

又名王金黄，俗称王金黄、块黄，是一种偶氮类碱性工业染料。它由苯胺重氮化后，与间苯二胺偶合而制得。呈闪光棕红色结晶或粉末，溶于水后呈黄光棕色，溶于乙醇和乙二醇、乙醚，微溶于丙酮，不溶于苯。碱性橙Ⅱ一般用于腈纶纤维的染色和织物的直接印花，也用于蚕丝、羊毛和棉纤维的染色，还用于皮革、纸张、羽毛、草、木、竹等制品的染色。不能用于食品工业。由于碱性橙Ⅱ易在豆腐以及鲜海鱼上染色且不易褪色，因此一些不法商贩用碱性橙Ⅱ对豆腐皮、黄鱼进行染色，以次充好，以假冒真，欺骗消费者。添加王金黄的豆腐皮通体金黄，卖相极好，而正常的豆腐皮则只是色泽略黄。过量摄取、吸入以及皮肤接触该物质均会造成急性中毒和慢性中毒。碱性橙Ⅱ对人体的神经系统和膀胱等有致癌作用。

（3）酸性橙Ⅱ

酸性橙Ⅱ（图1-7）属于化工染料，通常是金黄色粉末，故俗称金黄粉。工业上主要用在羊毛、皮革、蚕丝、锦纶、纸张的染色。同时，它又是一种指示剂，医学上常用于组织切片的染色。食品工业中，酸性橙Ⅱ属非食用色素，食品中禁止加入。这些物质如果在食品加工中使用，人食用后可能会引起食物中毒，长期食用甚至会致癌。但是，一些不法商贩利用其色泽鲜艳、着色力强、价格低廉的特点，

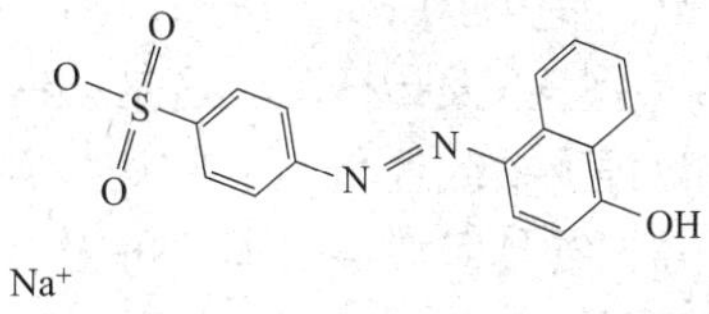

图 1-7　酸性橙（Ⅱ）的结构

将其作为色素掺入辣椒面的生产与加工中以牟利，从而严重危害着消费者的身体健康。

（4）玫瑰红 B

玫瑰红 B，又称罗丹明 B 或碱性玫瑰精，俗称花粉红，是一种具有鲜桃红色的人工合成色素，由间羟基二乙基苯胺与邻苯二甲酸酐缩合制成，通常应用的是其氯化物。它属于氧杂蒽类化合物，易溶于水和乙醇，微溶于丙酮、氯仿、盐酸和氢氧化钠溶液。其水溶液为蓝红色，稀释后有强烈荧光，醇溶液为红色荧光。玫瑰红 B 为非食用色素，主要用于染蜡光纸、打字纸、有光纸等。与磷钨钼酸作用生成色淀，用于制造油漆、图画等颜料，也可用于腈纶、麻、蚕丝等织物以及皮革制品的染色。另外还被大量用于有色玻璃、特色烟花爆竹、系列激光染料等行业。由于玫瑰红 B 价格低，着色力强，部分食品生产经营单位或个体生产者为美化食品外观，将其充当食用色素掺入调味品等食品中，以谋求非法利益。食用含玫瑰红的食品对人体有危害。玫瑰红 B 在机体内经生物转化，可形成致癌物。同时，在玫瑰红 B 合成过程中产生的杂质如苯酚、苯胺、醚等均有不同程度的毒性，会严重影响消费者的健康。玫瑰红 B 可以透过皮肤，在高浓度时产生毒性，主要表现为头痛、咽痛、呕吐、腹痛、四肢酸痛等，部分人手、足、胸部有红染或红点。

第六节　食品中有毒物质

食物中的有毒物质是指食物中存在的或食物产生的生物性有毒物质和化学性有毒物质两类。

一、生物性有毒物质

1. 有害细菌和毒素

各种食物的腐败如肉、蛋、牛奶、鱼、蔬菜的变质、酸臭均是由于细菌的作用，当吃进大量活的有毒细菌或细菌毒素时，就会产生食物中毒。一般症状为呕吐、腹泻，重者昏厥、致命。有害细菌和毒素主要有以下几种。

（1）肉毒梭菌。广泛存在于土壤中，如在烹调中未被杀死，则可在厌氧条件下产生肉毒素，毒性为眼镜蛇毒素的 1 万倍，为马钱子碱或氰化物的几百万倍。食用未充分煮熟的家制罐装肉和菜豆、玉米等蔬菜会引起此类中毒。预防办法是充分煮烹，不食用产生气体、变色、变稠的食物，扔掉变凸的罐头；治疗办法是催吐，适当服抗毒素。

（2）尸毒。肉类腐败后生成的生物碱之总称，主要有腐败牛肉所含的神经碱、鱼肉的组织毒素，以及腐肉胺、酪胺和尸毒素等。尸毒是动物死后其肌肉自行消化变软，细菌不断繁殖，使其蛋白质分解而成的。故应禁食各种腐肉。

（3）大肠杆菌。这是肠道最主要的细菌，由人的粪便排出，可通过苍蝇和手传到食物和餐具上，或经传染而致病。其特点是严重水性腹泻（称为旅游者痢疾）。因此食物烹制要充分，餐具应消毒处理。可用合成的止泻宁或磺胺类药物治疗大肠杆菌感染。

（4）葡萄球菌。这是最普遍的有毒细菌。因为很多健康人都是这类细菌带菌者，涉及的食品范围极其广泛。致病后的症状是严重呕吐、腹泻，病人由于脱水而造成体力不支，通常在食入后数分钟至数小时发作。误食被污染食品后应饮大量水并催吐。

2. 霉菌毒素

霉菌广泛存在于花生、玉米、高粱、麦类、稻谷等农产品中，会引起霉菌病。

霉菌毒素主要有黄曲霉毒素和麦角（菌）毒素。

（1）黄曲霉毒素（一类存在于霉变谷物中的霉素）。世界卫生组织警示指出，人摄入1.5毫克/千克体重的黄曲霉毒素，肝脏就会受到损害；若一次摄入75毫克/千克体重的黄曲霉毒素，人就会死亡。黄曲霉毒素中毒症状是肝损伤、肝癌、食道癌及儿童急性脑炎。人或动物霉菌中毒，迄今尚无药可治。预防和处理的主要措施是：在干燥条件下保存谷物（湿度应低于18.5%）及易霉变的含油种子如花生、葵花子（湿度应低于9%）等；紫外线辐射、有机酸（乙酸及丙酸混合物或丙酸）作用于谷物，氨气处理棉籽可使毒素失活。

（2）麦角（菌）毒素。麦角菌分布于各种黑麦、小麦、大麦中，食用被麦角污染食品后主要症状为全身痒、麻木，长期食用含麦角菌毒素食品者会痉挛、发炎，最终手脚变黑、萎缩并脱落。通常麦角是一种防止失血、治偏头痛的药物，但食物中含量超过0.3%即会中毒。预防办法是谷物加工前应筛去麦角。当出现有关症状后应用无麦角饮食调治。

二、化学性有毒物质

1. 食用油中的有毒物质

食油中的有毒物质来自原油或加工过程。

（1）原油

① 生棉籽油。生棉籽油是将生棉籽直接榨出而得，内常含棉酚、棉酚紫、棉酚绿等毒物，通常不能用加热法除去。中毒后主要症状为头晕、乏力、心慌等，影响生育（棉酚为男性避孕药）。生棉籽油切不可食用。

② 菜籽油。菜籽油含有芥子甙，在芥子酶作用下生成噁唑烷硫酮，具有令人恶心的臭味。因该毒物挥发性较大，在烹调时将油热至冒烟即可除去。

（2）陈油

存放过久的油的不饱和脂肪酸与空气、光、金属接触后，被氧化成有毒的过氧化物，维生素E被破坏；不饱和成分的双键断裂后形成低分子量的醇、醛、酮等物质，有异味和较大刺激性。即使是猪油、牛油等主要含饱和脂肪酸的动物油，久存后也会水解生成甘油和游离脂肪酸，进一步降解成小分子化合物，产生臭味和毒性，通称"变哈"或酸败。为防止酸败，不宜将油久存。油贮存前应充分除去其中的水分，密封容器，用深棕色容器装油放在冰箱中，还可加些抗氧剂如香兰素、丁香、花椒等以延缓酸败。

（3）地沟油

泛指在生活中存在的各类劣质油，如回收的食用油、反复使用的炸油等。

① 多次高温加热的油。其中维生素和必需脂肪酸被破坏，营养价值大降。由于长时间加热，其中的不饱和脂肪酸通过氧化发生聚合，生成各种聚合体。其中二聚体可被人体吸收，并有较强毒性。动物试验表明：喂食这类油后生长停滞、肝脏肿大、胃溃疡，还出现各种癌变。因此，在烹调时应尽量避免过高温油炸，禁止将油反复加热。

② 回收的食用油。其主要成分仍然是甘油三酯，却又比真正的食用油多了许多致病、致癌的毒性物质。从下水道捞取的大量暗淡浑浊、略呈红色的膏状物，仅仅经过一夜的过滤、加热、沉淀、分离，就能让这些散发着恶臭的垃圾变身为清亮的"食用油"，最终通过低价销售，重返人们的餐桌。一旦食用"地沟油"，它会破坏人们的白细胞和消化道黏膜，引起食物中毒，甚至有致癌的严重后果。

2. 某些蔬菜或水果中的有毒物质

某些蔬菜或水果中含有的有毒物质会对人体造成伤害。

3. 其他含毒食物

① 含毒的花蜜。如杜鹃红、山月桂、夹竹桃等的花蜜中含有化学结构与洋地黄相似的物质，会引起心律不齐、食欲缺乏和呕吐。应充分蒸煮去毒。

② 毒蘑菇。食用野生毒蘑菇而引起的食物中毒称为蕈毒。其有毒物质称为蕈毒素。已发现的蕈毒素主要有鹅膏菌素、鹿花菌素、蕈毒定、鹅膏蕈氨酸、蝇蕈醇和二甲 -4- 羟基色氨磷酸等。蕈毒通常是急性中毒，依据其中毒症状分为四类：原生毒——引起细胞破碎、器官衰竭；神经毒——引起神经系统症状；胃肠道毒——刺激胃肠道，引起胃肠道失调症状；类双硫醒毒——食用毒蕈后，除非 72h 内饮酒，否则无反应。

毒蘑菇的主要特点有：蘑冠色泽艳丽或呈黏土色，表面黏脆，蘑柄上有环，多生长于腐物或粪土上，碎后变色明显，煮时可使银器、大蒜或米饭变黑。可利用这些特征加以识别。

③ 生鱼。淡水鱼（如鲤鱼）大都含有破坏硫胺（维生素 B_1）的酶（称为硫胺素酶），如生吃易得硫胺缺乏症（脚气病或心力衰竭）而突然死亡，通过较长时间加热可破坏这种酶，并保留原有硫胺。

④ 河豚（又称连巴鱼、气泡鱼、吹肚鱼）。其内脏和皮肤中尤其是卵巢和肝中存在河豚毒素，是一种神经性毒剂，不仅可毒死猫、狗、猪等动物，也会毒死人。我国东南沿海每年都有吃河豚中毒者。

河豚毒为剧毒且无特效药。河豚的某些脏器及组织中均含有毒素，其毒性稳定，经炒、煮、盐腌和日晒等均不能被破坏。河豚的毒性比剧毒药品氰化钾还要强 1000 倍，约 0.5mg 即可致死。河豚毒素主要使神经中枢和神经末梢发生麻痹。先是感觉神经麻痹，其次运动神经麻痹，最后呼吸中枢和血管神经中枢麻痹，出现感觉障碍，瘫痪，呼吸衰竭等如不积极救治，常可导致死亡。《水产品卫生管理办法》明文规定，河豚有剧毒，不得流入市场。

⑤ 熏鱼、熏肉。即通常我国南方用稻草熏制的腊鱼、腊肉，通常含黄曲霉素和亚硝基化合物两类毒物，有致癌性。黄曲霉素耐热性强，在 280℃以上才分解，油溶性好。由于粗盐中常含有硝酸盐，受热时在还原剂作用下可生成亚硝酸盐，然后转化成亚硝胺。

4. 农药残留及人为添加毒物

非法食品添加剂及滥加食品添加剂等，均为人为添加毒物。动植物在生产过程中未按要求使用农药和饲料，可造成农药残留超标。这些都能给人造成严重损害。

第七节　化学与健康

健康长寿是人类的共同愿望。许多资料表明，危害人类健康的疾病都与体内某些元素的平衡失调有关。因此，了解生命元素的功能，并正确理解饮食、营养与健康的关系，树立平衡营养观念，对于预防疾病、增强体质、保持健康具有重要意义。

1989年世界卫生组织提出了有关健康的新概念：除了躯体（生理）健康、心理健康和社会适应健康外，还要加上道德健康，只有这四个方面健康才算是完全健康。

一、平衡膳食

1. 合理营养

人对于营养的要求随年龄、性别、体质、工作性质而异。一个成人每天的基本需要量大致为：碳水化合物300～400g，蛋白质80～120g，脂肪84～100g。

合理营养就是要通过膳食调配提供满足人体生理需要的能量和各种营养素，还要考虑合理的膳食制度和烹调方法，以利于各种营养物质的消化、吸收与利用，此外，还应避免膳食构成的比例失调，某些营养素摄入过多以及在烹调过程中营养的损失或有害物质的生成。

虽然人体对六大营养素的需要量不同，有的甚至是微量，但每一种营养素对人体都有着特殊的功用，缺一不可。在膳食中，不管是营养缺乏或是营养过剩均会影响人体健康。

合理营养需具备以下两个特点。

（1）膳食中应该有多样化的食物

人们知道，人体需要各种营养素，不是几种食物就能包含人体所需的全部营养素的。如果只吃一两种或少数几种比较单调的食物，就不能满足人体对多种营养素的需要。长期吃较单调的膳食对生长发育和身体健康是不利的，因各种食物中所含的营养素不尽相同，只有吃各类食物，才能满足人体对各种营养素的要求。

（2）膳食中各种食物比例要合适

人的身体需要各种营养素，而各种营养素在人体内发挥作用又是互相依赖、互相影响、互相制约的。例如，人体需要较多的钙，而钙的消化吸收必须有维生素D参与完成。维生素D是脂溶性维生素，如果肠道里缺少脂肪，它也不能很好地被肠道吸收，只有在吃维生素D的同时，吃一定数量的脂肪，维生素D才能被吸收。而脂肪的消化吸收，必须要胆汁发挥作用，胆汁是肝脏分泌的。要使肝脏分泌胆汁，又必须保证蛋白质的供给。

那么，蛋白质、脂肪、糖这三大营养素又是怎样相互作用的呢？如果人吃的糖和脂肪不足，体内的热量供应不够，就会分解体内的蛋白质来释放热量，补充糖和脂肪的不足。但蛋白质是构成人体的"建筑材料"，体内缺少了它，会严重影响健康。如果在吃蛋白质的同时，又吃进足够的糖和脂肪，就可以减少蛋白质的分解，用它来修补和建造新的细胞和组织。

由此可见，各种营养素之间存在一种非常密切的关系，为了使各种营养素在人体内充分发挥作用，不但要注意各种营养素齐全，还必须注意各种营养素比例适当。日常膳食中各种营养素的比例可遵照中国营养学会的建议。

2. 食品酸碱性与人体健康

正常人的血液 pH 为 7.35 ~ 7.45，呈弱碱性。若 pH 小于 7.35，会发生酸性中毒；大于 7.45 则会发生碱性中毒。营养学上将食品分为两大类，即碱性和酸性，是依据食品经过消化吸收代谢产物的酸性或碱性来界定的。钾、钠、钙、镁、铁五种金属元素进入人体代谢后产物呈现碱性；硫、磷、氯在人体内氧化后，生成带有阴离子的酸根，呈酸性。除牛奶外，动物性食品大多是酸性食品。酸性食物包括各种肉类、蛋类、白糖、大米、面粉、花生、大麦、啤酒等。植物性食品中，除五谷、杂粮、豆类外，大多为碱性食品。碱性食物包括多数蔬菜类、水果类、海藻类。低热量的植物性食物几乎都是碱性食品。

提倡"三少三多"的饮食结构：少吃大鱼大肉，多吃豆、乳制品；少吃油性食品，多吃蔬菜水果；少吃甜食，多吃海产品。

3. 不宜常吃的食品

烧烤食品、熏制食品、油炸食品、腌制食品不宜常吃，此外，经加工的肉类食品、罐头食品、方便类食品（含饼干）、奶油制品、冷冻甜点、果脯、话梅和蜜饯类食物、汽水和可乐类食品也应少吃。

世界卫生组织公布的十大垃圾食品：油炸食品；膨化食品；烧烤类食品；腌制食品；加工的肉类食品；肥肉和动物内脏类食品；奶油制品；方便面；冷冻甜点；蜜饯类食品。

4. 健康饮食搭配

粗细粮搭配、荤素搭配、谷类与豆类搭配、素菜多色搭配、酸性食物与碱性食物搭配、干稀搭配。

（1）膳食原则

① 清淡、守时、多餐、多样、安全。

② 黄金法则：吃得越杂，获得健康所需的全面营养的机会就越多。任何时候都要尽量避免过食，过食会导致肥胖、糖尿病、小儿弱智、老年痴呆等病。

（2）膳食结构宝塔

膳食宝塔共分五层，包含每天应摄入的主要食物种类。膳食宝塔利用各层位置和面积的不同反映了各类食物在膳食中的地位和应占的比重。

谷类食物位居底层，每人每天应摄入 250 ~ 400g。

蔬菜和水果居第二层，每人每天应摄入 300 ~ 500g 和 100 ~ 200g。

鱼、禽、肉、蛋等动物性食物位于第三层，每人每天应摄入 125 ~ 225g（鱼虾类 50 ~ 100g，畜、禽肉 50 ~ 75g，蛋类 25 ~ 50g）。

奶类和豆类食物合居第四层，每人每天应吃相当于鲜奶 300g 的奶类及奶制品和相当于干豆 30 ~ 50g 的大豆及制品。

第五层塔顶是烹调油和食盐，每人每天烹调油的摄入量不超过 25g，食盐不超过 6g。

由于我国居民现在平均糖摄入量不多，对健康的影响不大，故膳食宝塔没有建议食糖的摄入量，但多吃糖有增加龋齿的危险，儿童、青少年不应吃太多的糖和含糖高的食品及饮料。

二、食疗学与药膳学

1. 食疗学

（1）定义　所谓食疗学，就是以营养理论为指导，系统地探讨和研究饮食与养生的方法及规律的科学。

（2）特别饮食（特殊要求的食疗）　出于减少医疗开支、增强身体活力和延长工作年限的愿望，人们提出了许多食疗和食补方案。特别饮食是指对正常饮食作某些变动，为那些不宜采用普通饮食的人提供营养的模式。

①普通流质　将食物烹调、匀浆，滤去渣后取汁，适用于无牙齿者、不能咀嚼和吞咽固体食物的病人、运动员、需减轻体重者。

普通流质分为清流质（如过滤肉汤、菜汁、米汤等）和全流质（包括各种汤类、牛奶、豆浆、麦乳精、乐口福、糖盐开水及各种饮料等）。

②要素膳食　适合严重腹泻、烧伤、肠炎、胰腺炎患者。其特点是没有纤维和其他不消化物质，而含有充分的营养要素，不经消化即被完全吸收。主要有以下几种。

a. 低渗制剂　即低渗透压浓度（300 单位）的膳食制剂。

典型配方为 60% 糖（葡萄糖和蔗糖）、12% 蛋白质（如鸡蛋蛋白）、28% 脂肪（植物油）以及添加的矿物质和维生素。

b. 高渗制剂　即高渗透压浓度（810 单位）的膳食制剂。

典型配方为 80% 糖（葡萄糖）、15% 以上的纯氨基酸（若病人不能消化蛋白质，就必须提供氨基酸的纯品）及少量蛋白质和其他添加剂。

要素膳食短期内适用效果明显，但不可久用。

③清淡饮食　用于结肠炎、食道炎和溃疡等患者。这些病的共同点是消化器官运动过激，消化液分泌太多，应选择无刺激性、可发酵的糖类和含难消化物质低的食物，通常为奶制品、嫩蛋、马铃薯泥、软烂的蔬菜等食品。

但这类饮食易导致营养不良，只能用于急性期。

④限制性饮食　针对特殊要求改变某些营养素的摄入，主要有以下几种。

a. 限糖　主要食用蛋、鱼、肉及奶，不加糖，适合胃切除患者的倾倒综合征的治疗。

b. 限脂　主要食用水煮蛋、瘦肉、果汁及脱脂奶，适合胆道和胰病变造成的脂肪性腹泻（脂肪痢）患者。

c. 限胆固醇和饱和脂肪　主要食用面包、谷物、蛋白、鱼、瘦肉、青豆等，适合防治某些高脂蛋白血症，如有早期心血管病或血管病家族史、有意外心脏病或中风趋势、体重超标过多并有高血脂及血液黏稠、异常快速凝结的患者。

d. 限钠　饮食中不加盐，适用于高血压病及充血性心衰、肝硬化及一些肾脏疾病、营养不良引起的水肿。

⑤特殊病的饮食措施

a. 糖尿病　应严格控制饮食以减少对胰岛素的需要，可用大分子碳水化合物（淀粉）、低脂肪饮食改善其葡萄糖耐量。

b. 心脏病　食用低胆固醇、低脂肪、低热能、低钠、低糖的食物。如每周最多食用 4 只蛋、不超过 5 ~ 10 毫升油脂，食用高蛋白（如瘦肉）、绿叶蔬菜和低脂奶制品，以及适量面包和土豆。

c. 贫血　食用富铁食物，如炒猪肝、煎牛肝、炖牛肾、麦麸、小麦 - 大豆粉、脱脂大豆粉等，经常吃些醋和带酸性的水果。

2. 药膳学

药膳学就是研究以中药为配料的膳食的科学。药膳学的基本内容包括药膳学的理论基础和药肴的一般制作方法。

药膳学的基本理论——医食同源论，继承古代的养生食疗法，发展成为药膳学特有的病源论和食医论。

① 病源论　药膳学认为"病从口入"，所以应以预防为主，从食物防病着手。一旦得病，应"先以食疗，食疗不愈，后乃用药"。药膳学认为应"寓药于食"，药可以食。从广义看，食也是药。

② 食医论　药膳学的食医包括食补、食治、食疗诸方面。所谓药膳就是以药物和食物为原料，经过烹饪加工制成的一种具有食疗作用的膳食。它是中国传统的医学知识与烹调经验相结合的产物。它"寓医于食"，既将药物作为食物，又将食物赋以药用，药借食力，食助药威；既具有营养价值，又可防病治病、保健强身、延年益寿。

3．著名的药膳食谱

东汉张东景：百合鸡子汤、当归生姜羊肉汤。唐代孙思邈：《千金药方》列举了中医药膳 241 种，后来发展成《补养方》《食疗本草》。宋代王怀隐：《太平圣惠方》记载了 28 种病的药膳疗法，如鲤鱼粥和黑豆粥治水肿、枣仁粥治咳嗽等。元代宫廷御医忽思慧：《饮膳正要》介绍了药肴 94 种、汤类 35 种、抗衰老处方 24 个。明代李时珍：《本草纲目》全书载药 1892 种，属常用食物或作食用者就达 518 种之多，记载 2000 余食疗方。清代袁枚：《随园食单》详尽地论述了他对饮食与烹饪的意见，把中国饮食文化系统化、理论化、艺术化。

迄今包括菜肴、汤羹、甜点、米面食品、药粥、饮料汁液、蜜膏、药酒等药膳品种已达 300 余种。

小知识：家用药膳

（1）菜肴类

① 山楂 100g、肉片 200g，开胃消食。

② 红枣 200g、炖肘 1000g，补脾益胃。

③ 枸杞 50g、滑熘里脊片 250g，抗衰防老。

④ 姜丝 25g、菠菜 250g，养血消毒。

（2）汤羹类

① 当归 15g、生姜 15g、羊肉 500g 炖汤，治血虚及大寒症。

② 猪肝 100g、菠菜 100g、党参 9g 炖汤，补血。

③ 百合 15g、公鸡 500g 炖汤，清虚热安神（食疗古方）。

（3）饮料类

① 双花饮。金银花 50g、菊花 50g、山楂 50g、蜂蜜 50g，用开水 1000mL 冲开，凉后饮用，为著名的清凉饮料。

② 五汁饮。梨、荸荠、藕、鲜芦根各 100g，麦门冬 50g，凉开水泡服，有清热解毒、利尿通便之效（名食疗饮汁）。

③ 胖大海饮。胖大海 3～4 个，用 200mL 开水泡半小时，加白糖，可清热解毒、利咽喉，对教师、演员尤宜。

4．药和食物的禁忌

药物参与消化的所有过程，可能和你抽的那支烟、喝的那种果汁、吃的那种食物相互作用。因此，你有必要了解正在服用的药物有哪些忌口，防止药效打折甚至出现不良反应。

（1）任何药物——烟

服用任何药物后的30分钟内都不能吸烟。因为烟碱会加快肝脏降解药物的速度，导致血液中药物浓度不足，难以充分发挥药效。实验证实，服药后30分钟内吸烟，血药浓度约降至不吸烟时的1/20。

（2）维生素C——虾

服用维生素C前后2小时内不能吃虾。因为虾中含量丰富的铜会氧化维生素C，令其失效；同时，虾中的五价砷成分还会与维生素C反应生成具有毒性的三价砷。

（3）阿司匹林——酒、果汁

酒进入人体后需要被氧化成乙醛，再进一步被氧化成乙酸。阿司匹林阻碍乙醛氧化成乙酸，造成人体内乙醛蓄积，不仅加重发热和全身疼痛症状，还容易引起肝损伤。而果汁则会加剧阿司匹林对胃黏膜的刺激，诱发胃出血。

（4）黄连素——茶

茶水中含有约10%鞣质，鞣质在人体内分解成鞣酸，鞣酸会沉淀黄连素中的生物碱，大大降低其药效。因此，服用黄连素前后2小时内不能饮茶。

（5）布洛芬——咖啡、可乐

布洛芬（芬必得）对胃黏膜有较大刺激性，咖啡中含有的咖啡因及可乐中含有的古柯碱都会刺激胃酸分泌，所以会加剧布洛芬对胃黏膜的毒副作用，甚至诱发胃出血、胃穿孔。

（6）抗生素——牛奶、果汁

服用抗生素前后2小时内不要饮用牛奶或果汁。因为牛奶会降低抗生素活性，使药效无法充分发挥；而果汁（尤其是新鲜果汁）中富含的果酸则加速抗生素溶解，不仅降低药效，还可能生成有害的中间产物，增加毒副作用。

（7）钙片——菠菜

菠菜中含有大量草酸钾，进入人体后电解出的草酸根离子会沉淀钙离子，不仅妨碍人体吸收钙，还容易生成草酸钙结石。专家建议服用钙片前后2小时内不要进食菠菜，或先将菠菜煮一下，待草酸钾溶解于水，将水倒掉后再食用。

（8）抗过敏药——奶酪、肉制品

服用抗过敏药物期间忌食奶酪、肉制品等富含组氨酸的食物。因为组氨酸在人体内会转化为组织胺，而抗过敏药抑制组织胺分解，因此造成人体内组织胺蓄积，诱发头晕、头痛、心慌等不适症状。

（9）止泻药——牛奶

服用止泻药物，不能饮用牛奶。因为牛奶不仅降低止泻药药效，其含有的乳糖成分还容易加重腹泻症状。

（10）苦味健胃药——甜食

苦味健胃药依靠苦味刺激唾液、胃液等消化液分泌，促食欲、助消化。甜味成分一方面掩盖苦味、降低药效，另一方面还与健胃药中的很多成分发生络合反应，降低其有效成分含量。

（11）利尿剂——香蕉、橘子

服用利尿剂期间，钾会在血液中滞留。若同时再吃富含钾的香蕉、橘子，体内钾蓄积更加严重，易诱发心脏、血压方面的并发症。

（12）滋补类中药——萝卜

滋补类中药通过补气，进而滋补全身气血阴阳，而萝卜有破气作用，会大大减弱滋补功效，因此服用滋补类中药期间忌食萝卜。

（13）降压药——西柚汁

服用降压药期间不能饮用西柚汁。因为西柚汁中的柚皮素成分会影响肝脏中某种酶的功能，而这种酶与降压药的代谢有关，将造成血液中药物浓度过高，副作用大大增加。

（14）多酶片——热水

酶是多酶片等助消化类药物的有效成分，酶这种活性蛋白质遇热水后即凝固变性，失去应有的助消化作用，因此服用多酶片时最好用低温水送服。

三、健康与长寿

1. 年龄和寿命

我国典籍就年龄的划分有艾（50岁）、耆（60岁）、老（70岁）、耋（80岁）、耄（90岁）和颐（100岁）之别。杜甫名句"酒债寻常行处有，人生七十古来稀"（《曲江对酒》），也把70岁定为老年。

2. 衰老的机理

（1）类SOD化合物的研究

超氧化物歧化酶（SOD）谷胱甘肽过氧化物酶（GSH-Px）具有清除自由基的作用。

类SOD化合物有维生素C、维生素E、类胡萝卜素、类黄酮、皂苷、鞣酸、木质素、萜类、生物碱等。

（2）老化因素

主要有以下几种。

① 残余不洁物质在体内积累。

② 胶原蛋白的硬化。

③ 固有的老化过程。

④ 神经组织的退化。

⑤ 自体免疫。

（3）病变因素

主要有以下几种。

① 体格构成失调。

② 骨质疏松。

③ 脑及神经功能降低。

④ 皮肤及头发老态明显。

⑤ 循环和内分泌系统失调。

3. 常见老年病

（1）骨质疏松症

骨质疏松症是由于年老而发生的骨头大量损耗。通常按颌骨、牙槽骨、背脊骨和长骨的顺序依次劣化，造成掉牙、骨折，且难以愈合，身高降低。

致病原因：缺钙、缺维生素D、缺少运动。

治疗和预防：用氟化物、维生素D及钙（每日1000毫克）进行联合作用，经常运动促进骨骼改善对钙的吸收，保证每日蛋白质摄取量（46～56克）。

（2）老龄关节炎

即骨关节炎。骨关节炎的患病率随着年龄增长而增加，女性比男性多见。世界卫生组织统计，50岁以上的人中，骨关节炎的发病率为50%，55岁以上的人群中，发病率为80%。1999年世界卫生组织将骨关节炎与心血管疾病及癌症列为威胁人类健康的三大杀手。

（3）老年性痴呆（AD）

老年性痴呆是指老年期出现的已获得的智能在本质上出现持续的损害，智能缺失和社会适应能力降低。

老年性痴呆的确切病因、病理仍不清楚，但有两点是可以肯定的：第一，它虽不是衰老的必然产物，但与衰老有关；第二，多数（70%）与遗传有关。

导致老年性痴呆发生的因素主要包括两类：自身危险因素和环境危险因素。

研究表明，人的智力的维持和发展与年龄并无直接关系，而主要取决于文化素质和大脑的运用，所以老年人多从事智力活动有益健康。

四、减肥与健康

肥胖是一种疾病，易导致高血压、内分泌失调、气喘；肥胖限制了人的活动能力，降低了体质，影响到免疫功能；老年肥胖者更容易瘫痪；从美容方面考虑，人们普遍不喜欢肥胖。减肥已成为一个世界性课题。

荷兰鹿特丹一所大学的科学家最近完成的一项前瞻性研究显示，成年期（尤其是40岁左右）肥胖可使预期寿命缩短，早期死亡率增加。

1. 肥胖的定义及诊断

肥胖指身体内脂肪过度积蓄以致威胁健康，需要长期的治疗和控制才能达到减重并维持。

肥胖的表现是皮下脂肪堆积，通常集中在腹部、臀部和大腿。

肥胖的主要原因是摄入热量过多，也与从幼年时起饮食不协调（脂肪摄入过多）导致内分泌失调，从而使分解脂肪的酶功能受抑有关。

标准体重计算公式：

$$SBM = H - 105$$

式中，SBM为标准体重，kg；H为身高，cm。超过标准体重10%为超重，超过标准体重20%为肥胖。

2. 肥胖的预防和治疗

世界卫生组织以及国内外的营养学家在研究了以往的减肥方案后，大都认为应从改善饮食习惯入手，调整体内的代谢和分泌使之建立起新的健康的平衡。这不仅对减肥者很重要，而且对治疗糖尿病也很重要。美国营养学家拉布扎提出的减肥膳食疗法效果较好，其要点如下。

① 不过食　饮食的热量应定为正常人的一半，约5000kJ，多吃蔬菜，如仍不够饱，可补充去油的肉汤（如鸡汤、鱼汤），宜吃煮、炖、蒸、烘和凉拌的食物，不吃油炸食物。

② 食欲　饮食的色、香、味要好，能引起食欲，满足人的正常愿望，使人觉得舒畅。

③ 营养要充足　除脂肪外，其他成分的配比要正常，维生素、微量元素要丰富，这样可以逐渐消解和吸收体内已积存的脂肪，逐步建立代谢平衡。

④ 少吃多餐　要经常保持轻微的饥饿感，约七八成饱，但不要过饿（否则会引起低血糖症）。把同热量的食物分几次摄入能更好吸收，可进一步减少食物量，有助于降低胆固醇，而且会防止脂肪进行新的聚集。

⑤ 节律　饮食守时，限酒戒烟，不吃零食和甜食，吃蛋白质高的食物如瘦肉、鱼、豆制品、鸡肉等，过有规律的生活。

⑥ 运动。

3．饮食与皮肤养护

为了使皮肤更细腻。最简单的方法是注意饮食，少熬夜。俗话说："吃在脸上。"这句话充分说明了"吃"是美容养颜过程中不可忽略的重要方面。所以，皮肤养护要遵循以下原则。

（1）少食肉类食品和动物性脂肪。

（2）多吃植物性食物。

（3）注意蛋白质摄取均衡。

（4）常吃富含维生素的食物。

（5）多吃新鲜蔬菜和水果。

（6）注意碱性食物的摄入。

（7）多吃富含铁质的食物。

（8）少饮烈性酒。

（9）适当饮水。

（10）不摄入使人肥胖的食物。

（11）充足的睡眠。

（12）药浴。

（13）要避免外界的刺激。

五、食物与血压

膳食营养是高血压发生发展的最重要的行为因素之一。一般认为以抗氧化物质为主，如维生素 B 族、维生素 C、维生素 E、钙、镁、异黄酮、多酚类、茄红素以及胡萝卜素等食物能有效降低人体的血压。而某些食物或因素则会导致人体的血压升高。

1．减压食物

一般认为下列这些食品具有降低血压的作用。如：碳水化合物、纤维质、蔬菜、水果、鱼类、乳制品及坚果类等。

2．升压食物

升压食物中不乏我们平时认为有助于减压的东西，如酒精、咖啡因等，这些东西虽可能带来短暂的愉悦，但同时也会造成长时间的身体伤害。因此，我们必须要改正这些错误观念。升压食物有：咖啡因、酒精、香烟、精制糖、油脂、高蛋白质、食盐等。过量的氯化钠会导致血压上升，消耗肾上腺素，并会使情绪不稳定。高蛋白质饮食会提升脑内多巴胺与肾上腺素，这两种分泌物都会使焦虑与压力更加严重。应该减少摄取肉食。

3．养成良好生活习惯

营养师列举了以下十点生活习惯，有助于降低血压。

（1）吃早餐；

（2）喝绿茶；

（3）选择新鲜果汁取代碳酸饮料；

（4）晚饭过后严禁喝咖啡因；

（5）随身携带小点心；

（6）自己准备便当；

（7）让不适当的食物远离你；

（8）为家里规划健康花费；

（9）消除压力与紧张的活动；

（10）设计一个放松的环境。

六、药物滥用与毒品

（一）化学与兴奋剂

凡是能提高运动成绩并对人体有害的药物，都是兴奋剂。兴奋剂是国际体育界对违禁药物的总称。国际奥委会规定：竞赛运动员应用任何形式的药物或以非正常量或通过不正常途径摄入生理物质，企图以人为和不正当的方式提高他们的竞赛能力，即为使用兴奋剂。目前人们还没有发现既能提高成绩，又不损害身体的兴奋剂。由于兴奋剂的主要功能是用强加的方法来改变身体的机能，而这种改变必将导致身体的平衡遭到破坏，造成自身原有的功能受到抑制，进而形成人体对药物的长期依赖，即这种依赖的不可恢复性，甚至导致猝死的发生。

不同种类的兴奋剂对人机体的作用是不同的，如刺激剂就对增加反应速度、提高竞争意识有作用；蛋白同化制剂则增加人体肌肉，增强体能；阻断剂能增加动作稳定性；利尿剂可以减轻体重，还可以利用药物的强排泄能力掩饰其他的兴奋药物。

目前，国际奥委会已经规定的属于兴奋剂的部分药品有以下几种。

1. 氯三苯乙烯

医疗用途：促进卵的排放，治疗女子不孕症。

体育用途：作为额外补充或在摄取睾丸素之后进行补充，通过反应来刺激"自然"睾丸素的生成。

风险：头痛、神经质和抑郁。

2. 硝酸甘油

医疗用途：扩张血管和增强心脏的功能，被用于预防和治疗心绞痛和心力衰竭。

体育用途：在冲刺时刺激爆发力，缩短反应的时间，曾被老年运动员预防性使用，现在又重新"时兴"起来。

风险：头痛、高血压和恶心。

3. 睾丸素

医疗用途：用于睾丸素分泌不足和严重的营养缺乏。

体育用途：增加肌肉的数量。某些为增加肌肉数量而进行锻炼的人使用的剂量甚至会达到治疗剂量的 250 倍。

风险：痤疮、水肿、减少精子的数量、死亡。

4. 支气管扩张剂

医疗用途：治疗和预防哮喘。

体育用途：既可以起到刺激作用（如舒喘灵功效接近肾上腺素），又可以提高呼吸功能。

风险：使心跳加快，大剂量使用会导致头痛和消化系统紊乱。

5. 蛋白合成激素

商品名"黑通宁"。

医疗用途：防老化。自此药上市以来，美国使用此类药物成风。

体育用途：促进肌肉的生长发育。

风险：像其他蛋白合成激素一样，可能会造成死亡。

6. 苯乙酸诺龙

医疗用途：属于合成荷尔蒙睾丸素。

体育用途：增强运动员肌肉，减缓疲劳。

风险：寿命衰减，女性出现男性特征。

（二）化学与毒品

根据《中华人民共和国刑法》第357条规定，毒品是指鸦片、海洛因、甲基苯丙胺（冰毒）、吗啡、大麻、可卡因以及国家规定管制的其他能够使人形成瘾癖的麻醉药品和精神药品。毒品具有依赖性、非法性及危害性，只有同时具备这三个特征，才能称之为毒品。

从毒品的来源看，可分为三大类：天然毒品，直接从毒品原植物中提取的毒品，如鸦片；半合成毒品，由天然毒品与化学物质合成而得的毒品，如海洛因；合成毒品，完全用有机合成的方法制造的毒品，如冰毒。

从毒品对人中枢神经的作用看，可分为抑制剂、兴奋剂、致幻剂等。抑制剂能抑制中枢神经系统，具有镇静和放松作用，如鸦片类。兴奋剂能刺激中枢神经系统，使人产生兴奋，如苯丙胺类。致幻剂能使人产生幻觉，导致自我歪曲和思维分裂，如麦司卡林、二甲氧甲苯丙胺（DOMSTP）、亚甲二氧甲苯丙胺（MDMA）以及其他苯丙胺代用品。

从毒品的自然属性看，可分为麻醉药品和精神药品。麻醉药品是指对中枢神经有麻醉作用，连续使用易产生生理依赖性的药品，如鸦片类。精神药品是指直接作用于中枢神经系统，使人兴奋或抑制，连续使用能产生依赖性的药品，如苯丙胺类。

从毒品流行的时间顺序看，可分为传统毒品和新型毒品。传统毒品一般指鸦片、海洛因等较早的毒品。新型毒品是相对传统毒品而言的，主要指冰毒、摇头丸等人工合成的致幻剂、兴奋剂类毒品。

1. 常见传统毒品

（1）鸦片　鸦片又称为罂粟，生鸦片有强烈的类似氨的刺激性气味，味苦，长时间放置后，随着水分的逐渐散失，慢慢变成棕黑色的硬块，形状不一，常见为球状、饼状或砖状（图1-8）。

罂粟花　　　　　　　　　　罂粟果　　　　　　　　　雅片膏

图 1-8　鸦片

生鸦片一般不直接吸食，尚需经烧煮和发酵等进一步精制成熟鸦片方可使用。熟鸦片呈深褐色，手感光滑柔软。

鸦片内含有 30 多种生物碱，其中主要含吗啡，含量为 10% ~ 15%，此外还含有少量的罂粟碱（约 1%）、可待因（约 1%）、蒂巴因（约 0.2%）及那可汀（约 3%）等。因产地不同而呈黑色或褐色，味苦。吸食时有一种强烈的香甜气味。一般来说，最初几口鸦片的吸食令人不舒服，可使人头晕目眩、恶心或头痛，但随后可体验到一种伴随着疯狂幻觉的欣快感。长期吸食鸦片，可使人先天免疫力丧失，极易感染各种疾病，体质严重衰弱及精神颓废，寿命也会缩短。过量吸食鸦片可引起急性中毒，可因呼吸抑制而死亡。

罂粟壳呈椭圆形或瓶状卵形，直径 1.5 ~ 5cm，长 3 ~ 7cm，外表面黄白色、浅棕色至淡紫色，平滑，略有光泽，表面常见纵向或横向割痕，气味清香，略苦。罂粟壳是罂粟果实提取鸦片后剩余的果壳，煮汁食用有一定的止泻、止痛作用。

罂粟壳中也含有吗啡、可待因、蒂巴因、那可汀等鸦片中所含有的成分，虽含量较鸦片小，但久服也有成瘾性。因此，罂粟壳被列入麻醉药品管理的范围予以管制。

（2）吗啡　吗啡是鸦片中的一种生物碱，吗啡有止痛作用，临床上主要用于外科手术和外伤性剧痛、晚期癌症剧痛等，也用于心绞痛发作时的止痛和镇静。

吗啡有抑制呼吸作用，可以减轻病人呼吸困难的痛苦。如果用量过大可致呼吸缓慢，可以少至每分钟 2 ~ 4 次，甚至出现呼吸麻痹，这通常是吗啡中毒致死的直接原因。分娩止痛禁用吗啡，是为了避免新生儿呼吸被抑制。

吗啡会引起恶心、呕吐，还可以使瞳孔缩小。吗啡中毒时瞳孔极度缩小，被称为针尖样瞳孔，这是诊断吗啡中毒的重要体征。吗啡一般副反应有头晕、嗜睡、恶心、便秘、排尿困难等。吗啡中毒的主要特征为意识昏迷、针尖样瞳孔、呼吸深度抑制、紫绀及血压下降。通常连续用药一周以上即可上瘾。

在同样质量下，注射吗啡的效果比吸食鸦片强烈 10 ~ 20 倍。医用吗啡一般为吗啡的硫酸盐、盐酸盐（图 1-9）或酒石酸盐，易溶于水，常制成白色小片状或溶于水后制成针剂。

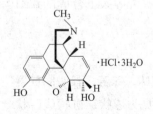

图 1-9　吗啡分子结构

（3）海洛因　海洛因来源于鸦片，是吗啡二乙酰的衍生物，其化学名为二乙酰吗啡。1874 年英国化学家 C. 莱特在吗啡中加入冰醋酸等物质，首次提炼出镇痛效果更佳的衍生物二乙酰吗啡（图 1-10），即海洛因，鸦片毒品系列中最纯净的精制品，是目前吸毒者吸食和注射的主要毒品之一。最初的海洛因曾被用作戒除吗啡毒瘾的药物，后来发现它同时具有比吗啡更强的药物依赖性。常用剂量连续使用几天即可成瘾，由此产生严重的药物依赖。

海洛因进入人体后，首先被水解为单乙酰吗啡，然后再进一步水解成吗啡而起作用。

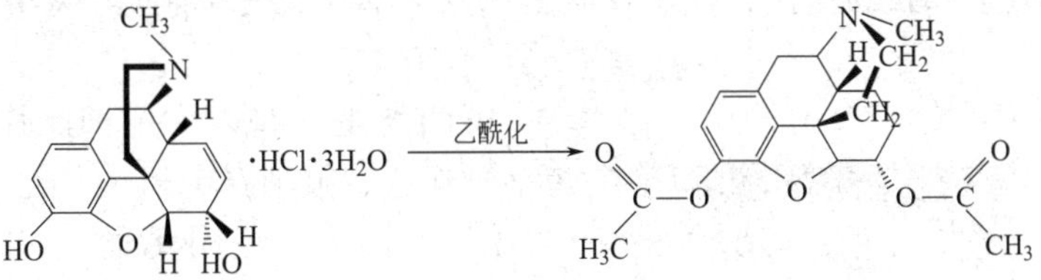

图 1-10　海洛因

海洛因是白色粉末，微溶于水，易溶于有机溶剂，盐酸海洛因易溶于水，其溶液无色透明。海洛因的水溶性、脂溶性都比吗啡强，故它在人体内吸收更快，更易进入中枢神经系统，产生强烈的反应。高纯度的海洛因有比吗啡更强的神经抑制作用，其镇痛作用也为吗啡的 4 ~ 8 倍。

海洛因中毒的主要症状是瞳孔缩小如针孔，皮肤冷而发黑，呼吸极慢，深度昏迷，可因呼吸中枢麻痹、衰竭而致命。海洛因吸毒者极易发生皮肤感染，甚至会因急性中毒而死亡。

（4）大麻　大麻主要成分为四氢大麻酚，图 1-11 为大麻叶，大麻植物顶端之树脂分泌物干燥后得大麻制剂，含大麻酚浓度最高。大麻的滥用方式为吸烟或烟斗抽吸。

四氢大麻酚对中枢神经系统有抑制、麻醉作用，吸食后产生欣快感，有时会出现幻觉和妄想，大量或长期使用大麻，会对人的身体健康造成严重损害。

（5）可卡因　可卡因俗称"可可精"，学名苯甲酰甲醛芽子碱，是 1860 年德国化学家尼曼（AlertNiemann）从古柯叶中分离出来的一种最主要的生物碱，是强效的中枢神经兴奋剂和局部麻醉剂，能阻断人体神经传导，产生局部麻醉作用，并可通过加强人体内化学物质的活性刺激大脑皮层，兴奋中枢神经。使用者可表现出情绪高涨、好动、健谈，有时还有攻击倾向，具有很强的成瘾性。类似毒品还有可待因、那可汀、盐酸二氢埃托啡等。

可卡因能使呼吸加深、加快，换气量增大，同时心率也加快，心脏收缩力加强，血管平滑肌松弛，对肺血管、冠状动脉等全身血管都有程度不同的扩张作用，对支气管平滑肌、胆道和胃肠平滑肌也有一定的舒张效应。

图 1-11　大麻叶

吸食可卡因可产生很强的心理依赖性，长期吸食可导致精神障碍，也称可卡因精神病，易产生触幻觉与嗅幻觉，最典型的是皮下虫行蚁走感，奇痒难忍，造成严重抓伤甚至断肢自残，情绪不稳定，容易引发暴力或攻击行为。长时间大剂量使用可卡因后突然停药，可出现抑郁、焦虑、失望、易激惹、疲惫、失眠、厌食的症状。长期吸食者多营养不良，体重下降。

2. 常见新型毒品

根据新型毒品的毒理学性质，可以将其分为四类：

第一类以中枢兴奋作用为主，代表物质是包括甲基苯丙胺（俗称冰毒）在内的苯丙胺类兴奋剂；

第二类是致幻剂，代表物质有麦角乙二胺（LSD）、麦司卡林和分离性麻醉剂（苯环利定和氯胺酮）；

第三类兼具兴奋和致幻作用，代表物质是二亚甲基双氧安非他明（MDMA，我国俗称摇头丸）；

第四类是一些以中枢抑制作用为主的物质，包括三唑仑、氟硝安定和 γ-羟丁酸等。

（1）冰毒　通用名称：甲基苯丙胺（图1-12）。

性状：外观为纯白结晶体，晶莹剔透，故被吸毒、贩毒者称为"冰"（ice）。由于对人体的中枢神经系统具有极强的刺激作用，且毒性剧烈，又称之为"冰毒"。冰毒的精神依赖性极强，已成为目前国际上危害最大的毒品之一。

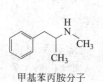
甲基苯丙胺分子

冰毒

图 1-12　冰毒

"麻谷"是泰语的音译，实际是缅甸产的"冰毒片"，其主要成分是"甲基苯丙胺"和"咖啡因"。外观与摇头丸相似，通常为红色、黑色、绿色的片剂，属苯丙胺类兴奋剂，具有很强的成瘾性。

（2）摇头丸　亚甲基双氧甲基苯丙胺（MDMA）（图1-13），分子式为 $C_{11}H_{15}O_2N$，相对分子量为 193。MDMA 纯品为白色粉末，属于安非他命兴奋剂。由于滥用者服用后可出现长时间难以控制随音乐剧烈摆动头部的现象，故称为摇头丸。外观多呈片剂，形状多样，五颜六色。

吸食危害：摇头丸具有兴奋和致幻双重作用，在药物的作用下，用药者的时间概念和认知出现混乱，表现出超乎寻常的活跃，整夜狂舞，不知疲劳。

（3）浴盐　浴盐是一批具有相似化学性质的物质的统称。所含物质为甲卡西酮（图1-14）、亚甲基双氧吡咯戊酮（MDPV）等。

"浴盐"是一种中枢神经系统的兴奋剂，这种药物会造成"极度兴奋、精神错乱"的情况，使用者会出现妄想狂、暴力和难以预料行为。其中三种成分 2011 年已被联邦缉毒署禁止。这种新兴的药物可能是导致迈阿密"啃脸案"的罪魁祸首。

（4）K粉　通用名称：氯胺酮（图1-15）。是静脉全麻药，有时也可用作兽用麻醉药。一般人只要足量接触二三次即可上瘾，是一种很危险的精神药品。K粉外观上是白色结晶性粉末，无臭，易溶于水，可随意勾兑进饮料、红酒中服下。

吸食反应：服药开始时身体瘫软，一旦接触到节奏狂放的音乐，便会条件反射般强烈扭动、手舞足蹈，一般会持续数小时甚至更长，直到药性渐散身体虚脱为止。

吸食危害：氯胺酮具有很强的依赖性，服用后会产生意识与感觉的分离状态，导致神经中毒反应、幻觉和精神分裂症状，表现为头昏、精神错乱、过度兴奋、幻觉、幻视、幻听、运动功能障碍、抑郁以及出现怪异和危险行为。同时对记忆和思维能力都造成严重损害。

（5）咖啡因　咖啡因（图1-16）是一种黄嘌呤生物碱化合物，对人类来说是一种兴奋剂。

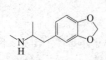

图 1-13　MDMA 分子结构

图 1-14　甲卡西酮

图 1-15　氯胺酮结构

是化学合成或从茶叶、咖啡果中提炼出来的一种生物碱。适度地使用有祛疲劳、兴奋神经的作用。

滥用方式：吸食、注射。

大剂量长期使用会对人体造成损害，引起惊厥、导致心律失常，并可加重或诱发消化性肠道溃疡，甚至导致吸食者下一代智能低下、肢体畸形，同时具有成瘾性，一旦停用会出现精神委顿，浑身困乏疲软等各种戒断症状。咖啡因被列入国家管制的精神药品范围。

我们平时喝的咖啡、茶叶中均含有一定数量的咖啡因，一般每天摄入咖啡因总量在50～200mg以内，不会出现不良反应。

（6）安纳咖　通用名称：苯甲酸钠咖啡因。由苯甲酸钠和咖啡因以近似一比一的比例配制而成的。外观常为针剂。长期使用安纳咖除了会产生药物耐受性需要不断加大用药剂量外，也有与咖啡因相似的药物依赖性和毒副作用。

（7）氟硝安定　氟硝安定（图1-17）属苯二氮卓类镇静催眠药，俗称"十字架"。

吸食反应：镇静、催眠作用较强，诱导睡眠迅速，可持续睡眠5～7小时。氟硝安定通常与酒精合并滥用，滥用后可使受害者在药物作用下无能力反抗而被强奸和抢劫，并对所发生的事情失忆。氟硝安定与酒精和其他镇静催眠药合用后可导致中毒死亡。

（8）麦角乙二胺　纯的麦角乙二胺（LSD）（图1-18）无色、无味，最初多制成胶囊包装。目前最为常见的是以吸水纸的形式出现，也有发现以丸剂（黑芝麻）形式销售。

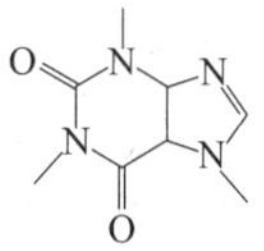

图1-16　咖啡因分子结构 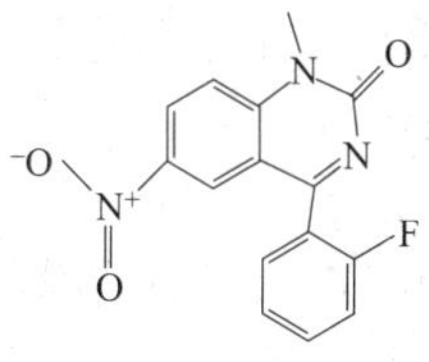　　　　图1-17　氟硝安定分子结构 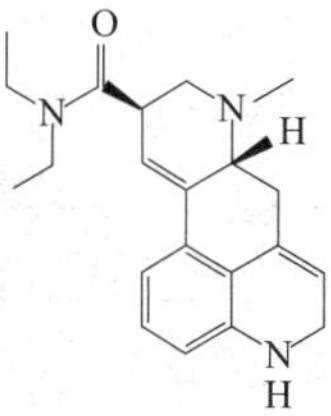　　　　图1-18　麦角乙二胺（LSD）分子结构

LSD是已知药力最强的致幻剂，极易为人体吸收。服用后会产生幻视、幻听和幻觉，出现惊慌失措、思想迷乱、疑神疑鬼、焦虑不安、行为失控和完全无助的精神错乱的症状。同时会导致失去方向感、辨别距离和时间的能力，因而导致身体受伤和死亡。

（9）三唑仑　三唑仑又名海乐神、酣乐欣，淡蓝色片，是一种强烈的麻醉药品。口服后可以迅速使人昏迷晕倒，故俗称迷药、蒙汗药、迷魂药。无色无味，可以伴随酒精类共同服用，也可溶于水及各种饮料中。

三唑仑（图1-19）的药效比普通安定强45～100倍，服用5～10分钟即可见效，用药2片致眠效果可以达到六小时以上，昏睡期间对外界无任何知觉。服用后还使人出现狂躁、好斗等情况。

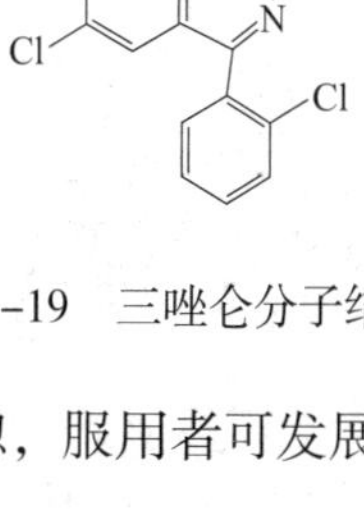

图1-19　三唑仑分子结构

（10）麦司卡林　通用名称：三甲氧苯乙胺，是苯乙胺的衍生物。由生长在墨西哥北部与美国西南部的干旱地一种仙人掌的种子、花球中提取。服用后出现幻觉，并引起恶心、呕吐。并导致精神恍惚，服用者可发展为迁延性精神病，还会出现攻击性及自杀、自残等行为。

"国以民为本，民以食为天，食以安为先。"如今，在新的世纪中，化学发展到新的阶段，也造就了一个新的产业——食品加工制造业。一方面，化学创造了数不清的食品，极大丰富了人们的生活；另一方面，随着农用化学物质源源不断地、大量地向农田中输入，也产生了一些负面影响，主要是造成有害化学物质通过土壤和水体在生物体内富集，并且通过食物链进入到农作物和畜禽体内，导致食物污染，最终损害人体健康。可见，过度依赖化学肥料和农药的农业（也叫作石油农业），会对环境、资源以及人体健康构成危害，并且这种危害具有隐蔽性、累积性和长期性的特点。

思考题

1. 食品的分类有哪些？
2. 简述 3 ~ 5 种新概念食品。
3. 哪些食品被称为致癌食品？
4. 人体所需基本营养元素有哪些？谈谈钙、镁、锌、硒、铜元素在人体中起的生理、生化作用。缺乏时会引起什么疾病？如何预防？
5. 维生素一般怎样分类？
6. 三大产能元素是什么？
7. 谷物中的主要营养元素有哪些？
8. 大豆中的主要营养元素有哪些？
9. 薯芋类中的主要营养元素有哪些？
10. 根据我国食物构成实际情况，饮料主要有哪些类型？
11. 简述豆浆及其制品的主要种类及其特征。
12. 简述奶及其制品的主要种类及其特征。
13. 简述酒的主要组成和功效。酒精中的有害成分有哪些？
14. 茶、咖啡、可可的主要组成、功效和特征有哪些？
15. 何为软饮料？主要有哪些类型？谈谈软饮料对青少年健康的影响。
16. 食品添加剂按功能怎样分类？
17. 天然产物色素主要有哪些？
18. 生活中的香料主要有哪些？在化学上有何特点？
19. 肥胖与苗条的概念是怎样的？怎样采取合理、科学的减肥方法？

第二章

化学与日用品

随着社会的进步和人类文明的发展，大量的化学品进入家庭，渗透到人们生活的各个方面，成为人类生活中不可缺少的必需品。日用化学品泛指在家庭中使用的一大类化学品，其在化学工业所占的比率是国家化学工业进步的标志之一。广义上讲，凡进入家庭日常生活和居住环境的化学物品均可称为日用化学品，简称日用品，包括洗涤用品、护肤美容用品、护发美发用品、洁齿护齿用品、除虫杀菌用品、消毒用品、文化用品及娱乐用品等。

这些化学品已经成为现代生活的必需品，在美化生活环境和提高生活质量方面发挥了重要作用。日用化学品的使用特点：①使用广泛，需求量大；②同时可接触多种化学品；③大多数化工产品成分复杂，使用分散；④暴露途径和时间多样，可经口、呼吸道、皮肤等与人接触，而时间上短至瞬间长达数年。所以，如何选择合适的产品影响着我们的生活质量和身体健康。合理地使用日用化学品对提高机体防御、保护功能有积极的作用。但如果使用不当、误用就会干扰人体化学平衡，影响人体健康甚至会给生活带来灾难。

第一节　洗涤用品

一、洗涤用品的发展历史和现状

洗涤是指以化学和物理作用并用的方法，将附着在被洗涤物表面的污垢去掉，从而使物体表面洁净的过程。去污的范围很广，日常生活中的去污主要是指衣物的去污，这是洗涤用品最主要的功能，所用的洗涤用品称为洗涤剂，主要包括合成洗涤剂和肥皂。日用器皿、餐具和水果蔬菜等的洗涤也属去污，但习惯上称为清洗，所用的洗涤用品则称为清洗剂。

最早出现的洗涤用品是皂角类植物等天然产物，其中含有皂素，即皂角苷，有助于增强水的洗涤去污作用。此后草木灰也被用作洗涤剂，因为其中含有碳酸钾，用水沥淋出来的水溶液，有助于去除织物上的油污。据普林尼著《博物志》中的记载，公元前600年，腓尼基人就用羊脂和木灰制造出原始的肥皂。此后，英国居尔特人以动物脂肪和草木灰制成了原始的肥皂，并命名为沙婆（Saipo），后来将肥皂的英文名称定作soap。公元12世纪末，英国人巴斯托成为历史上第一个真正意义上的制皂业者。而至13～15世纪，意大利、西班牙、法国等地中海国家发展成为制皂的工业中心。

制皂工业发展的黄金时段始于碱的开发。19 世纪初，法国化学家尼古拉·路布兰，比利时化学家苏尔维发明了以食盐、石灰和氨为原料制造纯碱的方法。使用碳酸钠与油脂，降低了生产成本，制皂工业由此得到了迅速的发展和普及。19 世纪 20 年代到 30 年代初期，硅酸钠、碳酸钠、硼酸钠作为助剂加入了肥皂。

1840 年，肥皂产品逐渐输入我国市场，从此洋皂代替了我国的皂荚成为主要的洗涤用品。

合成洗涤剂则起源于 20 世纪初。1917 年由德国巴斯夫公司开发了烷基萘磺酸盐，用于洗涤衣物，目的是代替肥皂但去污效果不够理想，却因润湿性好而用于工业润湿剂并使用至今。

19 世纪 20 年代后期到 30 年代初期，由德国汉高公司及英国宝洁公司等开发了烷基硫酸钠，之后由德国及美国开发了烷基苯磺酸盐，并供应市场，但并未被广泛用作普通的洗涤剂。第二次世界大战后利用四聚丙烯为原料的十二烷基苯开发后，其需求量急剧增加。由于羧甲基纤维素、三聚磷酸钠的配合使用，去污效果得到大幅改善，巩固了合成洗涤剂的地位。

但到 20 世纪 60 年代末，由于三聚磷酸钠在合成洗涤剂中使用量较大，用后排入下水道，有污染河流水源而造成"过营养"化的问题，有些国家已禁止或限制使用，而改用沸石等其他代用品。

我国的肥皂业始于 1906 年，宋则久创建了天津皂胰公司（天津香皂厂前身）。1911 年董甫卿在上海闸北设立裕茂皂厂。1924 年，固本皂厂被五洲皂厂收购，创立五洲固本皂药厂。1925 五洲固本皂药厂又收购了中华兴记香皂厂，增加了透明皂等多种产品。新中国成立后，制皂厂通过自身的技术改造和技术引进，技术水准、生产装备得到进一步提高，生产能力达 160 余万吨。

我国研制合成洗涤剂始于 1957 年。1961 年春我国政府决定分别在京、津、沪建合成洗涤剂厂。上海水星制皂厂改为上海水星合成洗涤剂厂，天津在原又新肥皂厂基础上正式成立合成洗涤剂厂，北京将通县糠醛厂改建为北京合成洗涤剂厂。1962 年在上海和天津两地正式生产扇牌、白猫牌、海河牌、天津牌洗衣粉。以后在广州、张家口、潍坊、西安、徐州、成都等地纷纷建厂。1985 年我国的合成洗涤剂产量超过肥皂产量。目前合成洗涤剂已成为国内主要洗涤用品，已有生产企业 650 余家，洗衣粉等洗涤用品的生产能力达每年 500 余万吨。

纵观全球洗涤剂市场，不同的国家有不同产品的发展重点，并呈现不同的发展趋势。比较显著的变化是洗涤剂转向浓缩化和液体化产品，洗衣片剂和胶囊产品是 21 世纪新产品，洗涤革新技术倡导洗涤新概念，洗涤用品向节水、节能、安全、专用化、多功能方向发展。回顾和展望洗涤剂原料发展历程，温和型、复配型和功能性表面活性剂是表面活性剂的发展趋势，无磷或代磷助剂、功能性助剂研究有较大空间。

二、洗涤剂的清洁作用机制

1. 去污作用

所谓去污，其本质就是从衣物、布料等被洗涤物上将污垢洗涤干净。在这个洗涤过程中，借助于某些化学物质（洗涤剂）减弱污垢与被洗物表面的黏附作用并施以机械力搅拌，使污垢与被洗物分离并悬浮于介质中，最后将污垢洗净冲走。

2. 洗涤作用

从目的和机能来说，洗涤过程包括下列要素。

① 被称为基质的洗涤对象；

② 从基质上被除去的物质、污垢；

③ 洗涤时使用的洗涤液，即在除去污垢时使用的肥皂溶液或合成洗涤剂溶液。通常可将洗涤过程用下式表示：

$$物品 \cdot 污垢 + 洗涤剂 \longrightarrow 物品 + 污垢 \cdot 洗涤剂$$

整个过程是在介质中进行的（图 2-1）。黏着污垢的衣物和洗涤剂一起投入介质中，洗涤剂溶解在介质中，洗涤液将物品润湿，进而将污垢溶解，使污垢与衣物表面的结合变为污垢与洗涤剂的结合，从而使污垢脱离衣物表面而悬浮于介质中。分散、悬浮于介质中的污垢经漂洗后，随水一起除去，得到洁净的物品，这是洗涤的主过程。洗涤过程是一个可逆过程，分散和悬浮于介质中的污垢也有可能从介质中重新沉积于衣物表面，使被洗物变脏，这叫作污垢再沉积作用。因此性能良好的洗涤剂至少应具备两种作用：一是降低污垢与基质表面的结合力，具有使污垢脱离物品表面的能力；二是具有抗污垢再沉积作用。

(a) 水的表面张力大，对油污润湿性能差，不容易把油污洗掉。

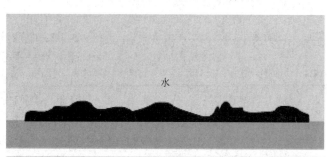

(b) 加入表面活性剂后，憎水基团朝向织物表面和吸附在污垢上，使污垢逐步脱离表面。

(c) 污垢悬在水中或随泡沫浮到水面后被去除，织物表面被表面活性剂分子占领。

图 2-1　洗涤剂的去污过程

三、洗涤剂的组成

洗涤剂是按一定的配方配制的产品。洗涤剂的必要成分是表面活性剂，辅助成分包括助剂、泡沫促进剂、配料、填料等。表面活性剂是一种尽管用量很少，但对体系的表面行为有显著效应的物质。它们能降低水的表面张力，起到润湿、增溶、乳化、分散等作用。洗涤助剂是能使表面活性剂充分发挥活性作用，从而提高洗涤效果的物质。

（一）表面活性剂

1. 表面活性剂的结构

表面活性剂被誉为"工业味精"，是指具有固定的亲水亲油基团，在溶液的表面能定向排列，并能使表面张力显著下降的物质。表面活性剂的分子结构具有双亲性（图2-2）：一端为亲水基团，另一端为亲油基团；亲水基团常为极性的基团，如羧酸、磺酸、硫酸、氨基或胺基及其盐，也可是羟基、酰胺基、醚键等；而亲油基团常为非极性碳链，如8个碳原子以上的碳链。

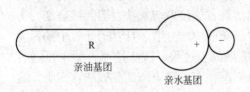

图 2-2　表面活性剂分子示意图

为了达到稳定，表面活性剂溶于水时，可以采取如图2-3所示两种方式。

（1）在液面形成单分子层膜，将亲水基留在水中而将亲油基伸向空气，以减小排斥（图2-3）。而亲油基与水分子间的斥力相当于使表面的水分子受到一个向外的推力，抵消表面水分子原来受到的向内的拉力，使水的表面张力降低。这就是表面活性剂的发泡、乳化和润湿作用的基本原理。在油-水系统中，表面活性剂分子会被吸附在油-水两相的界面上，而将极性基团插入水中，非极性部分则进入油中，在界面定向排列。这将使油-水的界面张力降低。这一性质对表面活性剂的广泛应用有重要的影响。

（2）形成"胶束"。胶束可以为球形结构，也可以为层状结构，都尽可能地将亲油基藏于胶束内部而将亲水基外露。如以球形表示极性基，以柱形表示亲油的非极性基，则形成单分子膜和胶束。如溶液中有不溶于水的油类（不溶于水的有机液体的泛称），则可进入球形胶束中心和层状胶束的夹层内而溶解，这称为表面活性剂的增溶作用。表面活性剂可起到洗涤、乳化、发泡、润湿、浸透和分散等多种作用，且表面活性剂用量少（一般为百分之几到千分之几），操作方便、无毒、无腐蚀，是较理想的化学用品，因此在生产上和科学研究中都有重要的应用。在浓度相同时，表面活性剂中非极性成分大，其表面活性强。即在同系物中，碳原子数多的表面活性较大。但碳链太长时，则因在水中溶解度太低而无实用价值。

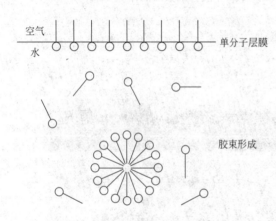

图 2-3　表面活性剂在水中的行为

2. 表面活性剂的分类

表面活性剂的分类方法很多，根据亲油基结构进行分类可分为直链、支链、芳香链、含氟长链等；根据亲水基进行分类可分为羧酸盐、硫酸盐、季铵盐、内酯等；有些研究者根据其分子构成的离子性分成离子型、非离子型等；还有根据其水溶性、化学结构特征、原料来源等多种分类方法。但是众多分类方法都有其局限性，很难将表面活性剂合适定位，并在概念内涵上不发生重叠。因此，通常采用一种综合分类法，以表面活性剂的离子性划分，同时将一些属于某种离子类型，但具有其显著的化学结构特征，已发展成一个独立分支的品种单独列出，在基本不破坏分类系统性的前提下，分类更明确，并对表面活性剂各个近代发展分支有较为清晰的了解。表面活性剂按极性基团的解离性质分类如下。

① 阴离子表面活性剂　如作为普通肥皂的脂肪酸盐、大部分家用洗衣粉的烷基苯磺酸钠、用作化妆品原料的脂肪醇硫酸钠等。

② 阳离子表面活性剂　常用品种有苯扎氯铵（洁尔灭）和苯扎溴铵（新洁尔灭）等。其特点是水溶性大，在酸性与碱性溶液中较稳定，具有良好的表面活性作用和杀菌作用。

③ 两性离子表面活性剂　有卵磷脂型、氨基酸型、甜菜碱型。在碱性水溶液中呈阴离子表面活性剂的性质，具有很好的起泡、去污作用；在酸性溶液中则呈阳离子表面活性剂的性质，具有很强的杀菌能力。

④ 非离子表面活性剂　有脂肪酸甘油酯、脂肪酸山梨坦（Span）、聚山梨酯（Tween）、聚氧乙烯－聚氧丙烯共聚物等，常用作乳化剂和分散剂。

⑤ 双子表面活性剂　是通过化学键将两个或两个以上的表面活性剂单体，在亲水头基或靠近亲水头基附近用连接基团将这两亲成分连接在一起而形成的。与普通表面活性剂相比，双子表面活性剂在溶液界面的吸附能力大 100 ~ 1000 倍。这意味着双子表面活性剂比普通表面活性剂效率更高。

（二）洗涤助剂

助剂的选择、配比必须与表面活性剂的性能相适应。选择适当的助剂可大大影响洗涤剂的效果（表 2-1）。

表 2-1　助剂对烷基苯磺酸盐去污力的影响

烷基苯磺酸盐 /%	Na_2SO_4/%	Na_2CO_3/%	$2Na_2O \cdot SiO_2$/%	$Na_4P_2O_7$/%	去污力的增加率 /%
40	60				16.5
40	20	40			18.0
40	20		40		34.0
40	20		20	20	41.0
40	20	20		20	42.0

主要助剂及作用如下。

① 三聚磷酸钠（$Na_5P_3O_{10}$）　俗称五钠，为洗涤剂中最常用的助剂，配合水中的钙、镁离子，形成碱性介质，有利油污分解，防止制品结块（形成水合物而防潮），使粉剂成空心状。

② 硅酸钠　俗称水玻璃，除有碱性缓冲能力外，还有稳泡、乳化、抗蚀等功能，也可使粉状成品保持疏松、均匀和增加颗粒的强度。

③ 硫酸钠　其无水物俗称元明粉，十水物俗称芒硝；在洗衣粉中用量甚大（约40%），是主要填料，有利于配料成型。

④ 羧甲基纤维素钠　简称 CMC，可防止污垢再沉积，因为它带有大量负电荷，吸附在污垢上，静电斥力增加。

⑤ 月桂酸二乙醇酰胺　有促泡和稳泡作用。

⑥ 过硼酸钠　水解后可释放出过氧化氢，起漂白和化学去污作用，多用作器皿的洗涤剂。

⑦ 其他　如香精、酶制剂等。

四、家用洗涤剂简介

家用洗涤剂包括衣物洗涤剂、个人卫生清洁剂以及家庭日用清洁剂等。

1. 衣物洗涤剂

① 肥皂　主要成分是硬脂酸钠。生产肥皂要耗用大量的动、植物油脂。据统计，生产1吨肥皂，需要耗用2吨食用油脂。肥皂的优点是能洗涤衣服上的污垢，使用方便；缺点是用水的适应性差，肥皂不宜在硬水（含有矿物质多的河水、井水、海水和山泉水等）中使用。在硬水中用肥皂洗涤衣服，会使衣服发黄、发硬、变脆，降低色牢度，还容易使衣服发霉。家庭常用的肥皂有：洗衣皂、香皂、透明皂、药皂等。肥皂的碱性较大，去污力强，适用于棉麻及棉麻混纺制品，对污渍严重的衣物也很有效果。

② 洗衣粉　碱性较强，pH 大于12，去污力强，含助剂较多。使用过程中对皮肤的刺激较大，还容易损伤衣物纤维和颜色。比较适用于合成纤维及各种混纺织品。

③ 弱碱性洗衣液　pH 为 9 ~ 10.5。除含有烷基苯磺酸钠等表面活性剂之外，还含有很多助剂，如人造沸石、螯合剂、增稠剂等。液体一般不透明，适用于洗涤棉、麻、合成纤维等织物。洗衣液的去污效果虽然不如洗衣粉，但不伤手，不伤衣，不受水质影响，没有残留，通常还有柔顺、除菌等功能。市场份额逐年上升。

④ 中性洗衣液　pH 为 6.0 ~ 8.5，由表面活性剂和增溶剂组成，不含助剂。洗涤剂的透明度较高，可用于丝、毛等精细织物，如商品丝毛净。

⑤ 天然皂液　是一种区别于洗衣液、洗衣粉、洗衣皂的新型洗涤剂，是洗衣皂与洗衣液的强强结合，特含皂基活性成分，其结构与油脂相似，可以更有效去除油渍。既具备洗衣皂的天然温和、低泡易漂洗的特性，又具有洗衣液深层去污、渗透性强的特点。且该成分包裹油渍后，与水中的镁、钙离子结合，非常容易脱离织物，易漂洗性能提升。适用于棉、麻、丝、毛（羊毛、羽绒等）、合成纤维及混纺等各种质地衣物，也适用宝宝衣物及贴身衣物。

⑥ 衣领净　含表面活性剂、助剂、酶、抗再沉淀剂和香料等。主要优点是低温下溶解性好，易分散，属于重垢洗涤剂。

⑦ 衣物柔顺剂　是一种电荷中和剂。因为洗涤剂大多是阴离子表面活性剂，少量阴离子残留在织物上引起静电而导致织物变硬。柔顺剂的活性物质是季铵盐类阳离子表面活性剂，不仅可以消除静电，还可以使织物柔软而富有弹性。

⑧ 干洗剂　是指非水系，以有机溶剂为主要成分的液体洗涤剂。它主要用于洗涤油性污垢，洗涤后衣服不变形、不缩水，适用于洗涤各种高级真丝、毛料、皮革等衣物。干洗剂由表面活性剂、漂白剂和有机溶剂组成。用作干洗剂的溶剂是石油产品中的卤代烃，最常用的是四氯乙烯。

2. 个人卫生清洁剂

① 洗发水　主要活性成分是硫酸脂肪醇，此外还含有三乙醇胺与氢氧化胺的混合盐、十二酸异丙醇酰胺、甲醛、聚氧乙烯、羊毛脂、香料、色料和水，主要功能是清洁头发和头皮。目前有各种适用不同发质的不同功效的洗发露销售，如丝质均衡洗发露、营养修护洗发露、深层保护洗发露、深层去污洗发露、深层修复烫发洗发露等。

网上一直流传着洗发水会导致掉发的流言。流言认为，洗发水里含有硅油，会使人头皮发痒、脱发、掉发。那么硅油是什么呢？洗发水里的"硅油"是一种具有不同聚合度的链状结构的聚有机硅氧烷液体油状物，以聚二甲基硅氧烷的形式存在。它化学性质稳定，不易与其他物质发生化学反应，是一类具有"化学惰性"或"不活泼性"的化学物质。从20世纪50年代起，洗发水与护发用品中开始添加硅油，一直沿用至今。

洗发水里加入硅油，可以润湿和保护头发，抗静电，减少发间摩擦损伤。硅油吸附在头发上，填补毛鳞片受损的部位，避免头发断裂分叉，使得头发自身更强韧，同时发丝表面变得更平滑，减小梳理时造成头发摩擦物理损伤的概率。

洗发水里硅油含量很少，通常在1%以下，大量水的冲洗，加上起清洁作用的表面活性剂作用下，吸附在头皮上的硅油几乎会被冲洗干净。而且硅油对于皮肤没有刺激性，作为化妆品添加剂是安全的。硅油在皮肤上虽然会形成疏水膜，但同时是透气的。因此，洗发水里的硅油可以柔顺秀发，减少头发的摩擦损伤，对头发护理所带来的长久的好处是显而易见的。相反有关硅油对头皮的危害的流言却是没有科学根据的。所以，可以不必担心，洗发水里的硅油是不会对头皮造成影响的，更不会封闭毛囊而导致掉发。

我们应该根据自己的发质来选购洗发水。对于油性发质来说，需要选择深层去污洗发水，而硅油会让油性头发的情况更加糟糕。此外，对于细软发质来说，由于硅油会吸附在头发上，使得头发变粗变重，头发之间静电减小，头发干燥后会趋于扁塌不蓬松，而不利于细软发质的发型设计。因此对于油性和细软发质，就推荐使用无硅油的洗发水。

此外，洗发应该是一个动态的平衡过程。破损的长发在使用含硅油的洗发水之后，会使得发质柔顺。但久而久之，硅油在头发上的沉积量会越来越高，头发较为扁塌。在这个时候，推荐换上无硅油洗发水将停留在头发上的硅油洗干净，然后再使用含硅油洗发水，便能再次感受到秀发的丝滑。

② 沐浴露　主要成分是表面活性剂，还有泡沫稳定剂、香精、增稠剂、螯合剂、护肤剂、色料等，除此以外还加入一些功效成分，如中草药提取物、水解蛋白、维生素和羊毛脂衍生物等，使之不仅有清洁作用，还能促进血液循环，润湿保护皮肤，并且具有杀菌、消毒的作用。

③ 口腔清洁剂　包括牙膏和漱口水。牙膏是由粉状摩擦剂、湿润剂、表面活性剂、黏合剂、香料、甜味剂及其他特殊成分构成的。漱口水的主要组分是香精、表面活性剂、氟化物、氯化锶、酒精和水等。它们都能清洁口腔，预防龋齿和牙周炎等，有清凉爽口感。

一般普通牙膏在上述基本成分的基础上加某些化学试剂以清垢和固定钙质，主要功能是防龋齿和牙齿过敏。常见的有以下几类。

a. 氟化锶牙膏　主成分为加锶、钠、锡的氟化物，除有共同的杀菌作用外，氟离子有利于生成氟化钙，保护珐琅质，适用于饮用水氟含量低地区。

b. 酶牙膏　基本成分为聚糖酶、淀粉酶，可加速分解牙垢，消除牙结石，去烟渍，适用于饮用水氟含量高的地区。

c. 氯化锶牙膏　基体加较大量氯化锶，其中氯化锶是重要的脱敏物，有使蛋白质凝固减少刺激的功效。锶离子可吸附在牙齿有机层的生物胶原上，生成碳酸锶、磷酸锶，增强抗酸能力。

此外还有药物牙膏，即在基本成分中加特殊药物如中草药，以防治疑难齿病或流行病，主要有以下几类。

a. 止痛消炎类　主要用药为丁香油、龙脑、百里香酚、两面针、田七及苯甲醇、氯丁醇、洗必泰、新洁尔灭等。

b. **止血类** 大多使用止血降压名药芦丁、三七等制作，如云南白药，可防治牙龈出血。

洁齿护齿类产品应注意不要长久使用某一品种，避免化学物质蓄积。例如，非低氟地区长期使用含氟牙膏甚至双氟牙膏，会造成牙齿发黄，甚至出现氟斑牙等氟中毒症状。

④ **洗面奶** 油脂、水及表面活性剂是构成洗面奶的最基本的成分。为提高产品的滋润性能，使之更为温和，除采用脂肪醇、脂肪酸酯、矿物油脂外，配方中还要添加一些如羊毛脂、角鲨烷、橄榄油等天然动植物油脂。除了去离子水以外，水相中还经常加入一些多元醇（如甘油、丙二醇等）保湿剂，以减轻因洗面造成的皮肤干燥。配方中表面活性剂的作用尤为重要，它既具有乳化作用（将配方中的油脂分散于水中形成白色乳液），又具有洗涤功能（在水的作用下除去污垢）。常用的表面活性剂有 N- 酰基谷氨酸盐、烷基磷酸酯等。除了油脂、水及表面活性剂外，洗面奶中还要加入香精、防腐剂、抗氧化剂等添加剂以稳定产品、赋予其香气。另外，产品中加入杀菌剂、美白剂等原料还可以使之具有一些特殊功能。一些蔬菜、瓜果等提取物的加入还可以适当给皮肤补充维生素等营养成分。洗面奶产品为水包油型乳液，其去污、清洁作用包括两个方面：一是借助于表面活性剂的润湿、渗透作用，使面部污垢易于脱落，然后将污垢乳化，分散于水中；二是洗面奶中的油性成分可以作为溶剂溶解面部的油溶性污垢。前一种去污作用与香皂的作用原理相似，但不同的是洗面奶中的表面活性剂要比香皂中的皂基温和得多，且加入量也少。以上两种清洁作用相辅相成，使洗面奶在安全、温和的同时，具有很好的去污效果，成为十分流行的面部专用清洁用品。

⑤ **洗手液** 由多种表面活性剂及多功能添加剂组成，具有清洁、杀菌、滋润等多种功效。常用洗手液分为一般洗手液和抑菌洗手液，而这两者有一个"隐蔽"的识别方法——"卫妆证字"和"卫消证字"。标有"卫消证字"的洗手液中均有抗（抑）菌功效，属于消毒产品范畴，经过地方卫生厅（局）核发卫生许可证后才能生产。而"卫妆准字"则属于化妆品，这类洗手液突出滋润、清爽等字样。不过，它本身的清洁功能其实也有除菌的功效。对于普通家庭来说，"卫妆证字"的洗手液就足够使用了。

世界卫生组织建议的六步洗手法为：洗手液倒在手掌上，双手掌相互摩擦；右手手指交叉左手手指并搓揉；换左手搓揉右手手指；手掌相互摩擦，手指交错；用手掌搓揉反手手指（包括拇指）背面；晾干。而简化后的洗手法为：手掌相互摩擦，手掌、手指交互搓揉即可。后者适合忙碌的日常生活，可提高手部卫生的整体质量，也更容易长期保持彻底洗手的好习惯。

3. 家庭日用清洁剂

① **餐具、果蔬洗涤剂** 就是常说的洗洁精，主要由表面活性剂、发泡剂、增溶剂组成。常用的表面活性剂有脂肪醇聚氧乙烯醚、脂肪醇聚氧乙烯醚硫酸钠等，通常含量在 15% 以上。总活性物含量的高低，直接关系着洗涤效果，也可反映出洗洁精的成本及质量水平。此类洗涤剂不允许含有一般洗涤剂中的诸如荧光增白剂、酶制剂等，产品中的色素、香精也必须符合食品卫生规范，并且必须对人体无害、不刺激皮肤、对餐具无腐蚀作用，对水果蔬菜不应该损伤色泽、营养及它们的表面光洁。相关研究表明，表面活性剂对去除农残有很好的效果，为了降低洗洁精本身的残留给果蔬造成二次污染，应增加漂洗的时间，一般建议浸泡 10 ~ 15min，再使用流动清水冲洗。

② **消毒洗涤剂** 主要由表面活性剂、杀菌剂和稳定剂组成。杀菌剂多使用次氯酸钠。

经测试表明：次氯酸钠的浓度为 1mg/L，5 min 内可杀死 99.99% 的金黄色葡萄球菌；浓度为 5 mg/L 时，5min 内可杀死 99.99% 的绿脓杆菌。这种洗涤剂在水中呈碱性，只适用于餐具、衣物的洗涤，使用时还要稀释到一定浓度（次氯酸钠浓度为 20 ～ 30 mg/L）才能获得最佳消毒效果，不得用于水果蔬菜的洗涤。

③ 卫生设备清洁剂　主要用于清洗厕所便池、抽水马桶、痰盂等的沉积污垢。通常以盐酸、硫酸为主要成分，与水相溶性好，酸度适中，有一定的黏度，对陶瓷、不锈钢、搪瓷等卫生设备均具有腐蚀性小、使用安全的特性。

④ 其他洗涤剂

a. 厨房洗涤剂　此洗涤剂由特定的非水溶性研磨剂、阴离子表面活性剂及高级脂肪链烷醇胺组成，在室温下有良好的分散性，能有效去除厨房内的油污，特别是已氧化的难去除的油污，且无毒、廉价、不易燃烧、使用方便、对环境无污染。

b. 硬表面清洁剂　主要成分是非离子型表面活性剂、阴离子表面活性剂、磷酸盐、羧甲基纤维素、尿素、二甲苯磺酸盐、杀菌剂和香料，用于玻璃门窗、家具、墙壁的清洁。如：玻璃表面清洁剂、玻璃防雾擦净剂及塑料制品洗涤剂等。

五、洗涤剂对环境的影响

资料显示，地球上水质和土壤的污染部分来自每个家庭所排放出来的废水。其中最引人注意的一点是：家用洗涤剂是造成水体富营养化的主因。因为家用洗涤剂中一般有 15% ～ 30% 的磷酸盐助剂，排入水后水体中的营养物质增加，在适宜的条件下促成蓝绿藻类大量繁殖。因此，磷是造成水体富营养化的罪魁祸首。随着水体中营养物质的富集，藻类占据的空间越来越大，有时占据整个水域，这样就使得鱼类的生活空间越来越少，这种现象持续下去的结果就是藻类种类越来越少，而个体数量越来越大，并由以硅藻和绿藻为主转变为以蓝藻为主。藻类只在水体表面能接受阳光的范围内生长，并排出氧气，在深层的水中就无法进行光合作用而出现耗氧，夜间或阴天也同样消耗水中的溶解氧，严重时导致水中生物死亡。藻类的死亡和沉淀又会把有机物转入深层水中，使其变为厌氧分解状态。大量厌氧菌繁殖，最终使水体变得腐臭。富营养化的水中含有硝酸盐和亚硝酸盐，人畜长期饮用也会中毒致病。

历史上发生过多起水体富营养化事件。最典型的是 1970 年日本琵琶湖事件。琵琶湖内出现畸形鱼，居民的水龙头也经常发出恶臭。相应的措施是从 1974 年开始的，即减少水生植被，控制湖中水草的生长。有关部门在 1979 年制定了《琵琶湖富营养化防治条例》，并具体规定了排放污水中氮和磷的含量。

2007 年 5 月底，我国太湖无锡流域也曾发生大面积蓝藻暴发事件（图 2-4），造成无锡全城自来水污染。

为防止水体富营养化现象的产生，很多国家都制定了污水排放中禁磷和限磷的措施。目前我国每年的洗衣粉生产量为 200 万吨左右，如果按平均 15% 的磷酸盐含量计算，每年将有 30 万吨的含磷化合物被排放到地表中。据科学试验表明，1 g 磷入水，可使水内生长蓝藻 100g。这种蓝藻可产生致癌毒素，并透过水体散发出令人难以忍受的气味。专家指出，近年来大量含磷的工业废水和生活污水排入河中，而在城市污水处理系统中又没能采

图 2-4　太湖蓝藻

取相应的措施直接除去磷，致使这些含磷量过高的污水回流到地表水域之中，造成地表水富营养化。1996年我国《江苏省太湖水污染防治条例》地方法规颁布禁磷条款以来，已先后有云南滇池、杭州西湖、安徽巢湖、北京密云、抚顺大伙房、大连、深圳、厦门等地实施禁磷。

六、洗涤用品与人类健康

1. 肥皂

肥皂在制造时要求使用的原料对人体无害，毒性小，但是管理不善或使用了劣质原料则会给使用者造成不同伤害。制皂过程中使用了大量的烧碱，如果烧碱残留过量，则其强碱性必然会对皮肤造成烧伤等一系列刺激性损伤。过量的乙醇、食盐除影响肥皂质量外，对皮肤也会产生一定的刺激作用。肥皂中的其他成分如香料、着色剂、抗氧化剂、富脂剂、钙皂分散剂也可引起皮肤损害。香料是常见的致敏原，可以引起皮肤瘙痒、丘疹、湿疹、过敏性皮炎等。羊毛脂也可以致敏；苯酚对皮肤刺激性很大，可引起刺激性损伤；三溴水杨酸、苯胺被怀疑为光敏性物质；对氯苯酚和六氯酚也是致敏物质。这些物质在肥皂中所占比例很小，按照通常洗涤习惯，涂抹肥皂后经过一定揉洗，会用大量水冲洗掉，因此这些物质在皮肤上残留的量很少，由这些物质引起的皮肤损伤并不严重。

因使用肥皂、香皂而引起皮肤损伤的人数以及严重程度远不如合成洗涤剂，但如果使用不当，少数人也会发生程度不同的皮肤刺激反应。如过多地使用肥皂就会把皮脂保护膜洗掉，缺少这层保护膜，皮肤会过于干燥，变得粗糙，出现皲裂、脱屑，容易遭受外界各种刺激。一些本来已经患有皮炎、湿疹、瘙痒症等皮肤病的人怕刺激，肥皂（包括香皂）的碱性会使这类皮肤病加重、恶化，或者已经治愈的皮肤病在使用肥皂后复发。出现这些情况时，应该立即停止使用肥皂或香皂。单纯因使用肥皂引起的过敏极为罕见。有不少人反复使用肥皂后出现皮肤过敏现象，如皮肤出现瘙痒、红斑、皮疹、丘疹，误认为是肥皂造成的，实际上主要是由肥皂和香皂内的添加剂造成的，多数是由药皂中的杀菌剂造成的。例如，暗红色药皂中的石炭酸易使人过敏，还有前面提到的透明剂、抗氧化剂、富脂剂等都可能成为诱发皮肤过敏的致敏源。

2. 合成洗涤剂

据新闻报道，某家庭主妇在家中打扫卫生时突然晕倒，家人发现后立即将她送往医院抢救。经对其血液和胃液化验，确认是氯中毒。原来这位主妇为了获得更强的去污能力，把漂白粉和洁厕灵混合使用，结果发生化学反应，产生氯气。由于氯气比空气重，沉积于面积狭小的浴室，导致中毒事故发生。氯气在空气中含量达到百万分之十五时，人的眼、呼吸道会有疼痛感；达到百万分之五十时就会胸痛、咳嗽、咳痰，甚至咳血；达到万分之一时将会引起呼吸困难、血压下降，甚至出现休克、窒息而导致死亡。

含有次氯酸盐的漂白粉和酸性的洁厕灵混合使用是怎样产生氯气的呢？实际上是发生了下面的化学反应：

$$ClO^- + Cl^- + 2H^+ \longrightarrow Cl_2 + H_2O$$

一般洗涤剂的主要原料本身毒性并不大，但是有些原料本身或者其中含有的杂质、中间体常常能够造成对皮肤的刺激作用或本身就是致敏源，如漂白剂、杀菌剂、酶制剂、香料等。劣质的原料中可能还含有过量重金属如铅、汞、砷；餐具洗涤剂中含有对人体有害的甲醇和荧光增白剂；因存储不当而被污染或者储存时间超过保质期限，可使微生物（大肠杆菌、绿脓杆菌、金黄色葡萄球菌等）在洗涤剂中繁殖，一些有害微生物能通过消化道和破损皮肤进入人的机体，危害人体健康，或对人体造成潜在的危害。

洗涤剂对人体的危害主要有以下几点。

① 皮肤损伤　洗衣粉、漂白剂、洁厕灵等家庭用清洁化学品中含有碱、发泡剂、脂肪酸、蛋白酶等有机物，其中的酸性物质能从皮肤组织中吸出水分，使蛋白质凝固；而碱性物质除吸出水分外，还能使组织蛋白变性并破坏细胞膜，损害比酸性物质更加严重。洗涤用品中所含的阳离子、阴离子表面活性剂，能除去皮肤表面的油性保护层，进而腐蚀皮肤，对皮肤的伤害也很大，尤其是强力去污粉和洁厕剂等。

常使用洗涤剂还可导致"主妇手"，该病因多发于每天从事家务劳动，双手经常无保护措施地接触肥皂、洗衣粉、洗洁精等化学洗涤用品的家庭主妇而得名。近年来的研究表明，"主妇手"并不仅仅发生于家庭主妇，孩子们过度洗手、滥用杀菌皂也会成为该病的受害者。对于"主妇手"，防重于治。在天气寒冷的季节要注意手部保暖，避免用冷水洗手，注意防冻。每天应用温热水泡手，避免接触肥皂、洗衣粉，以及脂溶性、吸水性或其他易使皮肤干燥的化学物质，并经常外涂油脂性护肤剂、防裂膏等。

② 免疫功能受损　各种清洁剂中的化学物质都可能导致人体发生过敏性反应。有些化学物质侵入人体后会损害淋巴系统，造成人体抵抗力下降；过度使用清除跳蚤、白蚁、臭虫和蟑螂的药剂，会致人体患淋巴癌的风险增大；一些漂白剂、洗涤剂、清洁剂中所含的荧光剂、增白剂成分，侵入人体后，不易被分解，而是在人体内蓄积，大大削减人体免疫力。

意大利医学研究机构最近的一项调查表明，让孩子接触一些细菌并非坏事，它对加强自身免疫很有帮助。在接触细菌时，人自身会产生抗体，就像打预防针一样。如果滥用杀菌洗涤用品，一味拒绝细菌，人的抵抗力会降低，此外，滥用杀菌用品会杀灭有益菌群，甚至会刺激细菌突变，催生出一大批超级细菌变体。

③ 致癌风险增高　其毒性累积在肝脏或其他重要器官，会成为潜在的致癌因素。这些化学物质进入血液循环，会破坏红细胞的细胞膜，引起溶血现象，这些都增加了罹患白血病的风险。

另外，一种被广泛应用于肥皂、牙膏、内衣裤清洗剂、洗手液中的抗菌剂三氯生（三氯羟基二苯醚）被认为可能致癌。美国食品药品监督管理局在 2010 年 4 月宣布启动对三氯生安全性的评估。研究人员发现，这一杀菌成分有可能干扰甲状腺荷尔蒙功能，甚至会使部分细菌对抗生素产生抵抗性。但在其本职工作"杀菌"方面却未必比肥皂加清水强多少。

④ 神经系统受损　一般的空气清洁剂所含的人工合成芳香物质能对神经系统造成慢性毒害，致人出现头晕、恶心、呕吐、食欲减退等症状，影响儿童生长发育。其一旦进入人体中枢神经系统会使人患抑郁症或痴呆症。如果含有杂质成分（如甲醇等），散发到空气中对人体健康的危害更大。这些物质会引起人呼吸系统和神经系统中毒和急性不良反应，产生头痛、头晕、喉头发痒、眼睛刺痛等。不同类型的清洁剂混用，可能导致更严重的后果。

⑤ 生殖系统受损　化学洗涤剂大都含有氯化物。氯化物过量，会损害女性生殖系统。清洁剂中的某些烃类物质可使女性卵巢丧失功能，烷基磺酸盐等化学成分可通过皮肤黏膜吸收，若经常使用，可致卵细胞变性，卵子死亡。洗涤剂中含有的十二烷基苯磺酸钠，对雄性哺乳动物的生殖细胞有潜在的致畸作用，会导致精子活性及数量下降。

第二节　化妆品

根据 2007 年 8 月 27 日国家市场监督管理总局公布的《化妆品标识管理规定》，化妆品是指以涂抹、喷洒或者其他类似方法，散布于人体表面的任何部位，如皮肤、毛发、指（趾）甲、唇齿等，以达到清洁、保养、美容、修饰和改变外观，或者修正人体气味，保持良好状态为目的的化学工业品或精细化学品。近 30 年来，化妆品发展迅速，人类使用化妆品越来越普遍，化妆品已从奢侈品发展为生活必需品，在精细化学品工业中占有重要地位。化妆品业也吸收了其他学科及工业部门的新成就，加强学科之间的渗透，逐渐形成了一门新兴的综合学科——化妆品学。化妆品学是研究化妆品配方组成和原理、制造工艺、产品及原料性能评价、安全使用、产品质量和有关法规的一门综合性学科。它是化学、药学、皮肤科学、齿学、生物化学、化学工艺学、毒理学、生理学、心理学、美学、色彩学、管理学和法律学等有关学科综合起来的一门应用学科。现代化妆品是根据化妆品科学和工艺学制成的精细化学品。

一、化妆品的发展史

化妆品的发展历史，大约可分为下列六个阶段。

1. 古代化妆品时期

"爱美之心，人皆有之"，自有人类文明以来，就有了美化自身的追求。在原始社会，一些部落在祭祀活动时，会把动物油脂涂抹在皮肤上，使自己的肤色看起来健康而有光泽，这也算是最早的护肤行为了。由此可见，化妆品的历史几乎可以推算到自人类的存在开始。公元前 5 世纪到公元 7 世纪期间，各国有不少关于制作和使用化妆品的传说和记载，如古埃及人用黏土卷曲头发，古埃及皇后用铜绿描画眼圈，用驴乳浴身，古希腊美人亚斯巴齐用鱼胶掩盖皱纹等，还出现了许多化妆用具。中国古代也喜好用胭脂抹腮，用头油滋润头发。

2. 合成化妆品时期

二次世界大战后，世界范围内经济慢慢复苏，随着石油化学工业的迅速发展，为了迎合人们对美的追求和渴望，以矿物油为主要成分，加入香料、色素等其他化学添加物的合成化妆品诞生。由于合成化妆品能大批量生产，价格较低廉，且能保证稳定供应，在社会上迅速普及。合成化妆品以油和水乳化技术为基础理论，以矿物油锁住角质层的水分，保持皮肤湿润，抵抗外界刺激。但油类也会阻碍皮肤呼吸，导致毛孔粗大，引发皮脂腺功能紊乱。特别是由于合成化妆品是多种化工原料的大杂烩，其中大量添加了对肌肤有潜在伤害的化学添加物，长期使用，会对皮肤造成伤害。

3. 危险化妆品时期

伴随着合成化妆品的普及，在化妆品领域，出现了一个特殊的阶段——危险化妆品时期，越来越多化妆品伤害肌肤的事件爆发。一些不法厂商盲目追求经济利益，利用人们求快、求效果的心态，在化妆品中加入激素等特殊成分，做成"三天美白""七天祛斑"等功效型产品。如添加雌性激素让肌肤白里透红，用重金属汞美白祛斑，造成使用者铅汞中毒，患上激素依赖性皮炎等严重的皮肤病。

4. 自然化妆品时期

进入 20 世纪 70 年代，由于合成化妆品在生产与消费过程中，造成环境污染和人体毒性问题，已引起了人们极大的关注，全世界掀起了一股"回归大自然"的思潮。自然化妆品用天然油取代了过去的矿物油，但由于皮肤本身生理结构特性，单纯从自然界中提取的营养成分只能到达角质层，无法深入皮肤解决问题。而且某些所谓自然的化妆品中天然物质并不多，绝大部分仍然是化工原料。

5. 无添加化妆品时期

随着化妆品科学研究的深入和化妆品危害性的爆发，人们对化妆品安全健康的需求达到了前所未有的高度。肩负着开创安全健康化妆品的历史责任，无添加化妆品正式诞生。20 世纪 90 年代末，日本成功研发无添加化妆品，这是一种以凝胶为原料的化妆品，不添加着色剂、香料、化学防腐剂、油脂、蜡、乳化剂、乙醇等所有可能对皮肤造成刺激、对皮肤有潜在危害的化学添加物。无添加化妆品成分与人体组织液相似，蕴含多种营养元素，深入肌肤产生多层次的综合性护肤效果，对肌肤安全无刺激，并且能很好地改善肌肤问题，是真正安全有效的化妆品。

6. 细胞护理化妆品时期

利用人工细胞技术，把肌肤真正需要的细胞间脂质送入肌肤里面，且不添加对皮肤有任何刺激的化学添加物，帮助皮肤微小循环，活化基底母细胞，促进皮肤新陈代谢的无添加细胞护理理论，成为当前国际化妆品领域的最新研究动向。化妆品进入了无添加、细胞护理的新时代。

纳米技术在化妆品中的应用始于 20 世纪 90 年代，随着技术的不断改进，摸索出许多方法来提高和增加化妆品活性添加物的功效，保持其稳定和活性，并使其顺利渗透到皮肤内层，滋养深层细胞，从而事半功倍地发挥护肤、疗肤功效。例如，在化妆品原料的研究与生产方面，由于采用了纳米技术，也可将活性物质包裹在直径仅为几十纳米的超微粒中，从而使活性物质得到有效的保护，并且还可有效控制其释放的速度，延长释放时间。又如，纳米维生素 E 化妆品的祛斑效果，据有关部门的临床试验表明，比一般含氢醌类化合物的被动祛斑效果快且明显，而且具有安全稳定、无毒副作用的优点。化妆品界热衷于使用 SOD 来抗衰老，可是 SOD 本身有难以让皮肤吸收的问题，用纳米技术已经使这个问题得到圆满解决，用纳米技术加工中草药能使某些中草药中的有效成分产生意想不到的治疗效果，用纳米技术使中药花粉破壁后，不仅皮肤吸收好，而且其保健功效也大大增加。另外，采用生物技术制造与人体自身结构相仿并具有高亲和力的生物精华物质并复配到化妆品中，以补充、修复和调整细胞因子来达到抗衰老、修复受损皮肤等功效的仿生化妆品也将是 21 世纪化妆品的发展方向之一。

二、化妆品的分类

化妆品的分类方法很多，按功能性可分为普通化妆品（又称非特殊化妆品）和特殊类化妆品两大类。

1. 普通化妆品

包括护发用品、护肤品、彩妆品、指（趾）甲用品和芳香品。

护发用品有：发油类、发蜡类、发乳类、发露类等。

护肤品有：护肤膏霜类、乳液类、油类、化妆水类、爽身类、沐浴类、眼周护肤类、面膜类、洗面类等。

彩妆品有：粉底类、粉饼类、胭脂类、涂身彩妆类、描眉类、眼影类、眼睑类、眼毛类、眼部彩妆卸除剂、护唇膏类、亮唇油类、唇膏类、唇线笔等。

指（趾）甲用品有：修护类、涂彩类、清洁漂白类。

芳香品有：香水类、古龙水类、花露水类。

2. 特殊类化妆品

包括生发、染发、烫发、脱毛、美乳、健美、除臭、祛斑、防晒的化妆品。

三、化妆品的主要组成及功效

化妆品是在基质中添加各种成分精制而成的日用化学品，常添加有香料、防腐剂、色素、水溶性高分子化合物、表面活性剂、保湿剂、化妆品用药物、金属离子黏合剂等辅助成分和特殊成分。

（一）基质

基质是组成化妆品的基本原料，主要分为溶剂、油脂原料、胶质原料、粉质原料。

1. 溶剂

溶剂是液状、浆状、膏霜状化妆品配方中不可缺少的一类主要组成成分，这类化妆品包括：香水、古龙水、花露水、护发素、洗发膏、睫毛膏、剃须膏、香波等。在这些化妆品中，溶剂起到溶解作用，并使得制品具有一定的性能和剂型。溶剂原料包括：水、醇类（乙醇、异丙醇、正丁醇）、酮类（丙酮、丁酮）、醚类、酯类、芳香族溶剂（甲苯、二甲苯）。在化妆品中，水是化妆品不可缺少的原料，通常使用的产品用水为经过处理的去离子水。几乎所有的化妆品中都有水，而且通常情况下水所占的比例最大，尤其是化妆水（爽肤水）中80%～90%都是水。其作用也就不言而喻了，一是为皮肤（或毛发）补充水分、软化角质层；二是溶解、稀释其他原料，是化妆品的基质。水是香水、古龙水、花露水的主要原料；异丙醇取代乙醇用于指甲油，正丁醇也是指甲油的原料；丙酮、丁酮、醚类、酯类、芳香族溶剂用于指甲油、油脂、蜡的溶解。

2. 油脂原料

油脂是油和脂的总称，包括植物性油脂和动物性油脂。油脂的主要成分为脂肪酸以及甘油组成的脂肪酸甘油酯。除水以外，各类化妆品中含量最高的就是油脂了，有时还会超过水的含量，如卸妆油其油脂含量在85%左右。其作用一是作为良好的保湿剂，使皮肤柔软、有弹性；二是作为溶剂溶解物质，同水一样为化妆品的基质。

化妆品中常用的油脂类原料有植物性油脂和动物性油脂两类。植物性油脂分三类：干性油、半干性油和不干性油。干性油如亚麻仁油、葵花籽油；半干性油如棉籽油、大豆油、芝麻油；不干性油如橄榄油、椰子油、蓖麻油等。用于化妆品的油脂多为半干性油，干性油几乎不用于化妆品原料。常用于化妆品的植物性油脂有橄榄油、椰子油、蓖麻油、棉籽油、大豆油、芝麻油、杏仁油、花生油、玉米油、米糠油、茶籽油、沙棘油、鳄梨油、石栗子油、欧洲坚果油、胡桃油、可可油等。动物性油脂用于化妆品的有水貂油、蛋黄油、羊毛脂油、卵磷脂等。动物性油脂一般包括高度不饱和脂肪酸和脂肪酸，它们和植物性油脂相比，其色泽、气味等较差，在具体使用时应注意防腐问题。水貂油具有较好的亲和性，易被皮肤吸收，用后滑爽而不腻，性能优异，故在化妆品中得到广泛应用，如营养霜、润肤霜、发油、洗发水、唇膏及防晒霜等。蛋黄油含油脂、磷脂、卵磷脂以及维生素 A、D、E 等，可作唇膏类化妆品的油脂原料。羊毛脂油对皮肤的亲和性、渗透性、扩散性较好，润滑柔软性好，易被皮肤吸收，对皮肤安全无刺激，主要用于无水油膏、乳液、发油以及浴油等。卵磷脂是从蛋黄、大豆和谷物中提取的，具有乳化、抗氧化、滋润皮肤的功效，是一种良好的天然乳化剂，常用于润肤膏霜和油中。其他油脂还包括蜡类、烃类、合成油脂原料。

（1）蜡类。蜡类是高级脂肪酸和高级脂肪醇构成的酯。这种酯在化妆品中起到稳定、调节黏稠度、减少油腻感等作用。主要应用于化妆品的蜡类有：棕榈蜡、霍霍巴蜡、木蜡、羊毛脂、蜂蜡等。棕榈蜡主要用于唇膏、睫毛膏、脱毛蜡等制品。霍霍巴蜡广泛应用于润肤膏、面霜、香波、头发调理剂、唇膏、指甲油、婴儿护肤用品以及清洁剂等用品。羊毛脂具有较好的乳化、润湿和渗透作用，广泛用于护肤膏霜、防晒制品以及护发油制造中，也用于香皂、唇膏等美容化妆品中。

（2）烃类。按照其性质和结构，可分为脂肪烃、脂环烃和芳香烃三大类。在化妆品中，主要利用其溶剂作用，用来防止皮肤表面水分的蒸发，提高化妆品的保湿效果。通常用于化妆品的烃类有液状石蜡、固体石蜡、微晶石蜡、地蜡、凡士林等。液状石蜡广泛用在发油、发蜡、发乳、雪花膏、冷霜、剃须膏等化妆品中。凡士林用于护肤膏霜类、发用类、美容修饰类等化妆品，如清洁霜、美容霜、发蜡、唇膏、眼影膏、睫毛膏以及染发膏等。在医药行业还作为软膏基质或者含药物化妆品的重要成分。固体石蜡主要作为发蜡、香脂、胭脂膏、唇膏等的油脂原料。

（3）合成油脂原料。指由各种油脂或原料经过加工合成的改性油脂和蜡，组成和原料油脂相似，保持其优点，但在纯度、物理性状、化学稳定性、微生物稳定性以及对皮肤的刺激性和皮肤吸收性等方面都有明显的改善和提高，因此，已广泛用于各类化妆品中。常用的合成油脂原料有：角鲨烷、羊毛脂衍生物、聚硅氧烷、脂肪酸、脂肪醇、脂肪酸酯等。角鲨烷具有良好的渗透性、润滑性和安全性，常常用于各类膏霜类、乳液、化妆水、口红、护发素、眼线膏等高级化妆品中。聚硅氧烷又称硅油或硅酮。在化妆品中常取代传统的油性原料，如石蜡、凡士林等来制造化妆品，如膏霜类、乳液、唇膏、眼影膏、睫毛膏、香波等。

作为化妆品原料的脂肪酸有多种，如月桂酸、肉豆蔻酸、棕榈酸、硬脂酸、异硬脂酸等。脂肪酸为化妆品的原料，主要和氢氧化钾或三乙醇胺等合并作用生成液体肥皂作为乳化剂。月桂酸又叫十二烷酸，为白色结晶蜡状固体，在化妆品中，一般将月桂酸和氢氧化钠、氢氧化钾或三乙醇胺中和生成肥皂，作为制造化妆品的乳化剂和分散剂，它起泡性好，泡沫稳定，主要用于香波、洗面奶及剃须膏等制品中。肉豆蔻酸和月桂酸的应用范围一样，主要用在洗面奶及剃须膏的原料中。棕榈酸为膏霜类、乳液、表面活性剂、油脂的原料。

脂肪醇主要为 $C_{12} \sim C_{18}$ 的高级脂肪醇。例如，月桂醇、鲸醇、硬脂醇等可作为保湿剂，丙二醇、丙三醇、山梨醇等可以作为黏度降低剂、定性剂和香料的溶剂在化妆品中使用。月桂醇很少直接用在化妆品中，多用作表面活性剂；鲸醇作为膏霜、乳液的基本油脂原料，广泛应用于化妆品中。硬脂醇是制备膏霜、乳液的基本原料，与十六醇匹配使用于唇膏产品的生产中。

3. 胶质原料

其本质为水溶性高分子化合物，它在水中能膨胀成胶体，应用于化妆品中会产生多种功能，如可使固体粉质原料黏合成型，作为胶合剂；对乳状液或悬状剂起到乳化作用，作为乳化剂。此外，还具有增稠或凝胶化作用。

化妆品中所用的水溶性高分子化合物主要分为天然的和合成的两大类。天然的水溶性高分子化合物有淀粉、植物树胶、动物明胶等，但质量不稳定，易受气候、地理环境的影响，产量有限，且易受细菌、霉菌的作用而变质。合成的水溶性高分子化合物有聚乙烯醇、聚乙烯吡咯烷酮等，性质稳定，对皮肤的刺激性低，价格低廉，所以取代了天然的水溶性高分子化合物成为胶体原料的主要来源。它又分为半合成的与全合成的水溶性高分子化合物。半合成的水溶性高分子化合物常常使用甲基纤维素、乙基纤维素、羧甲基纤维素钠、羟乙基纤维素以及瓜耳胶及其衍生物。全合成水溶性的高分子化合物常用聚乙烯醇、聚乙烯吡咯烷酮、丙烯酸聚合物等。它们作为黏胶剂、增稠剂、成膜剂、乳化稳定剂在化妆品中使用，常用于各种凝露、啫喱质和果冻质化妆品中。常见胶质有黄原（汉生）胶、阿拉伯胶、卡拉胶、琼胶、明胶、硅酸镁铝等。

4. 粉质原料

粉质原料主要用于粉末状化妆品，如爽身粉、香粉、粉饼、唇膏、胭脂以及眼影等的原料。其在化妆品中主要起到遮盖、滑爽、附着、吸收、延展作用；常用在化妆品中的原料有无机粉质原料、有机粉质原料以及其他粉质原料。

这些原料一般均含有对皮肤有毒性作用的重金属，应用时，重金属含量不得超过国家化妆品卫生规范规定的含量。

（1）无机粉质原料。化妆品中使用的无机粉质原料有：滑石粉、高岭土、膨润土、碳酸钙、碳酸镁、钛白粉、锌白粉、硅藻土等。

① 滑石粉为天然硅酸盐，主要成分为含水硅酸镁，特性为色白、滑爽、柔软，对皮肤不发生任何化学反应。主要用作爽身粉、香粉、粉饼、胭脂等各种粉类的化妆品的重要原料。

② 高岭土又叫白陶土，主要成分为含水硅酸铝，为白色或淡黄色细粉，对皮肤的黏附性能好，有抑制皮脂分泌及吸汗的性能，在化妆品中与滑石粉配合使用，有缓解、消除滑石粉光泽的作用。主要用作粉条、眼影、爽身粉、香粉、粉饼、胭脂等各种粉类的化妆品的重要原料。

③ 膨润土在化妆品中主要用作乳液制品的悬浮剂和粉饼的重要原料等。

④ 钛白粉为无臭、无味、白色、无定形微粒细粉末，具有较强的遮盖力，对紫外线透过率较低，因此，应用于防晒化妆品中，也用作粉条、眼影、爽身粉、香粉、粉饼、胭脂等各种粉类的化妆品的重要遮盖剂。

（2）有机粉质原料。有机粉质原料有硬脂酸锌、硬脂酸镁、聚乙烯粉、纤维素微珠、聚苯乙烯粉等，主要用于爽身粉、香粉、粉饼、胭脂等各种粉类的化妆品中作吸附剂。

（3）其他粉质原料。化妆品中使用的其他粉质原料主要有尿素甲醛泡沫、微结晶纤维素、混合细粉、丝粉以及表面处理细粉。

（二）辅助原料

1. 表面活性剂类

表面活性剂是化妆品中普遍使用的原料。表面活性剂有三种特性：去污作用，清洁类化妆品利用了该特性；乳化作用，在膏霜类以及香波类化妆品中作为乳化剂；湿润渗透作用，如使染发剂、烫发剂均匀接触头发，面霜、唇膏易于涂展。

在化妆品中表面活性剂品种主要可分为两大类：聚氧乙烯型和多元醇型。聚氧乙烯型有聚氧乙烯脂肪醇醚、聚氧乙烯烷基酚醚、聚氧乙烯脂肪酸酯、聚氧乙烯脂肪酰胺等；多元醇型有烷基醇酰胺、失水山梨醇单硬脂酸酯等。在化妆品中，使用的乳化剂、泡沫剂、增稠剂、分散剂多为非离子型表面活性剂。

2. 防腐剂类

在化妆品中有大量微生物生长和繁殖所需的物质，如甘油、山梨糖醇、氨基衍生物、蛋白质、水等，被微生物污染后易发霉变质，使产品质量下降且易造成皮肤过敏，故在化妆品中必须加入防腐剂。但其应具有对多种微生物有效，能溶于化妆品中，没有毒性和对皮肤的刺激性，不与配方中的有机物反应等特点。常见防腐剂有山梨酸、山梨酸钾、苯甲酸等。

3. 抗氧化剂类

油脂中的不饱和键在光照下、温度过高和有微生物存在下很容易被氧化引起变质，若其产物对皮肤有刺激性，则会引起皮肤炎症，因此化妆品中需要加入抗氧化剂。常见抗氧化剂有叔丁基苯甲酚及其衍生物、维生素C（抗坏血酸）、生育酚（维生素E）等。

4. 保湿剂类

角质层位于皮肤表皮的最外层，当角质层的含水量充足时，皮肤柔软、光滑、细嫩、富有弹性。所以需要通过化妆品为皮肤补水。保湿剂则是通过防止皮肤内水分丢失和吸收外界环境的水分来达到皮肤内含有一定水分的目的的。保湿剂是可以使水分传递到表皮角质层的物质，目前用于护肤品的保湿成分大致可分为4种。

（1）吸湿保湿。这类保湿剂最典型的就是多元醇类，使用历史最悠久的有甘油、山梨糖、丙二醇、聚乙二醇等。这类物质具有从周围环境吸取水分的功能，它在温度高时对皮肤具有很好的保湿效果。含此类成分的保湿护肤品在温度高的夏季、秋初季节以及南方地区使用。

（2）水合保湿。这类保湿品属于亲水性，是与水相溶的物质。成分以胶原质、弹力素等为主。它会形成一个网状结构，使游离水变成结合水而不易蒸发散失，达到保湿效果，是各类皮肤、各种气候都可以使用的保湿品。

（3）油脂保湿。这类保湿剂效果最好的是凡士林，许多医疗用药膏及极干皮肤用的保湿滋润霜，都含有这一成分。凡士林在皮肤表面形成一道保湿屏障，使皮肤的水分不易蒸发、散失，保护皮肤不受外物侵入。凡士林可长久附着在皮肤上，不易被冲洗或擦掉，具有较好的保湿功效。但由于过于油腻，只适合极干的皮肤或干燥的冬季使用。除凡士林外，油脂保湿成分还有高黏度白蜡油、甘油三酯、各种酯类油脂等。

（4）修复保湿。干燥的皮肤无论用何种保湿护肤品，其效果都是短暂有限的，需要提高皮肤本身的保湿功能才能达到更理想的效果。近年来，在护肤保养品中添加各种维生素，以辅助修复皮肤细胞的各种功能，增强自身的抵抗力和保护力。维生素A、维生素B、维生素C、维生素E、果酸产品都是良好的保湿修复成分。植物萃取精华中，含有各种天然抗自由基成分及维生素和矿物质，其保湿成分具有去除皮肤最外层角质层、让角质细胞自然发挥保湿功能、提高皮肤滋润度的作用。

5. 其他原料

在化妆品中，除使用上述原料外，还有香精、香料、染料、颜料等。

（三）特殊原料

此类原料添加量较少，但一般具有特殊作用，且在商业宣传中经常出现。

1. 水杨酸

水杨酸不仅是用途极广的消毒防腐剂，还可以去除角质，促进皮肤代谢，收缩毛孔，清除黑头粉刺，有效淡化细纹及皱纹。水杨酸也被证明是很安全也很有效的祛痘类（祛粉刺类）产品。水杨酸是脂溶性的，可顺皮脂腺渗入毛孔深层，有利于溶解毛孔内老旧堆积的角质层，改善毛孔阻塞的情形，从而缩小被撑大的毛孔。水杨酸能帮助清除被堵塞的毛囊，对治愈青春痘、黑头、粉刺非常有效，但在减少皮脂分泌和消炎方面没有作用。其作用较为温和，但在水中溶解度较小，在化妆水中需借助较高浓度酒精来助溶，反而对皮肤有一定刺激性。因此化妆品所含的水杨酸浓度限制在 0.2% ～ 2% 之间。过度使用会使皮肤防御力变差，发生过敏现象，所以使用水杨酸需要加强保湿。

2. 果酸

果酸指一组天然有机酸，包括乳酸（羟基乙酸）、苹果酸、水杨酸及其衍生物。它可以深入皮肤，软化角质层，使角质层细胞分裂加快，从而使老化、堆积的角质层脱落。但其酸性对皮肤有一定副作用，表现为皮肤发红，有刺痛感、灼烧感。

3. 熊果苷

化学名称为对羟基苯 –α–D– 吡喃葡萄苷。熊果苷萃取自熊果的叶子，它能迅速被肌肤吸收，并在不影响细胞增殖同时，有效抑制酪氨酸酶的活性，阻断黑色素形成，加速黑色素分解，从而减少色素沉积，达到祛斑作用。同时，还有杀菌、消炎的功效。熊果苷为国际公认的一种安全、高效祛斑美白剂。熊果苷经多种动物实验证明毒性很低，但含有这一成分的产品可能由于保存不当使氢醌游离，氢醌具有光敏性，易引起光敏反应。因此，使用熊果苷产品，要做好日间的防晒工作，以保护其活性，防止黑色素含量增加的情况发生。最好不要长期使用含熊果苷的护肤品，选择产品时注意熊果苷浓度不超过 7%，使用也需适量。

4. 左旋维生素C（简称左旋C）

左旋C是唯一可直接被人体肌肤所吸收的维生素C形式。能组织修补苯丙氨酸、酪氨酸、叶酸的代谢，促进蛋白质合成，以及非血红素铁吸收。同时还具备抗氧化性，抑制酪胺酸酶形成，促进胶原蛋白增生，修复紫外线对肌肤的伤害，从而达到美白、淡斑的功效。口服维生素C对维生素A有一定破坏作用，会促进维生素A和叶酸的排泄，因此，在大量服用含维生素C的产品时，一定要注意补充维生素A和叶酸，外用维生素C不会有此问题。

5. 胶原蛋白

胶原蛋白是一种高分子蛋白质，主要功能是作为结缔组织的黏合物，使皮肤保持结实和弹性。在皮肤内，它与弹力纤维合力构成网状支撑体，给真皮层提供支撑，能促进表皮活力，增加营养，有效消除皮肤细小皱纹。

6. 辅酶 Q_{10}

辅酶 Q_{10} 也称泛醌 Q_{10}，是组成细胞线粒体呼吸链的成分之一，能氧化还原辅酶，激活细胞呼吸，加速产生 ATP（三磷酸腺苷）。它同时又是细胞自身产生的抗氧化剂，抑制线粒体的过氧化。其主要作用是调理细胞，抑制皮肤老化，还可增强基底层细胞的功能，激发细胞能量，加速细胞新陈代谢，在表皮形成胶状网结构，修补皱纹，使皮肤平滑，恢复表皮青春，并进而达到抗老去皱的功效。

7. 原花青素

化学名称为黄烷-3-醇或黄烷-3，4-二醇，是一种具有复合功能的天然活性原料。其具有以下几个功效。

（1）抗皱作用。它能维护胶原的合成，抑制弹性蛋白酶，改善皮肤健康循环，使皮肤健康、有活力。

（2）防晒美白作用。它有较强的紫外吸收性，同时抑制酪氨酸酶的活性，使色素褪色。

（3）收敛和保湿作用。它可使粗大的毛孔收缩，同时在空气中易吸水，可与透明质酸、蛋白质复合。

8. 透明质酸（HA，又叫玻尿酸）

透明质酸是一种透明的胶状体，可达到瞬间补水保湿的作用，增加皮肤弹性与张力，有助恢复肌肤正常油水平衡，改善干燥及松弛皮肤。透明质酸也是肌肤中的一种重要成分，能帮助弹力纤维以及胶原蛋白处在充满水分的环境中，让皮肤显得水嫩。

注意事项：对敏感肌肤而言，长期大量使用透明质酸，会容易出现瘙痒感，甚至出现局部水肿、发红、发热，因此需慎用。保存含透明质酸的产品时应注意防潮防晒。

9. 维生素A（又名视黄醇）

维生素A具有调节表皮及角质层新陈代谢的功效，可以抗衰老，去除皱纹，还能减少皮脂溢出，从而使皮肤有弹性，保持柔润。过量使用维生素A可能会产生相反作用，使皮肤干燥，甚至脱屑。

10. 洋甘菊萃取物

洋甘菊富含黄酮类活性成分，具有舒敏、修护敏感肌肤，减少红血丝，调整肤色不均等作用。

11. 金缕梅（又名木里香）

金缕梅内含多种单宁质，可以调节皮脂分泌、具有控油和收敛毛孔的作用。它能促进淋巴血液循环，对粉刺有改善效果。对于青春痘或出油状况较严重的皮肤，是非常适合的选择。

12. 其他

（1）甘草黄酮。是从特定品种甘草中提取的天然美白剂。它既能抑制酪氨酸酶的活性，又能抑制多巴色素互变和DHICA氧化酶的活性，是一种快速、高效、绿色的美白祛斑化妆品添加剂。

（2）芦荟。对晒后的皮肤有很好的护理作用，减轻由于紫外线的刺激而带来的皮肤黑化；具有保湿、防晒、祛斑、除皱、美白、防衰老等功效，甚至还可护发。

（3）甘菊。含有大量的甘菊环。主要成分是从甘菊花头（花瓣及花蕊）中萃取出来的，含有6%～7%的矿物质、三萜类及少量胶质，0.4%～1%的植物精油，另外，也含有多酚酸、咖啡酸。具有抗发炎、抗过敏及杀菌的效果，对于皮肤保湿及增加细胞活性、杀菌具有疗效，所以也适用于过敏性皮肤。在药理学上，甘菊外用可治疗风湿痛、结膜炎、伤口及溃疡。

（4）海藻精华。具有美白、保湿与吸除脸部过多油脂功效。

（5）丹参酮。有利于平衡肌肤酸碱度、收敛毛孔、补充水分、消炎杀菌等。

（6）鳄梨油。具有较好的润滑性、温和性、乳化性，稳定性也好，对皮肤的渗透力要比羊毛脂强，故它可作为乳液、膏霜、香波及香皂等的原料，对炎症、粉刺有一定的疗效。

（7）尿酸。有高效保湿功能，能迅速改善皮肤松弛，促进胶原蛋白再生，阻挡自由基的破坏，提升细胞能量与修复能力；具抗老化、快速美白、淡化脸部黑斑、消除细纹、使皮肤柔嫩明亮的效果。

（8）海藻素。含丰富的胶原成分及皮肤所需的各种氨基酸、微量元素，其分子量小，能被快速吸收。海藻萃取物具调理作用，能改善血液循环，让皮肤更紧实，更具弹性。

（9）水解胶原蛋白。是通过酶解方式，将复杂的螺旋状态的胶原蛋白分子转化为极易分解的小分子多肽结构，易于人体吸收，生物利用度可大幅度提高。

（10）卵磷脂。可使皮脂正常分泌，在腺体壁形成乳化状态，不会阻塞毛孔而导致发炎。卵磷脂可使皮肤毛发得到营养滋润，从而让真皮组织充盈，增强表皮的张力，减缓和消除因表皮组织松弛而形成的皱纹，保持肌肤的水分平衡和皮肤组织弹性，充分显示出皮肤的动人质感和娇嫩。

（11）神经酰胺。是一种能够保湿、抑制黑色素生成和防止皮肤粗糙的有用物质。

（12）神经酰胺脂质体。是采用现代生物工程技术，将提取得到的神经酰胺，经脂质体工序而制得的一种纯天然功能性化妆品添加剂。

（13）葡萄籽油。具有抗自由基、抗氧化功能，能活化细胞，具有长效保湿功能。

（14）红石榴。含有大量的石榴多酚和花青素，具有极强的抗氧化性，能有效中和自由基，促进新陈代谢，从而排出肌肤毒素。

（15）矿物泥（又名海泥）。容易被肌肤吸收、利用，通过渗透离子促进血液循环，增进新陈代谢，排出皮肤杂质，防止皮肤老化，收缩皮肤毛孔。海泥具有很强的吸附力，在 15 ~ 20min 内就能达到效果，但 20min 后过干的泥状物反而会使肌肤失水，所以在使用中要注意时间。

（16）竹炭。含有丰富的接口因子，能够去除毛细孔污垢、促进新陈代谢，净化效果非常好。含竹炭精华的洗发精、沐浴乳、洗面奶和面膜等清洁用品，能使皮肤增白清爽，且对皮肤病有一定的预防和治疗作用。

（17）烟酰胺（维生素 B_3）。可以美白、抗衰老、改善皮肤屏障功能、保湿、控油祛痘、缩小毛孔等。但要达到以上功效浓度必须在 5% 以上。而且有相当一部分人会有烟酰胺不耐受现象。这是因为烟酰胺在 pH 值高于或低于 6 的环境中都会水解产生烟酸，会产生皮肤泛红、痒、刺痛等过敏反应。

四、常用化妆品简介

（一）洁肤类

市场上洁肤类化妆品非常多，如清洁霜、洗面奶、卸妆乳、磨砂膏、去死皮膏（液）等。

1. 洗面奶

洗面奶是目前流行的洁肤用品，品种繁多。品质优良的洗面奶应该具有清洁、营养、保护皮肤的功效。从作用上分：收敛型的，如控油洁面乳；营养型的，如美白嫩肤洁面乳、抗皱洁面乳、水嫩润白洁面乳等。洗面奶是由油相物、水相物、表面活性剂、保湿剂、营养剂等成分构成的液状产品。其中奶油状洗面奶含有油相成分，适用于干性皮肤；水晶状透明产品不含油相成分。洗面奶如配方调理适当，可满足绝大多数消费者使用。洗面奶中表面活性剂具有润湿、分散、发泡、去污、乳化五大作用，是洁面品中的主要活性物。

从成分来看，目前市面上的洗面奶主要有两种：皂基洗面奶和氨基酸洗面奶。皂基就是碱（氢氧化钠）+ 油脂（一般是橄榄油、棕榈油、蓖麻油等）+ 水，含有皂基的洗面奶碱性较强，刺激性强，清洁力很强，洗完脸会觉得脸上特别干净，长期过量使用，角质层变薄导致敏感肌、长痘等。氨基酸洗面奶以氨基酸表面活性剂为主要成分，pH 值与人体肌肤接近，它能够平衡酸碱度，产生绵密的泡沫，很低的致敏率，泡沫又十分丰富，所以温和、亲肤、清洁力很强，不但适用于痘痘肌，也可用于敏感肌肤。

2. 卸妆乳（油）

卸妆乳是以植物油为主体的卸妆用品。卸妆乳水油平衡适中，其油性成分可以洗去污垢，而水性成分又可留住肌肤的滋润，其主要成分为植物油、蜂蜡、蛋白质、多重植物提取液。

3. 磨砂膏

磨砂膏是均匀细微颗粒的乳化型洁肤品。其主要用于去除皮肤深层的污垢，通过在皮肤上摩擦可除去死皮。其主要成分为营养油、植物提取液、蜂蜡、弹性颗粒等。磨砂膏是物理性的，用磨砂颗粒去除角质层。

4. 去死皮膏（液）

去死皮膏（液）是一种可以帮助剥脱皮肤老化角质的洁肤用品。其主要成分为角质软化素、植物酵素、润滑油脂及微酸性海藻胶等。

（二）护肤类

护肤类化妆品包括雪花膏、润肤霜、乳液、防晒霜、化妆水、冷霜、面膜等。

1. 雪花膏

雪花膏是以硬脂酸和碱类溶液中和后生成的阴离子型乳化剂为基础的油 / 水型乳化体。能使皮肤与外界干燥空气隔离，调节皮肤表皮水分的挥发，从而保护皮肤，不致干燥、皲裂或粗糙。适用于皮脂分泌活跃的年轻人及油性皮肤者。

2. 润肤霜

润肤霜是用以保持皮肤滋润光滑的护肤品，长期使用可使皮肤柔软而有张力。润肤的主要成分为精纯植物油、植物美白剂、卵磷脂、润肤剂、保湿剂、柔软剂、去离子水等。润肤霜有水分和油分两种配方：水分配方中含有较多细小油粒子，性质较清爽，能够对皮肤起到保湿作用；油分配方中的水分粒子含在油分中，使用之后能锁紧皮肤中的水分，令皮肤更加滋润。一般情况下，人们日间使用的润肤霜多为清爽型水分配方，到了晚间，由于不用化妆，通常使用油分较厚的油分配方。

润肤霜的适用范围很广，尤适合中性、干性皮肤春秋两季及油性皮肤冬季使用。润肤霜中常使用较多的抑菌剂、防腐剂和抗氧化剂，它们对黏膜、眼睛有一定的刺激性，使用时应注意。

3. 乳液

乳液是一种呈黏稠流动状护肤品。乳液类化妆品含水量高，多为水包油型乳化体，主要成分为植物油、动物脂、抗氧化剂、去离子水等。乳液涂擦于皮肤时延展性好，渗透性强，与皮肤亲和力好，补水效果与化妆水接近，保湿作用优于化妆水，但较膏霜类差，多用于皮肤的保湿、滋润或打底。

干性皮肤宜选用含油脂较多的乳液，但冬季不宜选用；油性皮肤及痤疮皮肤应选用含有收敛剂的乳液。

4. 防晒霜

防晒霜是用于防止因过强的日光照射而使皮肤受到伤害的保护品。当阳光过强时，阳光中含有过强的紫外线，过强的紫外线照射到真皮层，皮肤容易起皱、增厚以及引发日光性皮炎，或出现灼痛、起泡、肿胀、蜕皮等现象，严重的甚至可引起皮肤癌。

防晒类化妆品分物理防晒和化学防晒两种。物理防晒的有效成分是二氧化钛，一定粒径颗粒的 TiO_2 能很好地屏蔽紫外线，TiO_2 远红外吸收稳定性好、白度高、无毒、无味。化学防晒品添加了对氨基苯甲酸等有效成分吸收紫外线，从而达到防晒目的。从对皮肤健康的角度来说，物理防晒优于化学防晒。

现在的防晒霜大多标有 SPF 或 PA，这些标识是什么含义呢？

太阳辐射的紫外线分为 3 个波段：长波 400 ~ 320nm（UVA）、中波 320 ~ 295nm（UVB）、短波 295 ~ 100nm（UVC）。一般认为 UVA 对生物基本无害，臭氧不吸收，可全部通过臭氧层；UVB 对生物有一定危害，大部分被臭氧层吸收；而 UVC 对生物危害最大，全部被正常的臭氧层吸收，臭氧层破坏会导致 UVC 直射地面，造成对生物的伤害。UVB 会使皮肤晒红、晒伤，因此防晒用品主要是阻止或吸收这部分紫外线。SPF 值就是防晒指数，意思是皮肤能抵挡紫外光的时间倍数。一般黄种人皮肤平均能抵挡阳光 15 min 而不被灼伤，即为 SPF1；那么使用 SPF15 的防晒用品便有 225min 的有效防晒时间。

近些年研究发现，长波紫外线对人体皮肤也有一定程度的伤害。UVA 波长长，一年四季雨晴均有，穿透力强，可直达真皮，伤害细胞组织，产生皱纹、色斑，降低肌肤免疫力，严重者还可导致皮肤癌，因此现在防晒用品不仅要有 SPF 值，还有 PA 值。PA（protection grade of UVA）是表征防止 UVA 到何种程度的指标。因此 SPF 值是防晒黑和晒伤的数值，PA 值是防皮肤被晒老化的值。

日常护理、外出购物、逛街时可选用 SPF5 ~ 8 的防晒品，外出游玩时可选用 SPF15 的防晒品，游泳或做日光浴时可以用 SPF20 ~ 30 的水性防晒用品。

美国规定 SPF 最高为 30，主要用于海滨浴场防晒。按照亚洲人的习惯，涂在面部的防晒霜选择 SPF 值 9 ~ 11 就足够了，指数高当然更有利于防晒，但多余的化妆品堆积会堵塞毛孔，阻断皮肤与外界的通道，影响自身的新陈代谢，易诱发痤疮、疖子及皮炎。

5. 化妆水

化妆水的种类很多，功效显著。有使皮肤柔软滋润的润肤化妆水，有收缩毛孔、绷紧皮肤的收敛性化妆水，有保湿性强的柔软性化妆水和补充皮肤营养成分的营养化妆水。主要成分：表面活性剂、保湿剂、植物提取液、去离子水等。

（1）润肤性化妆水。补充皮肤的水分、油分，保持皮肤柔软、湿润，使皮肤光滑、滋润、舒展，适于干性和中性皮肤。

（2）收敛性化妆水。可分为两类：一类是适用于油性皮肤的，主要成分有茶树油、海藻控油精华、柠檬酸、酒石酸、乳酸等；另一类是适用于干性和中性皮肤使用的，主要成分有植物提取液、润肤剂、保湿剂、尿囊素、明矾、去离子水等，为碱性化妆水。

（3）柔软性化妆水。主要成分为植物提取液、甘油、多元醇等。

（4）营养化妆水。主要成分为多肽、植物提取液、珍珠水解液、尿囊素、甘油等。

化妆水的作用在皮肤表面，缺乏渗透性，涂后在皮肤表面不形成薄膜层。多在洁肤后、化妆前使用，使皮肤角质层柔软，补充水分，还可收敛皮肤、防止脱妆，同时有保护皮肤的特殊功效。

6. 冷霜

冷霜，也称香脂或护肤霜，多为油包水型乳状液，涂于皮肤上便有水分离出来，水分蒸发吸热，使皮肤有凉爽的感觉，因此而有冷霜的名称。冷霜的基本原料有蜂蜡、白油、水分、硼砂、香料和防腐剂。冷霜多在秋冬两季使用，它不仅有保护和柔润皮肤的作用，还可防止皮肤干燥冻裂。此外也能当粉底霜使用，搽粉前搽少许冷霜，可增加香粉的附着力。

7. 面膜

面膜最基本也是最重要的目的是弥补卸妆与洗脸清洁不足，在此基础上配合其他精华成分实现其他保养功能。因此面膜主要是三大功能：补水柔软、绷紧肌肤、洁肤去死皮。面膜的主要成分有醇类、保湿剂、成膜剂、润肤剂、着色剂、活性组分、防腐剂、表面活性剂、pH调节剂、香精等，除此之外，面膜中还有其他功效成分类如美白成分、抗衰老成分、祛痘成分等。根据面膜的功能不同可分为清洁面膜、保湿面膜、美白面膜、紧肤面膜、舒缓面膜等。常见的面膜形式有揭剥式面膜、水洗泥状面膜、水洗膏状面膜、贴布式面膜等。

中性、油性皮肤和粉刺较多的青少年，比较适合揭剥式面膜和水洗泥状面膜，能够有效去除多余油脂，剥离黑头粉刺。

干性、粗糙、老化晒伤的皮肤，则更适合水洗膏状面膜，能让油脂型的润肤剂在皮肤上软化角质，保湿、柔软。

需要注意的是，使用面膜一周不要超过2次。易过敏皮肤在使用面膜时一定要谨慎。

（三）治疗类

治疗类化妆品含有某种药物成分，主要用于问题性皮肤。常用的治疗类化妆品有祛斑霜、祛痘霜等。

1. 祛斑霜

祛斑霜是在润肤霜或乳剂产品中添加中药成分及维生素的制品。其中维生素C有抑制皮肤黑色素形成的功效。因加入了调理性中药，可改善色斑状况。祛斑霜的主要添加成分有熊果苷、曲酸、维生素C衍生物、果酸及一些中药提取物等。

2. 祛痘霜

祛痘霜是用于治疗粉刺和痤疮的化妆品。主要成分为中药提取物、胶原蛋白、甘草酸二钾等。

（四）粉饰类

粉饰类化妆品具有遮盖性、修饰性，可以改善、美化人的肤色，调整面部轮廓、五官比例。粉饰类化妆品包括胭脂、粉底、香粉、蜜粉、眼影、睫毛膏、眼线液、唇膏、眉笔等。

1. 胭脂

胭脂有粉状和膏状两大类，粉状胭脂以粉料和颜料为基体，还有胶合剂、香精和水；膏状胭脂与唇膏相似，以油、脂、蜡为主要基体，其他成分为香精、色素。其功能主要是改善肤色，令皮肤看上去健康红润，如果涂抹适当，还具有调整脸部视感的作用。

2. 粉底

粉底主要包括粉底霜、粉底液、粉条和粉饼四种。

粉底霜：粉底霜含有氧化锌或二氧化钛、硬脂酸、色素、蜂蜡、羊毛醇、甘油、乳化剂和去离子水等成分，有非常强的遮盖性，能够有效掩盖皮肤上的瑕疵。

粉底液：粉底液中的成分与粉底霜中的成分基本相同，与粉底霜相比，水分的比例加大，而脂类的比例减少了。因此，它的遮盖性小于粉底霜，但是清爽舒适，自然清新的感觉高于粉底霜。

粉条：粉条的成分与粉底霜相似，只是水的比例下降而油脂和粉料的比例增大。因此，遮盖性高于粉底霜。

粉饼：又被人们称为加脂粉，主要成分是粉料，其他成分为胶质、羊毛脂、色料和甘油等，有较好的遮盖效果。

不论粉底霜、粉底液、粉条，还是粉饼，使用的时候均应先将皮肤清洗干净，并在上好底妆后再用潮湿的海绵均匀涂敷。

3. 香粉

香粉是最常用的粉状化妆品，主要由滑石粉、高岭土、碳酸钙、碳酸镁、氧化锌、二氧化钛、香料等材料加工而成，能散发出较为浓郁的芳香气味，通常用于固定粉底，防止化好的妆走形或脱落，并具有降低粉底霜或粉条在皮肤上的油光感，使妆容更自然协调的作用。此外，香粉还能很好地遮盖面部瑕疵，对面部皮肤有较好的美容和保护作用。

4. 蜜粉

蜜粉以滑石粉为主要成分，还有硬脂酸镁或锌盐。能够降低粉底霜对皮肤的油光感，具有固定妆面、使妆不易脱落的作用。通俗地说，就是固定粉底和定妆。因此，使用蜜粉时应用粉扑将蜜粉均匀地布满皮肤，并用毛刷将浮粉扫净。

5. 眼影

眼影是眼部化妆品，主要含有滑石粉、碳酸钙、高岭土、硬脂酸锌、色料和少量黏稠剂，可以有效改善和强化眼部的凹凸结构，对眼型有很好的修饰作用。一般情况下可以用化妆棉签蘸取，然后将眼影涂在眼部四周的皮肤上。

6. 睫毛膏

最早的睫毛膏主要用植物蜡、蜂蜡、胶合剂、乳化剂、大豆磷脂、羊毛脂等制作而成，具有保持、保护睫毛柔软的作用。此外，由于人们对睫毛的浓密度和长度的需求，睫毛膏的功能也有所不同。人们使用较多的是增厚浓密型睫毛膏、纤长型睫毛膏、防水型睫毛膏等几种。

7. 眼线液

眼线液是用于修饰眼睛轮廓的化妆品。眼线液大体可分为乳剂型、非乳剂型和抗水性三种。乳剂型眼线液以流动性强且易干燥的蜜类乳剂为基体，其他成分还有色素、滑石粉、增稠剂、水溶性胶质；非乳剂型眼线液无油脂和蜡，以虫胶作膜体，其他成分还有羧甲基纤维素、丙二醇、色素、尼泊金丙脂等；抗水性眼线液是在乳剂型眼线液中加入天然或合成的乳胶，使其产生抗水性，常用的乳胶有聚乙烯酸树脂、丙二醇、高黏度硅酸镁铝等。

8. 唇膏

唇膏能够赋予嘴唇以色彩，使嘴唇呈现出健康靓丽的色泽。此外，由于部分唇膏中增加了珠光粉末，使用之后能令嘴唇表面细节光亮，从而增加唇部的亮度和视觉效果。而且，随着人们思想观念的改变，市场上又出现了黑色、蓝色或绿色等不同系列的唇膏，使人的唇部更加多姿多彩。但不管哪种色系的唇膏，均需有膏体均匀、香气适宜、色泽鲜艳、附着性好、不宜掉色、不易变质、对人体无害等特质。其主要成分有棕榈油、精制蓖麻油、硬脂酸丁酯、羊毛脂、可可脂、加洛巴蜡、色料及食用香精等。

9. 眉笔

眉笔是修饰眉毛的化妆品，可以调整眉形强调眉色，使面部看起来更生动。其主要成分是油、脂、蜡及色素。

（五）护发美发类

1. 护发素

由表面活性剂、辅助表面活性剂、阳离子调理剂、增脂剂、螯合剂、防腐剂、色素、香精及其他活性成分组成。其中，表面活性剂主要起乳化、抗静电、抑菌作用；辅助表面活性剂可以辅助乳化；阳离子调理剂可对头发起到柔软、抗静电、保湿和调理作用；增脂剂如羊毛脂、橄榄油、硅油等在护发素中可改善头发营养状况，使头发光亮，易梳理；其他活性成分如维生素、水解蛋白、植物提取液等可赋予护发素各种功能，市场上常见的有去头皮屑护发素、含芦荟或含人参的护发素等。

2. 发乳

发乳为油–水体系的乳化制品，属于轻油型护发化妆品，因其既含有油分又含有水分，故它既具有油性成分能赋予头发光泽、滋润的作用，又具有水分所赋予的使头发柔软、防止断裂的结果。发乳不仅可以使头发润湿和柔软，而且有定发型作用。发乳的主要成分为油分、水分和乳化剂，另外还有香精、防腐剂及其他添加剂。发乳膏体稳定，色泽洁白，香气持久，稠度适当。为了提高发乳的使用效果，现在的发乳中基本都添加了不同的药物和营养物质，如首乌发乳、蜂胶发乳等。

3. 烫发剂

烫发剂一般分两类：热烫是以碳酸钠或氢氧化钠为软化及膨胀剂，亚硫酸钠为卷曲剂，在100℃下使发卷呈波纹状；冷烫则是用巯基乙酸的稀氨水溶液使头发卷曲，再以氧化剂（如溴酸钾、过硼酸钠、双氧水等）让已变形的头发由柔软恢复为原来的刚韧从而固定成型。

4. 啫喱水

啫喱水是发用凝胶的一种，是近来非常流行的新型定形、护发产品，主要成分为成膜剂、调理剂、稀释剂及其他添加剂等，外观是透明流动的液体。使用时利用气压将瓶中液体喷到头发上，或挤压于手上，涂在头发所需部分形成膜，起到定型、保湿、调理并赋予头发光泽的作用，如果使用电吹风还可以加快定型。

5. 染发剂

染发剂具有改变头发颜色的作用。染发剂分：无机染发剂（金属染发剂）、合成染发剂（氧化染发剂）、植物染发剂（天然染发剂）三类。

无机染发剂主要是含有铅、铁、铜等金属的化合物染料，作用机理主要是染发剂中的金属离子渗透到头发中，与头发蛋白中半胱氨酸的硫作用，生成黑色硫化铅等，使用者头发被染黑。染发剂中含有的重金属离子易引起蓄积中毒，对人体的危害很大，除有损头发健康易致过敏外，还可以导致一些难以治疗的疾病。

　　合成染发剂又叫氧化染发剂，一般是由中间剂、偶合剂和氧化剂构成的三组分体系，此类染发剂的作用机理有两种。①头发中的黑色素被某些氧化剂氧化而使颜色破坏，生成一种无色的新物质，利用这个反应，可以漂白头发，常用的氧化剂为过氧化氢。为了迅速而有效地漂白头发需加催化剂氨水 $NH_3 \cdot H_2O$，同时通过热风或热蒸气加速黑色素的氧化过程，氧化程度不同，头发呈不同的颜色，氧化程度越大，头发的颜色越浅。头发漂白脱色后，再用染料将头发染成所喜爱的颜色。②染发剂中的中间剂，如对苯二胺或对氨基苯酚是低黏度、易流动的小分子，可以移动到头发角质蛋白中，中间体两端是活性基团，一端的氨基（—NH_2）与头发蛋白作用，另一端则通过氧化剂与偶合剂相联，在这个过程中合成的有色染料分子附着在头发上，使头发着色。氧化染发剂中对苯二胺、对甲苯二胺和其他同类化合物与过氧化氢混合在不同的 pH 值下，会形成不同的颜色。合成染发剂对人的伤害既有暂时性的又有永久性的，其中以漂白后再染色的伤害最大，漂白时用的催化剂氨水是一种碱性物质，对接触的皮肤组织都有腐蚀和刺激作用，可以吸收皮肤组织中的水分，使组织蛋白变性，并使组织脂肪皂化，破坏细胞膜结构，长期接触可出现皮肤色素沉积或手指溃疡等症状。氨水可以通过头皮毛囊进入人体，对人体的上呼吸道有刺激和腐蚀作用，减弱人体对疾病的抵抗力，浓度过高时，还可通过三叉神经末梢的反射作用引起心脏停搏和呼吸停止，对人体的危害很大。对苯二胺是大多数染发剂中都含有的过敏原，部分人用后会出现眼睑浮肿、皮肤发红，甚至会出现奇痒难忍的小疹。动物实验证明对苯二胺、对氨基苯酚及其衍生物都有致癌作用。化妆品卫生标准对它作了使用标准，最大允许使用量为 2%，此外染发剂中的二胺类化合物和芳香胺类化合物，同样具有致癌作用。

　　植物染发剂主要成分为多元酚类，从天然植物中提取或以天然植物为原料制成，除个别人可能过敏外，对人体和环境基本无害，比较健康。目前的植物染发剂主要是海娜花和五贝子。

　　专家建议，染发次数不宜过多，一年最多染三次，而且只染长出来的新发即可。染发前一至两周，加强头发护理，能减少对头发的伤害，并且让头发更易上色。染发前一周，不要使用洗护合一的洗发水，也不要使用毛鳞片修护液、护发剂与润发素，这些产品会在毛发外形成保护膜，阻挡染发剂进入，应该使用具有深层清洁效果的洗发精。并且，染前两天尽量不要洗头，让毛发分泌油脂，形成天然保护膜来保护毛囊。染发前 48 小时还要进行局部过敏试验。

6. 生发剂

　　用于医治秃发，主要成分为刺激剂（金鸡纳酊、盐酸奎宁、生姜、侧柏叶、大蒜提取汁等），可以改善血液循环，促使头发再生；杀菌剂（樟脑、水杨酸、百里香酚、间苯二酚等）对治疗因脂溢性皮炎造发有效，兼有刺激作用；营养剂（人参汁、胎盘组织提取液及蜂王浆、维生素等）可加强发根营养，使发干强壮，不易脱落。

7. 固发剂

　　固发剂是固定头发形状的美发化妆品，其中含有成膜剂、少量的油脂和溶剂。溶剂一般是水和乙醇。成膜剂是固发剂的重要组分。作为一个好的成膜剂，既要能固定发型，又能使头发柔软，常用的有水溶性树脂，如聚乙烯吡咯烷酮、丙烯酸树脂等，这些树脂柔软性稍差，往往需加入增塑剂，如油脂等。

目前较为新型的成膜剂有聚二甲基硅氧烷等，与其他组分调配后，使头发光泽而有弹性，相互不粘，容易漂洗，不留残余固体物。固发剂目前常用的品种有发胶、摩丝、喷发胶等。

（六）护甲类

1. 指甲油

指甲油的主要成分为 70% ~ 80% 的挥发性溶剂，15% 左右的硝化纤维素，少量的油性溶剂、樟脑、钛白粉以及油溶颜料等。指甲油涂于指甲后所形成的薄膜，坚牢而具有适度着色的光泽，既可保护指甲，又赋予指甲一种美感。普通指甲油一般由两类组成，一类是固态成分，主要是色素、闪光物质等；另一类是液体的溶剂成分，主要使用的有丙酮、乙酸乙酯、邻苯二甲酸酯、甲醛等。

指甲油的溶剂基本都是有毒或者有害的物质，其中最厉害的应该是邻苯二甲酸酯、甲醛，其次是丙酮、乙酸乙酯等。邻苯二甲酸酯会妨碍正常的荷尔蒙平衡，导致严重的生殖损害和其他健康问题；而苯和甲醛均是致癌物质。丙酮、乙酸乙酯属于危险化学品，它们易燃易爆，在挥发时产生令人眩晕的刺激性气味，对室内空气产生污染，在长期吸入的情况下，对神经系统可能产生危害，还对黏膜有强刺激性。

2. 洗甲水

洗甲水的主要功用是去除指甲上剩余的指甲油，也叫去光水、净甲液。一般洗甲水，特别是劣质洗甲水的成分是丙酮或工业香蕉水。

如何安全使用洗甲水呢？首先，一定要挑选正规厂家出品、温和、无刺激的洗甲水，注意看一下成分说明上是否含丙酮。其次，洗甲水的用量一定要少。清洗指甲油时，只要让洗甲水浸透化妆棉上一个甲面大小的地方就够了。最后洗甲水不能用来猛擦指甲，否则会使甲面变得黯淡、无光泽。正确的做法是，将蘸了洗甲水的化妆棉压在指甲上 5 秒钟，指甲油就自然脱落了。如果仍未清除，可以再做一次。

（七）香水类

1. 香水

香水是一种混合了香精油、固定剂与酒精或乙酸乙酯的液体，用来让物体（通常是人体部位）拥有持久且悦人的气味。香精油取自花草植物，用蒸馏法或脂吸法萃取。固定剂是用来将各种不同的香料结合在一起，包括香脂、龙涎香以及麝香猫与麝鹿身上气腺体的分泌物。香水加入酒精，是借以酒精的挥发性来达到香气四溢的。

香水以香型分有：单花型、混合花型、植物型、香料型、柑橘型、东方型、森林型；以味道分有：花香型、百花型、现代型、青春型、水果型；也可以浓度分：香精、香水、淡香水、古龙水、清香水等。

香水的香味可以分为前调、中调和尾调三个部分。前调是一瓶香水最先透露的信息，也就是当你接触到香水的那么几十秒到几分钟之间所嗅到的，直达鼻内的味道。前调通常是由挥发性的香精油所散发，味道一般较清新，大多为花香或柑橘类成分的香味。中调是一款香水的精华所在，这部分通常由含有某种特殊花香、木香及微量辛辣刺激香制成，其气味无论清新还是浓郁，都必须是和前调完美衔接的。中调的香味一般可持续数小时或者更久。尾调也就是我们平常所说的"余"香。通常是用微量的动物性香精和雪松、檀香等芳香树脂所组成，这个阶段的香味兼具整合香味的功能。后味持续的时间最长久，可达整日或者数日之久。

2. 花露水

花露水是用花露油作为主体香料，配以酒精制成的一种香水类产品。花露水的主要功效是去污、杀菌、防痱、止痒，同时，可以祛除汗臭。花露水的香精含量较少，一般为1%～3%，所以香气不持久。制作花露水所需要香精的香料，多用清香的薰衣草油为主体，也有用玫瑰麝香型的。酒精浓度为70%～75%，这种配比易渗入细菌内部，使原生质和细胞核中的蛋白质变性而失去活力性，因此消毒杀菌作用强。为了防止沉淀，可以辅以少量的螯合剂（柠檬酸钠）、抗氧剂（二叔丁基对甲酚）和耐晒的醇溶性色素。花露水的香型以清香为主。花露水中含有适量醇溶性色素，颜色以浅色为主，有淡绿、黄绿、湖蓝等，给人以清凉感。

五、化妆品与健康

（一）化妆品中的有毒有害物质及其对健康的伤害

《化妆品卫生规范》共列出在化妆品组分中禁用的化学物质有421种，限用的化学物质300余种。这些物质具有强烈的毒性、致突变性、致癌性、致畸性，或者对皮肤、黏膜可能造成明显损伤，或者有特殊的、化妆品中不希望具有的生物活性。

化妆品中的有害物质，可以简单分为以下几类：无机重金属、有机合成物、化妆品添加剂等。这些有害物质对人体的危害可以分为以下五类。

（1）刺激性伤害 这是最常见的一种皮肤损害，与化妆品含有刺激成分，或化妆品pH过高或过低，或使用者皮肤角质层损伤有关。

（2）过敏性伤害 化妆品中含有致敏物质，使具有过敏性体质的使用者发生过敏反应。

（3）感染性伤害 化妆品富含营养成分，具有微生物繁殖的良好环境。使用被微生物污染的化妆品会引起人体的感染性伤害，对破损皮肤和眼睛周围等部位伤害更大。

（4）沾染性伤害 化妆品富含养分成分，具有微生物繁殖的良好环境。使用被微生物污染的化妆品会引起人体的沾染性伤害，对破损皮肤和眼睛四周等部位伤害更大。

（5）全身性伤害 化妆品原料多种多样，许多成分虽然具有美容功效，但对人体可能具有多种毒性。某些成分本身可能无毒，但在使用过程中也可能产生有毒物质（如光毒性）。这些毒性成分可经皮肤吸收到体内并在体内蓄积，造成全身性的机体损害。

1. 无机重金属

（1）铅（Pb） 在化妆品中添加铅能美白，所以一般铅被添加于增白、美白化妆品中。铅对所有的生物都具有毒性。在化妆品中铅的氧化物作为添加剂也有着悠久的历史，含铅的美容用品曾一度风靡，从前国外的皇族都对它偏爱有加。我国明清时候使用的铅华就是粉饼的雏形，其主要成分是氧化铅。氧化铅粉末呈现纯白色，有很强的附着和遮盖能力，直到近代，仍旧是遮盖类产品如粉底、粉饼的主要成分。铅及其化合物是化妆品组分中的禁用物质。但含乙酸铅的染发剂除外，在染发制品中含量（以铅计）必须小于0.6%。现今的遮瑕类产品中使用钛白粉（二氧化钛）、锌白粉（氧化锌）等。但是，氧化铅粉末遮瑕效果明显，附着力强，成本低廉，仍旧有很多化妆品厂商，使用氧化铅作为主要成分。此外，有些化妆品原料不纯，掺杂少量铅，长期使用也会造成累积中毒。铅及其化合物通过皮肤吸收而危害人类健康，主要影响造血系统、神经系统、肾脏、胃肠道、生殖功能、心血管、免疫与内分泌系统，尤其影响胎儿的健康等。

（2）汞（Hg） 汞在化妆品中主要有两种存在形式：硫化汞和氯化汞。硫化汞又名朱砂，是一种很常用的颜料。在化妆品中，硫化汞一般添加在口红、胭脂等化妆品中能使颜色鲜艳持久。尽管硫化汞在水中溶解度极小，但由于使用部位是口部，而且长期使用，所以还是会造成一定的危害。氯化汞用于化妆品具有洁白、细腻之特点，而且汞离子能干扰人皮肤内酪氨酸变成黑色素的过程，一般被添加于增白、美白、祛斑化妆品中，特别是一些廉价的增白皂、增白霜等中。汞及其化合物都可穿过皮肤的屏障进入机体所有的器官和组织，主要对肾脏损害最大，其次是肝脏和脾脏，破坏酶系统活性，使蛋白凝固，组织坏死。汞及其化合物一般作为添加剂使用。国家规定，汞及其化合物为化妆品组分中禁用的化学物质。硫柳汞（乙基汞硫代水杨酸钠）具有良好的抑菌作用，允许用于眼部化妆品和眼部卸妆品中，其最大允许使用浓度为 0.007%（以汞计）。

（3）砷（As） 砷是化妆品中除了铅和汞以外危害最大的元素。砷及其化合物广泛存在于自然界中，化妆品原料和化妆品生产过程中，也容易被砷污染。因此作为杂质成分，砷在化妆品中的限量（以砷计）为 10mg/kg。砷及砷化合物的毒性与它们在水中的溶解度有关，三氧化二砷易溶于水，毒性很大，是剧毒物；砷对蛋白质及多种氨基酸均具有很强的亲和力，可与多种含巯基的酶结合，使其失去活性，从而导致细胞呼吸和氧化过程发生障碍，细胞分裂发生紊乱，引发神经系统、肝、肾、毛细血管等产生一系列病变。长期低剂量接触，可导致慢性砷中毒，出现头晕、头痛、无力、四肢酸痛、恶心呕吐、食欲缺乏、肝痛、腹胀、腹泻、贫血、皮肤色素沉着等症状。砷急性中毒表现为急性胃肠炎、休克、中毒性肌肤炎、肝病及中枢神经系统症状。皮肤直接接触砷，可出现皮炎、湿疹、毛囊炎和皮肤角化等皮肤损害，经常接触可导致皮肤癌。砷还会透过胎盘屏障，导致胎儿畸形。砷化氢是一种强烈溶血性毒物，吸收后可使红细胞大量崩解，血红蛋白逸出，造成一系列溶血性后果。

（4）镉（Cd） 镉并不起到美容的作用，所以一般没有厂家把镉作为添加剂使用。镉作为杂质主要出现在粉底、粉饼等含氧化锌的产品中。化妆品中常用的锌化合物，其原料闪锌矿常含有镉。为此，作为杂质成分，在化妆品中镉含量（以镉计）不得超过 40mg/kg。金属镉的毒性很小，但镉的化合物属剧毒，尤其是镉的氧化物。镉及其化合物主要对心脏、肝脏、肾脏、骨骼肌及骨组织造成损害。镉还能破坏钙、磷代谢以及参与一系列微量元素的代谢，如锌、铜、铁、锰、硒。主要临床表现为高血压、心脏扩张和早产儿死亡，还可以诱发肺癌。

以上四种重金属及其化合物均是化妆品中的禁用成分。

2. 有机合成物

（1）甲醇 甲醇为化妆品组分中限用物质，其最大允许浓度为 2000mg/kg。甲醇作为溶剂添加在香水及发胶系列产品中。甲醇主要经呼吸道和胃肠道吸收，皮肤也可部分吸收。甲醇有明显的蓄积作用，在体内抑制某些氧化醇系统，抑制糖的需氧分解，造成乳酸和其他有机酸积累，从而引起酸中毒。甲醇主要作用于中枢神经系统，具有明显的麻醉作用，可引起脑水肿，对视神经及视网膜有特殊选择作用，引起视神经萎缩，导致双目失明。

（2）氢醌（对苯二酚） 氢醌为化妆品组分中限用物质，其在化妆品中最大允许浓度为

2%，允许使用范围及限制条件是染发用的氧化着色剂。氢醌是从石油或煤焦油中提炼制得的一种强还原剂，对皮肤有较强的刺激作用，常会引起皮肤过敏。它也是一种皮肤漂白剂，其美白机理是凝结酪氨酸酵素，破坏黑色素，其美白效果非常显著。对苯二酚本身就是一种有毒物质，可能对人体内部器官带来致命的伤害，尤其是肾和肝。

（3）乙醇（酒精）　普通化妆品如香水、花露水中，一般都含有酒精。乙醇具有超强的渗透力，能渗透到细胞体内，使蛋白质凝固变性，从而使细胞脱水，皮肤就会渐渐失去弹性。乙醇具有高挥发性，在带走皮肤热量的同时也带走了皮肤的水分，使皮肤的天然保湿能力及免疫力降低，造成皮肤干燥、粗糙，皮脂分泌旺盛，毛孔粗大。含有乙醇的化妆品涂在皮肤上会有光敏反应发生，导致皮肤色素加重，产生难以逆转的斑点。由于细胞的适应性，在长期使用含有乙醇的化妆品后，皮肤细胞就会对乙醇产生依赖。化妆品中乙醇含量 ≥ 10% 的产品，需要检测甲醇含量。

（4）邻苯二甲酸盐　即邻苯二甲酸酯，又称酞酸酯，是邻苯二甲酸形成的酯的统称。在化妆品中，指甲油中邻苯二甲酸酯含量最高，很多化妆品的芳香成分也含有该物质。邻苯二甲酸酯在化妆品行业的使用功效主要集中在：使指甲油降低脆性而避免碎裂；使发胶在头发表面形成柔韧的膜而避免头发僵硬；使用在皮肤上后，增加皮肤的柔顺感，增加洗涤用品对皮肤的渗透性；同时还可作为一些产品的溶剂和芳香固定液。邻苯二甲酸酯在人体和动物体内发挥着类似雌性激素的作用，可干扰内分泌，使男子精液量和精子数量减少，精子运动能力低下，精子形态异常，严重的会导致睾丸癌，会造成男子生殖问题。化妆品中的这种物质会通过女性的呼吸系统和皮肤进入体内，如果过多使用，会增加女性患乳腺癌的概率，还会危害到她们未来生育的男婴的生殖系统。

（5）甲醛　甲醛属于化妆品中限制使用的物质。除口腔产品外，化妆品中甲醛的最大允许使用量为 0.2%。甲醛禁止用于喷雾产品，指甲硬化剂中甲醛的最大允许使用浓度为 5%。在化妆品中甲醛常作为防腐抑菌剂使用。甲醛可造成空气污染。据测，百货商店化妆品柜台空气中甲醛含量远高于其他柜台。现已查明几种含醛类香料对遗传物质脱氧核糖核酸也有不良作用。

（6）对羟基苯甲酸乙酯　又称尼泊金乙酯，广泛应用于化妆品、除臭剂、皮肤护理产品和婴儿护理产品，可作为防腐剂，以延长其保质期。对羟基苯甲酸乙酯是有毒物质，可造成皮疹和过敏性反应。在英国最近的科学研究中发现，该防腐剂的使用和妇女的乳腺癌增长率有着密切联系。

（7）一乙醇胺和二乙醇胺　多用于脸和身体的润肤制品。在成分表中一乙醇胺以 MEA 出现，二乙醇胺以 DEA 出现，令消费者难以辨别。它们都对皮肤有刺激性，超量使用可能造成过敏性反应，如长期使用含此类成分过量的产品还可造成肝脏和肾脏癌症发病率上升。

3. 化妆品添加剂

（1）激素　化妆品中添加的激素主要是糖皮质激素，化妆品中添加的激素共11种：氢化可的松、地塞米松、醋酸泼尼松、醋酸地塞米松、甲睾酮、睾酮、黄体酮、雌二醇、雌三醇、雌酮、己烯雌酚。如果长期使用含有激素成分的化妆品，皮肤就会产生如同"上瘾"的症状，只要停用过敏症状就会加重发作，造成毛细血管扩张、萎缩，皮肤变薄、痤疮加重、色素沉着，甚至出现多毛、皮炎等症状，称为激素美容综合征。同时，激素外用还可能引起人体内激素水平变化，造成内分泌混乱，引起月经不调等不良反应。如长期使用含有激素地塞米松的化妆品，皮肤会变薄、变黑。经常使用带有激素的化妆品，甚至会出现严重的皮肤反应。有皮肤过敏症状的病人用后，初期症状得到缓解，皮肤细腻了，但一段时间后，过敏症状会重新发作。速效护肤品往往可能含有激素成分。

（2）矿物油和凡士林　矿物油和凡士林是卸妆用的洁颜油以及婴儿油的主要原料。含有矿物油的护肤品滋润效果很好，但易堵塞毛孔，阻止毒素的排出，导致痤疮等皮肤病的发生。凡士林也容易让皮肤生痤疮，并导致皮肤过早老化。同时，它容易受到污染，在使用过程中把毒素带到皮肤上。

（3）色素与香料　香料的香气来源于所含的醇、酮等可以挥发的化学物质，可能造成光敏感、接触性皮炎等健康问题。香料和色素中常含的铬和钕属于禁用元素，皮肤抵抗力较弱的患者使用，会有刺激感和灼烧感，或者皮肤敏感、发红，严重的还会导致皮炎。铬为皮肤变态反应原，可引起过敏性皮炎或湿疹，病程长，久而不愈。钕对眼睛和黏膜有很强的刺激性，对皮肤有中度刺激性，吸入还可导致肺栓塞和肝损害。有研究人员指出，化妆品中的色素与人类皮肤的色素沉着有一定的关系。色素沉着是在正常皮肤上出现的褐色斑点，严重影响形象。化妆品中所含的色素属焦油衍生物，长期使用会对光线产生敏感反应，从而导致色素沉着。化妆品引起的色素沉着多数还伴有皮肤潮红、丘疹等炎症现象。色素还是导致人们对化妆品过敏的重要原因之一，常常引起烧灼、瘙痒、表皮剥脱、轻微疼痛等过敏症状。

（二）选择正确、安全的化妆品

如上所述，尽管在化妆品中存在着诸多的健康隐患，但只要能正确地选择和使用化妆品，就可以避免其对健康造成伤害。

1. 要学会识别化妆品的质量

（1）从外观上识别　好的化妆品应该颜色鲜明、清雅柔和。如果发现颜色灰暗污浊、深浅不一，则说明质量有问题。如果外观浑浊、油水分离或出现絮状物，膏体干缩有裂纹，则不能使用。

（2）从气味上识别　化妆品的气味有的淡雅，有的浓烈，但都很纯正。如果闻起来有刺鼻的怪味，则说明是伪劣或变质产品。

（3）从感觉上识别　取少许化妆品轻轻地涂抹在皮肤上，如果能均匀紧致地附着于肌肤且有滑润舒适的感觉，就是质地细腻的化妆品；如果涂抹后有粗糙、发黏感，甚至皮肤刺痒、干涩，则是劣质化妆品。

2. 选择适合自己的化妆品

（1）依据皮肤类型　油性皮肤的人，要用爽净型的乳液类护肤品；干性肌肤的人，应使用富有营养的润泽性的护肤品；中性肌肤的人，应使用性质温和的护肤品。

（2）依据年龄和性别　儿童皮肤幼嫩，皮脂分泌少，须用儿童专用的护肤品；老年人皮肤萎缩，又干又薄，应选用含油分、保湿因子及维生素 E 等成分的护肤品；男性宜选用男士专用的护肤品。

（3）依据肤色　选用口红、眼影、粉底、指甲油等化妆品时，须与自己的肤色深浅相协调。

（4）依据季节　季节不同，使用的化妆品也有所不同。在寒冷季节，宜选用滋润、保湿性能强的化妆品；而在夏季，宜选用乳液或粉类化妆品。

3. 正确存放化妆品

在保管化妆品时，须谨记化妆品有"六怕"。

（1）怕热　温度过高的地方不宜存放化妆品。高温会造成化妆品油水分离，膏体干缩，引起变质。

（2）怕晒　阳光或灯光直射处不宜存放化妆品。光线照射会造成化妆品水分蒸发，某些成分会失去活力，以致引起变质。阳光中的紫外线还能使化妆品中的一些物质发生化学变化，影响使用效果，甚至发生不良反应。

（3）怕冻　化妆品可放在冰箱的保鲜冷藏室保存，不能放在冷冻室保存。寒冷季节，不宜将化妆品放在室外或长时间随身携带到室外。因为冷冻会使化妆品发生冻裂现象，解冻后还会出现油水分离、质地变粗，对皮肤产生刺激作用。

（4）怕潮　有些化妆品含有蛋白质，受潮后容易发生霉变。有的化妆品使用铁盖，受潮后容易生锈腐蚀化妆品，使化妆品变质。

（5）怕久放　一般化妆品的有效期限为 1~2 年，开封后存放的期限更短。因此，化妆品最好在有效期限内用完，不可停停用用直到过期。再好的化妆品，再精心的保管，如果过了保质期，便会一文不值。

（6）怕污　化妆品使用后一定要及时旋紧瓶盖，以免细菌侵入繁殖。使用时最好避免直接用手取用，可以用干净的棉棒等工具取用。如果一次取用过多，可涂抹在身体其他部位，不可再放回瓶中。

第三节　消毒、杀虫用品

随着生活水平的提高，人们的健康意识逐步增强，越来越多的人开始注重家庭卫生，消毒剂、杀虫剂等用品也逐渐走进了人们的日常生活。

一、消毒剂

消毒剂也称化学消毒剂，是指用化学消毒药物作用于微生物和病原体，使其蛋白质变性，失去正常功能而死亡。目前常用的有含氯消毒剂、含氧消毒剂、含碘消毒剂、高锰酸钾、醛类消毒剂、表面活性剂类消毒剂、酚类消毒剂、醇类消毒剂等。

1. 含氯消毒剂

含氯消毒剂指溶于水产生可以杀灭微生物活性的次氯酸的消毒剂，其有效成分常以有效氯表示。次氯酸分子量小，易扩散到细菌表面并穿透细胞膜进入菌体内，使菌体蛋白氧化导致细菌死亡。含氯消毒剂可杀灭各种微生物，包括细菌繁殖体、病毒、真菌、结核杆菌和抗力最强的细菌芽孢。这类消毒剂包括无机氯化合物和有机氯化合物。无机氯性质不稳定，易受光、热和潮湿的影响，丧失其有效成分；有机氯则相对稳定，但是溶于水之后均不稳定。这类消毒剂的主要优点是杀菌谱广、作用迅速、杀菌效果可靠；毒性低；使用方便、价格低廉。缺点是不稳定，有效氯易丧失；对织物有漂白作用；有腐蚀性；易受基物、pH 等的影响。

常用的含氯消毒剂有：液氯，含氯量（质量百分数，下同）> 99.5%；漂白粉〔次氯酸钙，$Ca(ClO)_2$〕，含有效氯 25%；漂白粉精（优氯剂），含有效氯 80%；三合二，含有效氯 56%；次氯酸钠（$NaClO$），工业制备的含有效氯 10%，"84" 消毒液就是次氯酸钠溶液；二氯异氰尿酸钠（优氯净，$C_3O_3N_3Cl_2Na$），含有效氯60%；三氯异氰尿酸（$C_3N_3O_3Cl_3$），含有效氯85%~90%；氯化磷酸三钠（$Na_3PO_4 \cdot 1/4NaClO \cdot 12H_2O$），含有效氯2.6%。上述含氯消毒剂溶于水后均产生次氯酸，依靠次氯酸的氧化作用杀灭微生物。适用范围：餐（茶）具、环境、水、疫源地等的消毒。

2. 含氧消毒剂

此类消毒剂具有强氧化能力，对各种微生物都十分有效，可将所有微生物杀灭，主要包括过氧化氢、过氧乙酸、二氧化氯和臭氧等。这类消毒剂依靠它强大的氧化能力杀灭微生物，达到消毒目的。

这类消毒剂的优点：杀菌力极强，作用迅速，可以作为灭菌剂使用；易溶于水，使用比较方便；分解产物包括乙酸、氧或水，均为无毒物质，消毒后不残留毒性成分，不污染环境；是无色透明的液体，对消毒物品没有染色的危害。缺点：极易分解，性质不稳定，配制时不易掌握浓度；在未分解前有较难闻的刺激气味，对人有一定的刺激性或毒性，影响环境空气；对消毒物品有一定的漂白作用和腐蚀性。过氧化物类消毒剂能杀灭病毒、真菌、芽孢等病原微生物，并可以用于肝炎病毒的消毒。

（1）二氧化氯（ClO_2）　对细胞壁有较强的吸附和穿透能力，放出的原子氧能将细胞内的含巯基的酶氧化而起到杀菌作用。国外大量的实验研究显示，二氧化氯是安全、无毒的消毒剂，无"三致"（致癌、致畸、致突变）效应，同时在消毒过程中也不与有机物发生氯代反应生成可产生"三致作用"的有机氯化物或其他有毒类物质。但由于二氧化氯具有极强的氧化能力，应避免在高浓度时（大于万分之五）使用。当使用浓度低于万分之五时，对人体的影响可以忽略，万分之一以下时不会对人体产生任何的影响。事实上，二氧化氯的常规使用浓度要远远低于万分之五，一般仅在十万分之几左右。因此，经美国食品药物管理局（FDA）和美国环境保护署（EPA）的长期科学试验和反复论证，二氧化氯灭菌消毒剂已被确认为医疗卫生、食品加工中的消毒灭菌，食品（肉类、水产品、果蔬）的防腐、保鲜，环境、饮水和工业循环及污水处理等方面杀菌、清毒、除臭的理想药剂，是国际上公认的含氧消毒剂。

（2）过氧乙酸（CH_3COOOH）　能产生新生态氧，将菌体蛋白质氧化，使细菌死亡，能杀灭细菌、真菌、芽孢、病菌。特性：属于高效能消毒剂，具有广谱、高效、低毒；但对金属及织物有腐蚀性，受有机物影响大，稳定性差，见光、高温易爆，有刺激性气味，室内空气中药液经皮肤吸收，会产生不良反应。使用范围：0.2%溶液用于手的消毒浸泡，时间为1~2分钟；0.2%~0.5%溶液用于物体表面的擦拭或浸泡，时间为10分钟；0.5%溶液用于餐具消毒浸泡，时间为30~60分钟；1%~2%溶液用于室内空气消毒。对皮肤有较强的刺激性和腐蚀性，不可直接用手去接触。

（3）过氧化氢（H_2O_2，俗称双氧水）　能破坏蛋白质的基础分子结构，从而具有抑菌与杀菌作用。特性：过氧化氢属高效消毒剂，具有广谱、高效、速效、无毒、对金属及织物有腐蚀性、受有机物影响很大、纯品稳定性好、稀释液不稳定等特点。对人体的伤害性小。适用于丙烯酸树脂制成的外科体内埋植物（如隐形眼镜）、不耐热的塑料制品、餐具、服装、饮水等的消毒和外科伤口清洗。使用方法：使用前用无菌生理盐水冲洗。存放方法：应存于阴凉处，不宜用金属器皿盛装；根据有效含量按稀释定律用灭菌蒸馏水将过氧化氢稀释成所需浓度。

消毒方法有浸泡法、擦拭法等。浸泡法：将清洗、晾干的待消毒物品浸没于装有3%过氧化氢的容器中，加盖，浸泡30分钟。擦拭法：对大件物品或其他不能用浸泡法消毒的物品用擦拭法消毒。其他方法：用1%～1.5%过氧化氢漱口；用3%过氧化氢冲洗伤口。

注意事项：过氧化氢应贮存于通风阴凉处，用前应测定有效含量；稀释液不稳定，临用前配制；配制溶液时，忌与还原剂、碱、碘化物、高锰酸钾等相混合；过氧化氢对金属有腐蚀性，对织物有漂白作用；使用浓溶液时，谨防溅入眼内或皮肤、黏膜上，一旦溅上，立即用清水冲洗；消毒被血液、脓液等污染的物品时，需适当延长作用时间。

3. 含碘消毒剂

碘在溶液中除呈双原子游离碘（I_2）外，还可呈原子碘（I_3）以及I^-、IO^-、IO_3^-等离子形态。碘渗透性很强，可直接卤化菌体蛋白质，使微生物死亡。含碘消毒剂具有广谱杀菌作用，对细菌、真菌、病毒具有灭活作用，也可杀灭细菌芽孢。

（1）碘液　指碘单质的水溶液，一般含有效碘2%。即先将2.4g碘化钾（或碘化钠）溶于少量蒸馏水中再加2g碘，最后加蒸馏水至100mL。

（2）碘酊　又称碘酒，是碘的酒精溶液，是常用的皮肤消毒剂。一般配制的浓度为2%～5%。碘酊的消毒作用很强，对各种病原体均有杀灭作用。但对皮肤黏膜有刺激性，故用于皮肤消毒时，涂抹2%碘酊1min后应以75%的酒精擦去残余的碘。黏膜、会阴、阴囊皮肤不得使用碘酊消毒。

（3）碘伏　碘伏是碘与表面活性剂形成的配合物，表面活性剂（聚乙二醇碘PEG-I、聚乙烯吡咯烷酮碘PVP-I、壬基酚聚氧乙烯醚碘POP-I等）为碘的载体和增溶剂，碘以配合或包络的形式存在于载体中，在水中碘缓慢地游离出来，产生杀菌作用。

碘伏有液体和固体两种。液体碘伏为棕色，手感光滑，有效碘浓度为5～10g·L^{-1}。固体碘伏由液体碘伏干燥制得，有效碘含量视制备时碘元素与表面活性剂比例而定，通常有效碘的质量分数为10%～20%，多为深棕色粉末，溶于水后溶液也为棕色。与碘液相比，碘伏无刺激性气味，物品染上颜色后易洗去，性质较稳定。

碘伏有广谱杀菌作用，可杀灭细菌、芽孢、真菌、病毒、结核杆菌、阴道毛滴虫、梅毒螺旋体、沙眼衣原体等各类微生物。碘伏中的表面活性成分具有协助碘伏穿透有机物的作用，并能乳化脂肪，加强碘的杀菌作用。碘伏在用于消毒时，需用水稀释到所需浓度。

使用碘消毒剂注意事项：①碘在室温下可升华，因此碘制剂应存放在密闭的棕色容器中，阴凉处避光、防潮、密封保存；②碘稀释液不稳定，应现配现用，碘液对皮肤黏膜有刺激作用，浓度过高可致皮肤发泡烧伤，应注意使用浓度不要过高；③对含有机物物品的消毒，应提高药物浓度或延长消毒作用；④碘伏对常用金属制品均有腐蚀性，不应作为日常金属的消毒剂。

红药水是2%汞溴红（2，7-二溴-4-羟基汞荧光黄素二钠盐）水溶液，其杀菌、抑菌作用较弱但无刺激性，适用于新鲜的小面积皮肤或黏膜创伤（如擦伤、碰伤等）的消毒。碘酒和红药水不能混用，因为红药水中的汞溴红与碘酒里的碘会生成碘化汞（HgI_2），是一种剧毒物质，对皮肤黏膜及其他组织产生强烈的刺激作用，甚至引起皮肤损伤、黏膜溃疡。碘化汞如果进入人体，会使牙床红肿发炎，严重时还会引起疲乏、头痛、体温下降等症状。

4. 高锰酸钾（$KMnO_4$，俗称PP粉）

高锰酸钾为强氧化剂，遇有机物即放出新生态氧而具杀灭细菌作用，杀菌力极强，但极易为有机物所减弱，故作用表浅而不持久。可除臭消毒，用于杀菌、消毒，且有收敛作用。

0.1% 溶液用于清洗溃疡及脓肿，0.025% 溶液用于漱口或坐浴，0.01% 溶液用于水果等消毒，浸泡 5 分钟。高锰酸钾在发生氧化作用的同时，还原生成二氧化锰，后者与蛋白质结合而形成蛋白盐类复合物，此复合物和高锰酸根都具有收敛作用。也用它作漂白剂、毒气吸收剂、二氧化碳精制剂等。高锰酸钾溶液放置一段时间以后，溶液由紫红色变为棕色，容器底部或内壁形成褐色斑痕。这说明高锰酸钾已经分解，失去消毒杀菌作用。因此，高锰酸钾溶液应该随配随用。高锰酸钾的浓溶液长时间接触皮肤、衣服或器皿，会留下棕黑色斑痕，这是高锰酸钾分解生成的二氧化锰形成的，皮肤或衣服上的斑痕应该用 3% 的过氧化氢溶液（双氧水）擦洗。

5. 酚类消毒剂

酚类消毒剂主要包括苯酚、煤酚皂溶液、六氯酚、黑色消毒液及白色消毒液等。酚类是一种表面活性物质（带极性的羟基是亲水基团，苯环是亲脂基团），可损害菌体细胞膜，较高浓度时也是蛋白变性剂，故有杀菌作用。此外，酚类还通过抑制细菌脱氢酶和氧化酶活性，而产生抑菌作用。一般酚类化合物仅用于环境及用具消毒。由于酚类污染环境，故低毒高效的酚类消毒药的研究开发受到重视。在适当浓度下，酚类对大多数不产生芽孢的繁殖型细菌和真菌均有杀灭作用，但对芽孢和病毒作用不强。酚类的抗菌活性不易受环境中有机物和细菌数目的影响，故可用于消毒排泄物等。酚类的化学性质稳定，因而贮存或遇热等不会改变药效。目前销售的酚类消毒剂大多含两种或两种以上具有协同作用的化合物，以扩大其抗菌作用范围。常用的有以下几种。

（1）苯酚（C_6H_6O） 属于中效消毒剂，0.1% ~ 1% 溶液有抑菌作用；1% ~ 2% 溶液有杀菌和杀真菌作用；5% 溶液可在 48 小时内杀死炭疽芽孢。苯酚的杀菌效果与温度呈正相关。碱性环境、脂类、皂类等能减弱其杀菌作用。苯酚是外科最早使用的一种消毒防腐药，但由于对动物和人有较强的毒性，不能用于创面和皮肤的消毒。苯酚曾用作检定其他消毒防腐药杀菌效力的标准品。当苯酚浓度高于 0.5% 时，具有局部麻醉作用；5% 溶液对组织产生强烈的刺激和腐蚀作用。动物意外吞服或皮肤、黏膜大面积接触苯酚会引起全身性中毒，表现为中枢神经先兴奋后抑制以及心血管系统受抑制，严重者可因呼吸麻痹致死。对吞服苯酚的动物可用植物油（忌用液状石蜡）洗胃；内服硫酸镁导泻；对症治疗，给予中枢兴奋剂和强心剂等。皮肤、黏膜接触部位可用 50% 乙醇或者水、甘油或植物油清洗。眼可先用温水冲洗，再用 3% 硼酸液冲洗。

（2）甲酚（C_7H_8O） 抗菌作用比苯酚强 3 ~ 10 倍，毒性大致相等，但消毒用药液浓度较低，故较苯酚安全。其可杀灭一般繁殖型病原菌，对芽孢无效，对病毒作用不可靠。甲酚是酚类中最常用的消毒药。由于甲酚的水溶度较低，通常都用肥皂乳化配制成 50% 甲酚皂溶液，就是俗称的"来苏儿"（Lysol）。来苏儿对多种病菌都有杀灭作用，对流行性感冒病毒、狂犬病病毒也有杀灭作用。来苏儿常用于被呼吸道传染病患者和消化道传染病患者污染的居室及日常用品等消毒。一般采用浸泡、喷洒或擦抹原体污染的物体表面，浓度 1% ~ 5%，消毒 30 ~ 60min。

（3）六氯酚 对多数革兰氏阳性菌（包括葡萄球菌）有较强的杀菌作用，对革兰氏阴性菌杀菌作用稍差。2% ~ 5% 六氯酚曾广泛加入抗菌药皂，用于皮肤消毒。单次使用效果不佳，多次用其擦洗皮肤，会在皮肤表面残留一层药膜，从而使其抑菌作用时间延长。用后如果以其他肥皂擦洗皮肤，可迅速除去皮肤上的六氯酚残留。六氯酚易吸收，若过量应用，动物会出现神经毒性症状，并可见大脑和脊髓的髓磷脂可逆性空泡样变。人皮肤反复地接触高浓度六氯酚，也会引起吸收中毒，导致神经系统紊乱。为避免对人的潜在神经毒性，美国食品药物管理局（FDA）规定：凡含六氯酚高于 0.75% 的产品均需凭处方购买。

6. 醛类消毒剂

醛类消毒剂包括甲醛和戊二醛等。此类消毒剂的消毒原理为一种活泼的烷化剂作用于微生物蛋白质中的氨基、羧基、羟基和巯基，从而破坏蛋白质分子，使微生物死亡。甲醛和戊二醛均可杀灭各种微生物，由于它们对人体皮肤、黏膜有刺激和固化作用，并可使人致敏，因此不可用于空气、食具等的消毒，一般仅用于医院中医疗器械的消毒或灭菌，且经消毒或灭菌的物品必须用灭菌水将残留的消毒液冲洗干净后才可使用。

（1）甲醛（CH_2O） 用于消毒的通常为福尔马林和多聚甲醛。福尔马林为含甲醛 34% ~ 38%（质量分数）的水溶液，无色澄清，有强烈刺激气味，呈弱酸性，能与水或乙醇按任意比例混溶。在冷处久置，会因部分聚合而发生浑浊或沉淀，加热又可澄清。甲醛属高效消毒剂，杀菌谱广，对细菌繁殖体、细菌芽孢以及真菌、病毒等均有杀灭作用，但作用时间较长。甲醛为中等毒性化学物质，对皮肤黏膜有强烈刺激作用。其急性中毒症状为对眼结膜和呼吸道产生急性刺激作用，轻者引起流泪、咳嗽，重者可引起支气管炎、血痰甚至窒息而死。皮肤接触甲醛过久，可发生角质化及变黑，有的可引起湿疹样皮炎。口服甲醛溶液，可引起呕吐、腹痛，导致中枢神经系统损害等，以至休克、死亡，人口服甲醛的最小致死量为 36g。甲醛具有致突变和致癌作用。甲醛对消毒物品一般无损害作用。甲醛消毒有液体浸泡和气体熏蒸两种方法。甲醛液体可用于医疗器械等物品的浸泡消毒，但已较少应用。甲醛气体消毒可用于热敏医学材料的消毒灭菌、医院被褥等的消毒。

（2）戊二醛（$C_5H_8O_2$） 对物品进行消毒灭菌通常用 2% 戊二醛溶液，有三种剂型。

① 酸性强化戊二醛 由 2% 戊二醛加入 0.25% 聚氧乙烯脂肪醇醚制成，pH 为 3.2 ~ 4.6。酸性强化戊二醛溶液具有很好的杀菌作用，但对细菌芽孢的杀灭速度比碱性戊二醛溶液慢。其稳定性好，可在室温贮存 18 个月。2% 酸性强化戊二醛可直接用于物品的消毒与灭菌。

② 中性戊二醛 由酸性强化戊二醛加碳酸氢钠调整溶液 pH 至 7.0，即成中性戊二醛。其稳定性比碱性戊二醛溶液好，但不及酸性强化戊二醛，在室温下可使用 3 ~ 4 周。

③ 碱性戊二醛 用碳酸氢钠将 2% 戊二醛溶液的 pH 调至 7.5 ~ 8.5，即成碱性戊二醛。碱性戊二醛溶液对细菌芽孢的杀灭速度比酸性和中性戊二醛溶液快。碱性戊二醛溶液不稳定，室温放置 2 周后，浓度即明显降低，杀菌作用明显减退。

戊二醛属高效消毒剂，杀菌谱广。戊二醛对人体组织有中等毒性，对皮肤黏膜有刺激性和致敏作用，大气中最高允许浓度为 $1mg/m^3$。有人指出戊二醛有致畸、致突变作用，可能有致癌作用。戊二醛对金属器械，如不锈钢、镀铬制品以及镜面等腐蚀作用较小，但对碳钢和铝制品有一定腐蚀作用。戊二醛主要用于不耐热的医疗器械和精密仪器，如内窥镜的消毒和灭菌。

7. 醇类消毒剂

最常用的是乙醇和异丙醇，它可凝固蛋白质，导致微生物死亡，属于中效消毒剂，可杀灭细菌繁殖体，破坏多数亲脂性病毒，如单纯疱疹病毒、乙型肝炎病毒、人类免疫缺陷病毒等。醇类杀灭微生物作用也可受有机物影响，而且由于易挥发，应采用浸泡消毒或反复擦拭以保证其作用时间。醇类常作为某些消毒剂的溶剂，而且有增效作用，常用浓度为 75%。据国外报道：80% 乙醇对病毒具有良好的灭活作用。近年来，国内外出现了许多复合醇消毒剂，这些产品多用于手部皮肤消毒。

乙醇（C_2H_5OH），俗称酒精。它的水溶液具有特殊的、令人愉快的香味，并略带刺激性。医疗上也常用体积分数为 70% ~ 75% 的乙醇作为消毒剂。为什么用 70% ~ 75% 的酒精而不用纯酒精消毒呢？这是因为酒精浓度越高，使蛋白质凝固的作用越强。当高浓度的酒精与细菌接触时，就能使菌体表面迅速凝固，形成一层包膜，阻止了酒精继续向菌体内部渗透，细菌内部的细胞不能被彻底杀死，包膜内的细胞可能将包膜冲破重新复活。因此，使用浓酒精达不到消毒杀菌的目的。如果使用 70% ~ 75% 的酒精，则既能使组成细菌的蛋白质凝固，又不形成包膜，而能使酒精继续向内部渗透，使其彻底消毒杀菌。经实验证实，若酒精的浓度低于 70%，也不能彻底杀死细菌。

8. 环氧乙烷

环氧乙烷又名氧化乙烯，属于高效消毒剂，可杀灭所有微生物。由于它的穿透力强，常将其用于皮革、塑料、医疗器械、医疗用品的消毒或灭菌，而且对大多数物品无损害，也可用于精密仪器、贵重物品的消毒。因其对纸张色彩无影响，有时用于书籍、文字档案材料的消毒。

9. 表面活性剂类消毒剂

双胍类消毒剂属于阳离子表面活性剂，具有杀菌和去污作用，医院里一般用于非关键物品的清洁消毒，也可用于手消毒。将其溶于乙醇后可增强其杀菌效果，也可作为皮肤消毒剂。由于这类化合物可以改变细菌细胞膜的通透性，常将它们与其他消毒剂复配以提高其杀菌效果和杀菌速度。

洗必泰（氯己定、双氯苯双胍己烷）具有相当强的广谱抑菌、杀菌作用，是一种较好的杀菌消毒剂，可杀灭革兰氏阳性与阴性细菌繁殖体（如大肠杆菌、金黄色葡萄球菌、肺炎杆菌），也能杀死部分真菌，不能杀死结核杆菌、乙型肝炎病毒、细菌芽孢。洗必泰属于阳离子消毒剂，与阴离子洗涤剂、肥皂有拮抗作用，不能同时使用。

新洁尔灭（十二烷基二甲基苄基溴化铵），别名为苯扎溴铵、溴化苄烷铵，是季铵盐型阳离子表面活性剂，能改变细菌胞浆膜通透性，使菌体胞浆物质外渗，阻碍其代谢而起杀灭作用，对革兰氏阳性细菌作用较强，但对绿脓杆菌、抗酸杆菌和细菌芽孢无效，能与蛋白质迅速结合，若有血、棉花、纤维素和有机物存在，作用显著降低，对 0.1% 以下浓度皮肤无刺激性，主要用于手术前皮肤消毒、黏膜和伤口消毒、手术器械消毒。常用的"邦迪牌创可贴"使用的就是苯扎氯铵，本品禁止与普通肥皂混用，不适用于膀胱镜、眼科器械、橡胶及铝制品的消毒。

二、杀虫剂

（一）家用杀虫剂的种类

杀虫剂是指用来预防或杀灭蚊、蝇、蚁、蚤、蟑螂、螨、蜱、鼠、衣物蛀虫等害虫的药剂，主要有蚊香类、烟片剂、气雾剂、喷射剂、饵剂、球剂、片剂等剂型，一年四季皆有使用。这类杀虫剂与保护农林作物、杀灭农林害虫的杀虫剂不同，它直接作用于人类居住的环境，有的甚至长时间与人接触（如用于室内的空间喷洒剂、滞留喷洒剂、蚊帐浸泡剂等），其保护对象是人。因此对这种杀虫剂的要求除了具有农林用杀虫剂的要求外，尚有更高的要求。所以，目前家用杀虫剂大多数为低毒级，少数为中等毒性，不用高毒，禁用剧毒。根据其成分与属性可分为以下几种。

（1）有机氯类　有机氯类是最早用于卫生害虫防治的一类农药。六六六、DDT等过去在除害灭病中起到了重要作用。由于该类农药毒性大，高残留，对环境及人的危害性大，现在大部分已停用。国家目前许可生产的唯一有机氯类杀虫剂是三氯杀虫酯（7504），毒性属于低毒，目前主要应用于灭蚊片、灭蚊烟熏纸。

（2）有机磷类　此类杀虫剂合成于20世纪40年代，具有广谱、高效、低残留、合成简单、价格便宜的特点，20世纪50年代被推广应用于卫生害虫杀灭，是使用量最大的一类杀虫剂。其杀虫机理是抑制胆碱酯酶活性，使害虫中毒。有机磷杀虫剂的缺点是对人畜毒性一般较大，残效期短，在外界或动物体内易被降解；在碱性条件下易分解失效（敌百虫除外），在长期贮存过程中，有些有机磷杀虫剂可逐渐分解而失效。有机磷杀虫剂的某些品种对人畜高毒，使用过程中稍有不当，就会发生中毒事故。

（3）氨基甲酸酯类　此类化合物是20世纪50年代发展起来的有机合成杀虫剂，其产量和使用量仅次于有机磷类。常用品种主要有仲丁威（巴沙）、残杀威。仲丁威多与有机磷、拟除虫菊酯类杀虫剂混配使用，可大大提高毒效和击倒速度，还用于蚊香、电热蚊香中。残杀威对蟑螂有较好的防治效果，其1%粉剂、20%乳油及1%毒饵被广泛用于蟑螂防治，且经常以1%浓度在喷射剂和气雾剂中使用。

（4）拟除虫菊酯类　一类仿生合成的杀虫剂，是改变天然除虫菊酯的化学结构衍生的合成酯类。天然除虫菊酯是古老的植物性杀虫剂，是除虫菊花的有效成分。其主要特点：杀虫活性高，比一般的有机磷、氨基甲酸酯杀虫活性要高1～2个数量级；击倒速度快；杀虫谱广；对人畜低毒。目前作为家庭卫生用杀虫剂的原药大多数是这类农药。用于卫生害虫防治的拟除虫菊酯类杀虫剂主要有丙烯菊酯、胺菊酯、氯氰菊酯、溴氰菊酯等。胺菊酯是气雾剂、喷射剂的主剂；氯氰菊酯、溴氰菊酯主要加工成可湿性粉和胶悬剂，少数用于气雾剂；丙烯菊酯大多数用于蚊香和电热蚊香，少量用在气雾剂和喷射剂中。

（5）生物杀虫剂及昆虫生长调节剂　生物杀虫剂主要是球形芽孢杆菌和苏云金杆菌，这类杀虫剂不易产生抗药性，不污染环境，对蚊幼虫有一定的防治效果。昆虫生长调节剂主要是乙酰甲胺磷与灭幼脲混配的毒饵，用于蟑螂的防治。

（二）常见家用杀虫剂

由于原药杀虫有效成分含量高，除少数品种可直接用于熏蒸或超低容量喷洒外，很少直接使用，需加工成各种剂型才能使用。剂型加工的目的：改进杀虫剂的物理性状，以适合不同场所、不同防治对象；提高药效，增加安全性；延缓抗药性产生，延长药物使用寿命，扩大使用范围；增强产品的市场竞争力。目前生产和使用的剂型有粉剂、可湿性粉剂、胶悬剂、喷射剂（包括油剂、酊剂、水性乳剂、乳油）、气雾剂、盘式蚊香、电热蚊香、毒饵、粘捕剂、烟剂、杀虫涂料驱避剂等。家庭常用的卫生杀虫剂有以下几种、

1. 蚊香和电热蚊香

主要用于室内驱杀成蚊。传统的蚊香有线香和盘香两种。电热蚊香包括电热片蚊香、电热液体蚊香和电热固液蚊香。

蚊香的成分有：有机磷类（敌百虫、毒死蜱、害虫敌）、氨基甲酸酯类（残杀威、混灭威）、菊酯类（氯氰菊酯、丙炔菊酯、丙烯菊酯、ES生物菊酯），其中有机磷类毒性最大，菊酯类毒性最弱。这些成分多数属于低毒农药。早在2004年蚊香和杀虫剂就被列入农药管理范围，对蚊香的毒性作了强制规定。所以，蚊香等驱蚊产品属于大农药的范畴。蚊香盘香

的载体是木屑，而电蚊香的载体则是碳氢化合物。蚊香盘香燃烧的烟里含有 4 类对人体有害的物质，即超细微粒（直径小于 2.5 微米的颗粒物质）、多环芳香烃（PAHs）、羰基化合物（如甲醛和乙醛）和苯。同时，除了这 4 类明显的有害物质外，蚊香中还有大量的有机填料、黏合剂、染料和其他添加剂，才能使蚊香可以无焰闷烧。所以蚊香盘香只适合在室外、阳台等处使用。片型电蚊香和液体电蚊香污染较小，适合室内使用。

2. 气雾杀虫剂

气雾杀虫剂是指杀虫剂的原液和抛射剂一同装封在带有阀门的耐压罐中，使用时以雾状形式喷射出杀虫制剂原液。喷射出来的微小雾粒是气溶胶。喷雾剂不是用抛射剂而是利用手工压气来喷射的。由于此类杀虫剂杀灭效果好，便于携带、使用、储存，具有奏效迅速、准确等优点而得到迅速发展。气雾杀虫剂的主要成分是拟除虫菊酯，这是一种高效、低毒、残留量低且能降解的杀虫剂，而且拟除虫菊酯的含量仅占总量的 0.2% ~ 0.8%，对蚊虫具有驱避、击倒和毒杀三种作用。但若经呼吸道、消化道和皮肤进入人体内，可能对神经系统产生毒副作用。使用气雾杀虫剂应注意以下几点。

（1）在房间内使用时，应先关闭门窗，喷完后，人要立即离开房间，等一段时间后打开门窗，等气味散尽后再进入房间。

（2）喷药的数量要适量。气雾剂的罐体内压力较大时，12 平方米的房间，只需喷 5 ~ 10s 即可。

（3）喷药时切勿将药液喷到皮肤上或衣物上，万一皮肤不慎沾到杀虫剂，应立即清洗。

（4）不要倒置喷射，不能朝着人体、厨灶及食品喷射。

（5）气雾剂为易燃品，应放置在阴凉处，远离火源及热源。

3. 衣物防蛀剂

为了防止毛料服装、毛衣、皮衣等在储存时被虫蛀、发霉，常选用防蛀剂。市场上常见的防蛀剂有卫生球、樟脑丸、樟脑精块（片）等。

（1）卫生球　是用精萘压制成的。萘具有较大的毒性，轻者会刺激人的皮肤，或使人头痛、恶心、食欲减退等；重者可引起肾脏损害和溶血性贫血，特别是有红细胞酶遗传缺陷的小儿更易发生溶血性贫血。萘被列为人类的可能致癌物之一，经常接触萘有一定的致癌风险。早在 1993 年，国家市场监督管理总局已明令禁止以萘丸冒充樟脑丸。

（2）对二氯苯（$C_6H_4Cl_2$）　这种防蛀剂因为防蛀防霉效果好，不仅用于普通百姓家里，而且在许多标本馆、档案馆、图书馆、仓库等处也被广泛使用。但是对于它的安全性却存在争议。对二氯苯是合成的有机化合物，人体可经呼吸道吸入，食用被其污染的食物以及局部皮肤接触会引起中毒。对二氯苯致人中毒，轻者会让人头晕、呕吐、出现呼吸道刺激反应、皮肤过敏，重者会引起人肝脏和肾脏损害、溶血性贫血，或致多发性神经炎等。对二氯苯被列为人类的可能致癌物。1992 年我国发布的《常用危险化学品的分类及标志》中，将对二氯苯列为第六类有毒品。

1999 年国家环境保护总局发布的《环境标志产品技术要求——安全型防虫蛀剂》中明确提出以樟脑或拟除虫菊酯为原料生产的防蛀剂产品中不得含有对二氯苯。

（3）以拟除虫菊酯为原料的产品　其特点是对昆虫胃杀、触杀，有高效的杀灭作用，对哺乳动物和人的毒性很低，残留量也低，在环境中易降解，而且不会损伤衣物纤维，对色泽无影响，是比较理想的防蛀剂。

（4）以天然樟脑为原料制成的樟脑丸、樟脑片等　将 50 年以上树龄的樟木经蒸气蒸馏，用得到的樟油制成樟脑，对人无毒害，能驱逐蛀虫，是比较安全的防蛀剂。它极易升华，能使周围环境受到樟脑气味的污染，还能使白色的丝绸织物变黄。因天然樟脑用途广泛但资源有限，因而价格较高，所以常用合成樟脑替代。合成樟脑是用由天然松脂提取的松节油加工而成的，虽然对皮肤黏膜有刺激性，但不会致人中毒，也不会致癌。

这些防蛀剂均为挥发性有机化合物，其特点是具有程度不等的浓烈气味，以挥发气体的方式对蠹虫进行驱杀。天然樟脑作为防蛀剂是安全的。樟脑精块（片）的性状与萘和对二氯苯的区别在于：樟脑精块是光滑无色或白色的半透明结晶块，气味清香，相比密度小，能浮于水面；萘和对二氯苯呈白色（市售的对二氯苯产品也有彩色的），不透明，气味刺鼻，相比密度大，能沉于水中。对于防蛀剂也应该注意正确使用。

① 给衣物使用防蛀剂要适量，不是越多越好。

② 将衣物连同防蛀剂放置在密闭的箱子内（可用塑料整理箱），并在箱子的接缝处用胶条封闭，防止防蛀剂气体外逸到室内空气中。

③ 启用衣物时，要在室外打开箱子使防蛀剂挥发掉，同时衣物应挂在室外充分晾晒。

④ 小儿衣物不要使用防蛀剂。

⑤ 防蛀剂应装在封口瓶内储存，放在小孩拿不到的地方。

4. 卫生香和空气清新剂

卫生香是人们用各种木粉、炭粉按一定比例加入各种香料以及中草药制成的，形状有饼、棒、球、线、盘等，点燃之后会释放出香气，可作为熏屋熏衣、防虫驱瘟、香化环境、调理身心的一种生活用品。现代生活中发展成香薰疗法，使用植物精油提升身体和精神疗效。

卫生香可以杀菌、驱除瘴气、赶走蚊蝇、净化空气，并且对人体基本没有伤害。

空气清新剂是由乙醇、香精、去离子水等成分组成的，通过散发香味来掩盖异味。由于携带方便、使用简单以及价格便宜，空气清新剂成为不少司机朋友净化车内空气的首选，它的工作原理也很简单，就是通过化学反应达到除臭目的和使用强烈的芳香物质隐蔽臭气，因此很多空气清新剂事实上并没有将车内的异味清除。空气清新剂最明显的缺点是其所含的成分可能对人体有害。乙醇、香精等物质在空气中化学分解之后产生的气体，会加剧封闭空间内空气的污染程度，长期使用对人体会产生不良刺激。另外，空气清新剂里含有的芳香剂对人的神经系统还会产生危害，刺激呼吸道黏膜等，长期使用还可能致癌。专家提醒，空气清新剂不能杀灭空气中的细菌，不可以作为消毒产品使用。

第四节　文化用品

一、文房四宝

"文房四宝"是中国独具特色的文书工具，即笔、墨、纸、砚。文房四宝之名，起源于南北朝时期。自宋朝以来"文房四宝"则特指湖笔（浙江省湖州）、徽墨（徽州，现安徽歙县）、宣纸（现安徽省泾县，泾县古属宁国府，产纸以府治宣城为名）、端砚（现广东省肇庆，古称端州）和歙砚（现安徽歙县）。

1. 笔

笔是供书写或绘画用的工具，多通过笔尖将带有颜色的固体或液体（墨水）在纸上或其他固体表面绘制符号或图画，也有利用固体笔尖的硬度比书写表面大的特性在表面刻出符号或图画。在中国，早在3000多年以前的商代就使用毛笔写字绘画。北宋著名的书画家苏东坡有名句："信手拈来世已惊，三江滚滚笔头倾"，足见"笔"的重要性。古希腊、古罗马曾在木板面上涂蜡，然后用铁棒在蜡面上划写。古代埃及和波斯曾将芦苇秆削尖当笔使用。从中世纪开始，在欧美则是使用芦苇笔或鹅毛笔。到19世纪80年代中期在羽毛笔的基础上发明了钢笔之后，钢笔迅速替代传统的羽毛笔而成为20世纪主要的书写工具。进入20世纪90年代中后期，电脑、打印机与网络迅速普及，在很大程度上取代了钢笔的书写功能，而且性能更加优良的圆珠笔被广泛运用，也挤占了钢笔的市场占有率。现今普遍使用的是签字笔和圆珠笔，绘制艺术底稿和画图则多用铅笔。

根据笔的不同用途可以分为以下几种类型。

（1）毛笔　根据笔毛的来源不同，毛笔可分为羊毫（软毫）笔、狼毫（硬毫）笔、兼毫笔和胎毛笔4种。其中羊毫大部分是用兔毛制作的，质软、弹性弱，写出的字浑厚丰满；狼毫用黄鼠狼尾巴上的毛制成，质硬、富有弹性，适于写挺拔刚劲的楷体字；兼毫用软毫和硬毫按一定比例混合制成，软硬居中；胎毛笔使用的是婴儿的毛发。因毛发的主要成分为蛋白质，易被虫蛀，所以写完字后要及时洗净余墨，套好笔帽存放于阴凉、干燥处。新买的毛笔笔尖上有胶，应用清水把笔毛浸开，将胶质洗净再蘸墨写字。暂时不用的毛笔应置于阴凉通风处，久置不用的毛笔最好在靠近笔毛处放置樟脑球以防虫蛀。

（2）铅笔　1761年，德国化学家法伯用水冲洗石墨，使石墨变成石墨粉，然后同硫黄、锑、松香混合，再将这种混合物做成条状，这就是最早的铅笔。常见的铅笔有两种：一种是用木材固定铅笔芯的铅笔；一种是把铅笔芯装入细长塑料管并可移动的自动铅笔。铅笔芯是由石墨掺和一定比例的黏土制成的，当掺入黏土较多时铅笔芯硬度增大，笔上标有"Hard"的首写字母H。反之，则石墨的比例增大，硬度减小，黑色增强，笔上标有"Black"的首写字母B。所以一般用"H"表示硬质铅笔，"B"表示软质铅笔，"HB"表示软硬适中的铅笔，"F"表示硬度在HB和H之间的铅笔。其由软至硬分别有9B、8B、7B、6B、5B、4B、3B、2B、B、HB、F、H、2H、3H、4H、5H、6H、7H、8H、9H、10H等硬度等级。儿童学习、写字适用软硬适中的HB铅笔，绘图常用6H铅笔，而2B、6B铅笔常用于画画、填涂答题卡。

（3）钢笔　笔头用各含5%～10%的Cr、Ni合金组成的特种钢制成的笔。铬镍钢抗腐蚀性强，不易氧化，是一种不锈钢。钢笔有蘸水钢笔和自来水钢笔两类。

钢笔中最昂贵的是金笔。金笔的笔头用黄金的合金制成，笔尖用铱的合金制成。我国生产的金笔有两种：一种含Au 58.33%，Ag 20.835%，Cu 20.835%，通常称为14K；另一种含Au 50%，Ag 25%，Cu 25%，俗称五成金，也称12K。金笔经久耐磨，书写流利，耐腐蚀性强，书写时弹性好，是一种很理想的硬笔。2011年广州出现过售价高达16.8万的用18K金纯手工打造的"派克金笔"。

钢笔中较经济实用的是铱金笔。铱金笔的笔头用铱（Ir）的合金制成。该笔既有较好的耐腐蚀性和弹性，也有经久耐用的特点，深受广大消费者的喜爱。

（4）圆珠笔　使用干稠性油墨，笔尖是个小钢珠，把小钢珠嵌入一个小圆柱体形铜制的碗内，后连接装有油墨的塑料管，油墨随钢珠转动由四周流下。这种笔比一般钢笔坚固耐用，但保管不当将导致不能书写，是因为油墨干后黏结在钢珠周围阻碍油墨流出。圆珠笔有一个很大的缺点：它写出来的字起初很清晰，可是经不起时间的考验，时间一久，字迹就会慢慢地模糊起来。这是因为圆珠笔的油墨是用染料和蓖麻油制成的。油与水不一样，它很不容易干，日子久了，油就会慢慢地在纸上浸开去，字迹就会变得模糊。如果想要把字迹长久保存起来，就需要用钢笔书写。

（5）中性笔　书写介质的黏度介于水性和油性之间的圆珠笔称为中性笔，是目前比较常用的一种书写工具。中性笔兼具钢笔和圆珠笔的优点，书写手感舒适，油墨黏度较低，并增加容易润滑的物质，因而比普通油性圆珠笔更加顺滑，是油性圆珠笔的升级换代产品。中性笔内的液体既不同于钢笔墨水的水性液体，又不同于圆珠笔芯内的油性液体，而是一种有机颜料与尾端锂基酯混合的液体，所以被称为中性笔。中性笔内装的有机溶剂的黏度比油性笔墨低、比水性笔墨高，书写时，墨水经过笔尖，便会由半固态转成液态墨水。中性笔墨水最大的优点是每一滴墨水均是使用在笔尖上，不会挥发、漏水，因而可提供如丝一般的滑顺书写感，墨水流动顺畅稳定。

（6）粉笔　粉笔一般用于在黑板上书写。古代的粉笔通常用天然的白垩制成。现在，国内使用的粉笔主要有普通粉笔和无尘粉笔两种，其主要成分均为碳酸钙（石灰石）和硫酸钙（石膏），或含少量的氧化钙。也可加入各种颜料做成彩色粉笔。在制作过程中把生石膏加热到一定温度，使其部分脱水变成熟石膏，然后将熟石膏加水搅拌成糊状，灌入模型凝固而成粉笔。生石膏变成熟石膏的反应为（需要加热）：

$$2CaSO_4 \cdot 2H_2O \xrightarrow{\triangle} 2CaSO_4 \cdot H_2O + 3H_2O$$

熟石膏加水变成生石膏的反应为（常温即可）：

$$2CaSO_4 \cdot H_2O + 3H_2O == 2CaSO_4 \cdot 2H_2O$$

粉笔在使用过程中常会产生大量粉尘，长时间飘浮在空气中，严重污染室内空气，危害师生的身心健康，危害具有现代特征的现代教具如幻灯机、投影机、电脑以及实验室的重要设备，影响这些设备的性能、使用质量和寿命。同时由于粉笔大量使用必然需要开采大量的石灰石矿和石膏矿，这样会造成环境污染和生态的破坏。

2. 墨

墨分为块墨、墨水和油墨三种。

（1）块墨　块墨在我国已有 4700 年左右的历史。制块墨的主要原料为炭墨烟、动物胶、防腐添加剂。炭墨烟是利用有机碳氢化合物不完全燃烧产生黑烟，将黑烟收集而成的，由于燃烧的原料不同，可分为松烟、油烟、漆烟和工业炭黑等四种。松烟是以松枝燃烧而成的，松烟墨的墨色深重，缺乏光泽。人们曾采用菜油、豆油、猪油、皂青油、麻油、桐油烟造墨即油烟制墨，其中以桐油 $[CH_3(CH_2)_3(CH=CH)_3(CH_2)_7COOH]$ 为主要成分炼烟为墨写成的字，墨色黑润而光亮，经久不褪。漆烟则是以燃烧桐油和一定数量的漆而成的，其字迹特别有光泽，颇得人们青睐。工业炭黑为矿物油经燃烧提炼而成，品质较差。动物胶是从动物的皮或骨中提取的一种胶原蛋白质，其作用是使炭墨的微粒黏合在一起，便于制成块状，使书写的字迹牢固。防腐添加剂的作用是防止动物胶生霉，改善气味、色泽或黏度。常用于防腐及改善气味、色泽的有麝香、丁香、檀香、藿香、朱砂、雌黄、珍珠粉、蛋白、生漆、当归、皂角水等。块墨如著名的徽墨，属于文房四宝中的一宝。

徽墨是以松烟、桐油烟、漆烟、动物胶为主要原料制作而成的一种主要供传统书法、绘画使用的特种颜料。经点烟、和料、压磨、晾干、挫边、描金、装盒等工序精制而成，成品具有色泽黑润、坚而有光、入纸不晕、舔笔不胶、经久徽墨不褪、馨香浓郁、防蛀等特点。其正面镌绘名家的书画图案，美观典雅，是书画艺术的珍品。有高、中、低三种规格。高档墨有超顶漆烟、桐油烟、特级松烟等。超顶墨能分出浓淡层次，落纸如漆。

历代徽墨品种繁多，主要有漆烟、油烟、松烟、全烟、净烟、减胶、加香等。高档漆烟墨，是用桐油烟、麝香、冰片、金箔、珍珠粉等10余种名贵材料制成的。徽墨集绘画、书法、雕刻、造型等艺术于一体，使墨本身成为一种综合性的艺术珍品。徽墨制作技艺复杂，不同流派各有自己独特的制作技艺，秘不外传。徽墨制作配方和工艺非常讲究，"廷之墨，松烟一斤之中，用珍珠三两，玉屑龙脑各一两，同时和以生漆捣十万杵"。因此，"得其墨而藏者不下五六十年，胶败而墨调。其坚如玉，其纹如犀"。正因为有独特的配方和精湛的制作工艺，徽墨素有拈来轻、磨来清、嗅来馨、坚如玉、研无声、一点如漆、万载存真的美誉。

把块墨加水在砚台上磨成汁即成墨汁。由于碳的化学性质稳定，故字画可长久保存。

（2）墨水　为了满足书写或印刷的一些特殊要求，人们逐渐发明或制造了适合特定用途的各种墨水。凡是用来表现文字或符号的一切液体都可统称为墨水。

常用书写墨水有：蓝黑墨水（主要成分是染料、单宁酸、没食子酸及硫酸亚铁，特点是书写后色泽由蓝变黑，字迹悦目、牢固）、纯蓝墨水（主要成分是染料、苯酚、甘油等，特点是色泽纯蓝，字迹鲜艳悦目，对酸稳定，遇碱变色，不适于书写档案文件）、黑色墨水（主要成分是染料、苯酚、乙二醇等，特点是呈碱性，字迹深黑醒目，适宜金笔和蘸水笔用，适合记账、登记卡片、写笔记和信件）、碳素墨水（主要成分是炭黑、苯酚、甘油、乙二醇等，特点是字迹坚牢、耐水，永不褪色，供书写档案用，现今使用广泛的针管笔使用的就是这种墨水）。

隐形墨水除了应用化学变化中的酸碱中和原理之外，还可利用其他化学反应，如沉淀反应、氧化还原、催化反应等。将酸碱指示剂如滴2滴酚酞溶液于酸性溶液（如0.1mol/L HCl）中，并利用毛刷蘸酸性溶液将滤纸涂满，待干后再利用毛笔蘸取碱性溶液（如0.5mol/L NaOH）作为隐形墨水（无色透明），并在滤纸上写字，便会在白色滤纸上出现粉红色字。

（3）油墨　油墨是具有一定流动度的浆状胶黏体。印刷油墨是一种为印刷服务的工业性产品，可用于印刷报刊、书籍、杂志、画报、钞票和邮票等。几乎所有的物质，如纸张、塑料、玻璃、木材、布匹、尼龙、皮革和金属等均可用油墨印刷。油墨主要由色料、联结料、助剂和溶剂等组成。色料包括颜料和染料。色料能给油墨以不同的颜色和色浓度，并使油墨具有一定的黏稠度和干燥性，常用的是偶氮系、酞菁系颜料。联结料由少量天然树脂、合成树脂、纤维素、橡胶衍生物等溶于干性油或溶剂中制得，它有一定的流动性，使油墨在印刷后形成均匀的薄层，干燥后形成有一定强度的膜层，并对颜料起保护作用，使其难以脱落。助剂主要有填充剂、稀释剂、防结皮剂、防反印剂、增滑剂等。

油墨中含有大量的铅、汞等重金属，主要来源于油墨中的颜料和助剂，重金属对人体的损害在前面已有介绍。印刷油墨中常使用一些芳香烃类溶剂，如甲苯、二甲苯等，它们会伴随油墨的干燥挥发到空气中去污染空气，而且毒性很大，会致癌，对印刷工人的健康会造成损害。油墨中还含有一种叫多氯联苯的有毒物质，它的化学结构跟DDT差不多。如果用报纸包食品，这种物质便会渗到食品上，然后随食物进入人体。多氯联苯的化学性质相当稳定，进入人体后易被吸收并蓄积很难排出体外。如果人体内多氯联苯达0.5～2g就会引起中毒。轻者眼皮发肿，手掌出汗，全身起红疙瘩；重者恶心呕吐，肝功能异常，全身肌肉酸痛，咳嗽不止，甚至导致死亡。

3. 纸

造纸术是我国四大发明之一。据考证，我国自西汉以来就开始造纸，其中由植物纤维制成的灞桥纸是目前世界上发现的最早的纸之一。东汉蔡伦改革并推广了造纸术，纸进一步发展和传播。古代用纸在纸的品类中属于古纸和手造纸，都是由木浆经过不同的加工方式得到。而木浆的主要组成即植物纤维，其中除了含有纤维素$[(C_6H_{10}O_5)]_n$、半纤维素和木质素$[C_9H_{7.41}O_{3.72}(OCH_3)_{1.74}]$这三大主要成分外，还有少量的树脂、灰分以及硫酸钠等辅助成分。纤维素是一种复杂的多糖，由8000～10 000个葡萄糖残基通过β-1，4-糖苷键连接而成（图2-5）。它是世界上最丰富的天然有机物，占植物界碳含量的50%以上。半纤维素是一类化学性质介于糖（淀粉）和纤维素之间的物质。灰分是植物纤维原料中的无机盐类，主要是钾、钠、钙、镁、硫、磷、硅的盐类。

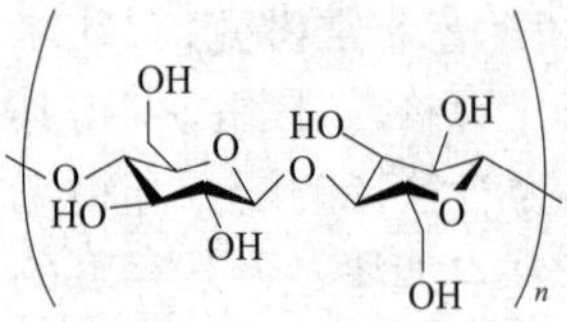

图2-5 纤维素的结构

造纸工业中，一般经过化学制浆（除去木质素）、打浆，并加入胶、染料、填料（如松香胶、白陶土、石蜡胶、硫酸铝、滑石粉、硫酸钡）等工序制成纸。纸的实用功能以书写和印刷为主，要求纤维细腻、均匀，填料精致、平整，以防洇水；还可制各种纸制品，主要有餐具、实验服、连衣裙、袜子、家具、壁纸等。不同的纸，其原料和制造工艺也不同。

按原料不同，一般可将纸分为木浆纸、棉浆纸、竹浆纸、草浆纸和混配浆纸；按色泽可分为本色纸、白色纸和彩色纸；按包装可分为平板纸和卷筒纸；按用途可分为印刷用纸、书写用纸、绘图绘画用纸、宣传用纸、生活用纸和包装用纸等。

宣纸是中国传统的古典书画用纸，是传统造纸工艺之一，原产于安徽省宣城泾县，以府治宣城为名，故称"宣纸"。宣纸具有"韧而能润、光而不滑、洁白稠密、纹理纯净、搓折无损、润墨性强"等特点，并有独特的渗透、润滑性能。写字则骨神兼备，作画则神采飞扬，成为最能体现中国艺术风格的书画纸，所谓"墨分五色"，即一笔落成，深浅浓淡，纹理可见，墨韵清晰，层次分明，这是书画家利用宣纸的润墨性，控制了水墨比例，运笔疾徐有致而达到的一种艺术效果。再加上其耐老化、不变色、少虫蛀、寿命长等优点，故有"纸中之王、千年寿纸"的誉称。宣纸除了题诗作画外，还是书写外交照会、保存高级档案和史料的最佳用纸。我国流传至今的大量古籍珍本、名家书画墨迹都用宣纸保存。

根据不同纸材添加不同的填料可以制成有特殊功能的纸（图2-6）。例如，铜系抗菌纸就是将铜离子复合在聚丙烯腈（俗称腈纶）的单体丙烯腈上，制得改性腈纶复合纤维，然后再将改性腈纶配加到植物纤维中，即可制得抗菌纸。复写纸是将一种易于脱离的油溶性涂料在韧薄的纸上晾干而成的。复写纸的颜色取决于所用的涂料颜色，一般有黑、蓝、红等几种，可供书写和打印一式多份的文件、报表及写单据、开发票等。再如晒图纸，是一种化学涂料加工纸，专供各种工程设计、机械制造晒图之用，在原纸中加入感光涂料即可制得。还有一种水写显色纸，是在纸上涂以着色底层涂料，再以白色涂料罩面，能以水代墨书写显色的加工纸，可供学习毛笔书画使用，有干净方便、节约纸张和墨水、提高兴趣等优点。

钞票用纸均采用坚韧、光洁、挺括、耐磨的印钞专用纸。这种纸经久耐用，不起毛、耐折、不断裂。其造纸原料以长纤维的棉、麻为主。有的国家还在纸浆中加入了本国特有的物产，如日本的印钞纸浆中有三桠皮成分；法国法郎印钞纸浆专用阿列河的河水等。

在印钞技术中常用的纸张有以下几类。

图 2-6 各种特殊用途的纸

① 水印纸 应用铸模机制成的具有浮雕形的、可透视的、可触摸的图像、条码等的纸张。造纸过程中，在丝网上安装事先设计好的水印图文印版，或通过印刷滚筒压制而成。由于图文高低不同，使纸浆形成厚薄不同的相应密度。成纸后因图文处纸浆的密度不同，其透光度有差异，故透光观察时，可显出原设计的图文，这些图文即为水印。

② 化学水印纸 将化学物质印刷在纸上所制成的水印纸。

③ 超薄纸 表层具有不同颜色、可用来防止擦去数字或签名等的防伪用纸，也称低强度纸。

④ 防伪嵌入物 纸张中加有或涂敷具有防伪作用的小圆片、微粒、纤维、丝带、全息图、带有文字的半透明窄条等。

4. 砚

砚是磨墨的工具，从问世至今已有四五千年的历史。砚可分为端州砚、歙州砚等，其中端砚、歙砚、洮河砚、澄泥砚被称为中国的"四大名砚"。砚石的化学成分因产地不同而有所区别，但主要化学成分均为硅酸盐（二氧化硅和氧化铝）。如歙砚石为板岩和粉砂板岩，结构为层状结构，其主要物质有绢云母及隐晶质（70% ~ 90%）、碳质、金属矿物质、粉砂等，主要化学成分是二氧化硅和氧化铝。端砚石的化学成分为二氧化硅（约 17%），三氧化二铝（约 15%），三氧化二铁（约 3%），氧化钙（约 27%），氧化镁（约 6%）。随着社会的进步，科学技术的发展，墨汁的出现，逐渐代替了研墨，砚的实用性正在逐渐弱化，人们越来越注重砚的观赏性，砚已成为集实用、观赏、收藏于一体的高档工艺品。世界上最贵的砚台是 2009 年成都"非遗节"上展出的耑却砚，名叫"九龙至尊"（图 2-7），标价高达 13.9 亿元。

图 2-7 最贵的砚台"九龙至尊"

二、其他

1. 橡皮

橡皮是用橡胶制成的文具，能擦掉石墨或墨水的痕迹。橡皮的种类繁多，形状和色彩各异，有普通的橡皮，也有绘画用 2B、4B、6B 等型号的美术专用橡皮，以及可塑橡皮等。1770 年，英国化学家普里斯特利发现橡胶可用来擦去铅笔字迹，当时将这种用途的材料称为"rubber"，此词一直沿用至今。橡皮的原料是橡胶或塑胶。橡胶的分子链可以交联，交联后的橡胶受外力作用发生变形时，具有迅速复原的能力，并具有良好的物理力学性能和化学稳定性。塑胶是由高分子合成树脂（聚合物）为主要成分渗入各种辅助料或添加剂而制成的，在特定温度、压力下具有可塑性和流动性，可被模塑成一定形状，且在一定条件下保持形状不变。

一些样式时尚的橡皮散发着刺鼻的香味，但深受小学生的喜欢。这种香味常常是添加了各种各样的合成香精和有机溶剂，主要含有苯、甲醛、苯酚等有害化学物质。这些有机溶剂通过挥发进入人体，刺激呼吸道的黏膜，严重时会对孩子的神经系统和血液系统造成伤害，使孩子们出现头晕、恶心、失眠等不适症状。

2. 涂改液（修正液、修正带）

涂改液、修正液是一种白色不透明颜料，涂在纸上以遮盖错字，干后可于其上重新书写，于1951年由美国人贝蒂·奈史密斯·格莱姆发明，主要成分是钛白粉、三氯乙烷、甲基环己烷、环己烷等（表2-2）。涂改液使用方便，覆盖力很强，挥发性也比较快，很受学生的青睐。涂改液中含有铅、苯、钡等对人体有害的化学物质，挥发性强，如被吸入人体或黏在皮肤上，将引起慢性中毒，从而危害人体健康，如长期使用将破坏人体的免疫功能，可能会导致白血病等并发症。

表2-2　涂改液中各成分的性质

成分	三氯乙烷	甲基环己烷	环己烷
易燃	×	√	√
作为主要溶剂	早期	近期	近期
快干	√	×	×
破坏臭氧层	√	×	×
误食毒性	轻	轻	轻
刺激部位	眼睛、皮肤、呼吸道	眼睛、皮肤、呼吸道	眼睛、皮肤、黏膜系统
吸入造成的危害	轻至中度	中度	轻至中度
中毒症状	可致癌，引起心脏痉挛	头痛、呕吐、昏迷	影响中枢神经系统

修正带，一种白色不透明颜料，将错字上涂少量修正带以遮盖错字，可立即于其上重新书写，类似于修正液。主要成分为钛白粉、树脂、聚苯乙烯、自粘胶、剥离纸、苯乙烯－丙烯腈共聚物。主要特性是：①快且干净，不用等，很快就可以重新书写；②环保，无异味；③修改后，能很快在干净平滑表面书写；④轻巧，便于携带；⑤修改痕迹不会在复印件或传真里显示出来用；⑥某些修正带在使用钢笔、铅笔、可擦笔的情况下会难于书写，最好使用圆珠笔。

涂改液与修正带的区别：涂改液属液体成分，可用于任何纸张，可任意涂改，但须等其干。修正带属于固体粉带，覆盖力强韧性效果特性，无须等其干。

修正带和涂改液都是化学合成物，里面或多或少会含有化学物质。个别劣质产品可能含有超标的苯，它会对肝脏、肾脏等造成慢性危害，甚至会导致白血病。而铅、铬的可溶物对人体有明显的危害，过量的铅会损害神经、造血和生殖系统，对儿童的危害尤其大，可影响儿童生长发育和智力。

3. 胶水

胶水就是能够粘接二个物体的物质。胶水中的高分子体（白胶中的醋酸乙烯是石油衍生物的一种）都是圆形粒子，一般粒子的半径是在 0.5 ~ 5μm 之间。物体的粘接，就是靠胶水中的高分子体间的拉力来实现的。在胶水中，水就是高分子体的载体，水载着高分子体慢慢地浸入物体的组织内。当胶水中的水分消失后，胶水中的高分子体就依靠相互间的拉力，将两个物体紧紧地结合在一起。在胶水的使用中，涂胶量过多就会使胶水中的高分子体相互拥挤在一起；高分子体间无法产生很好的拉力。高分子体相互拥挤，从而无法形成最强的吸引力。同时，高分子体间的水分也不容易挥发掉。这就是为什么在粘接过程中胶膜越厚，胶水的粘接效力就越差的原因。涂胶量过多时胶水起到的是"填充作用"而不是粘接作用，物体间的粘接靠的不是胶水的黏结力，而是胶水的"内聚力"。

胶水可分为液体胶和固体胶两类。

市面上的普通液体胶水，其成分基本是水，添加部分聚乙烯醇、白乳胶、硬脂酸钠、滑石粉、尿素、乙二醇、蔗糖、香精等。502 胶水的主要成分是 α-氰基丙烯酸乙酯，是无色透明、低黏度、不可燃性液体，单一成分、无溶剂，稍有刺激味、易挥发，挥发气体具弱催泪性。

固体胶，是一种以动物胶、动物胶抗凝剂、脂肪酸盐、溶剂、防腐剂为主要原料制得的固体胶，可在 -20℃ 至 40℃ 环境中用于粘贴各种纸张。添加增效剂后制得的固体胶粘贴性能明显提高。其主要特点为：原料易得，制作简单，保存期长，便于携带，使用方便，粘接牢固，适用于纸品黏结。

4. 颜料

颜料就是能使物体染上颜色的物质。颜料有可溶性和不可溶性两种，有无机和有机颜料两种。无机颜料一般是矿物性物质，人类很早就使用无机颜料，利用有色的土和矿石，在岩壁上作画和涂抹身体。有机颜料一般取自植物和海洋动物，如茜蓝、藤黄和古罗马从贝类中提炼的紫色。从应用的角度颜料可分为水粉颜料、油画颜料和国画颜料等几种。

水粉颜料泛指用水进行调和的颜料。制造水粉颜料需要有各种着色剂、填充剂、胶固剂、润湿剂、防腐剂等结合剂。着色剂：使用球磨机研磨成极细的颜料粉；填充剂：主要是各种白色颜料或小麦淀粉等；胶固剂：糊精、树胶等；润湿剂：冰糖、甘油等；防腐剂：苯酚或福尔马林。水粉颜料如果用于人体彩绘，容易造成毛孔堵塞、皮肤干燥粗糙、过敏等。此外，颜料中所含的铅、汞等重金属也会对人体造成伤害。

油画颜料是一种油画专用绘画颜料，由颜料粉加油和胶搅拌研磨而成。市场出售多为管装，亦可自制。油画颜料是以矿物、植物、动物、化学合成的色粉与调和剂亚麻油或核桃油搅拌研磨所形成的一种物质实体。它的特性是能染在别的材料或附着于某种材料上而形成一定的颜料层，这种颜料层具有一定可塑性，它能根据工具的运用而形成画家所想达到的各种形痕和肌理。油画颜料的各种色相是根据色粉的色相而决定的，油可以起到使色粉的色相稍偏深及饱和一些的作用。

国画颜料也叫中国画颜料，是用来画国画的专用颜料。销售的一般为管装和颜料块，也有颜料粉的。它一般分成矿物颜料与植物颜料两大类，从使用历史上讲，应先有矿物颜料、后有植物颜料。远古时的岩画上留下的鲜艳色泽，据化验后，发现是用了矿物颜料（如朱砂），矿物颜料的显著特点是不易褪色、色彩鲜艳，看过张大千晚年泼彩画的大多有此印象，大面积的石青、石绿、朱砂能让人精神为之一振！植物颜料主要是从树木花卉中提炼出来的。

第五节　娱乐用品

一、爆竹与鞭炮

放鞭炮贺新春，在我国已有两千多年历史。最早的爆竹，是指燃竹而爆，因竹子焚烧发出"噼噼啪啪"的响声，故称爆竹。随着火药的发明，火药爆竹取代了原来的竹节爆竹。爆竹火药配方以"1硫2硝3碳"的黑色火药为基础：硝酸钾（KNO_3）3克，硫黄（S）2克，炭粉（C）4.5克，蔗糖（$C_{12}H_{22}O_{11}$）5克，镁粉（Mg）1～2克。爆炸主要反应为：

$$S+2KNO_3+3C === K_2S+N_2+3CO_2+707kJ$$

爆炸反应的特点如下。

（1）反应极快，如1kg硝铵（NH_4NO_3）炸药反应时间为十万分之三秒，比一般气体混合物爆炸快万倍。

（2）产生大量热并导致高温。如1千克硝铵爆炸时可放出3850～4932千焦热量，温度可达2400℃～3400℃。

（3）体积急剧膨胀，并有冲击波。如1千克硝铵爆炸产生869～963升气体，远超过一般气体混合物的作用。

（4）低敏感度，即任何炸药只要外界供给一定的起爆能就会引爆，有时极微小的震动就足以达到引爆要求而无需直接点火。例如，硝化甘油（硝酸甘油酯）在160℃时，起爆能仅0.2千克·米/平方厘米。

燃放爆竹对于许多人来说是重大节庆里不可或缺的一项民俗活动，但它在给人们带来欢乐和喜庆的同时，也存在着一定的危险。在燃放时，一定要先认真阅读说明和注意事项，严格按说明书燃放，切不可在室内、阳台、商场、市场、公共娱乐场所、人员密集场所等地方燃放。爆竹属危险物品，不要一次购买过多数量，存放时应尽量选择干燥、通风的位置，不要放在客厅、卧室等有大功率家用电器的房间，也不要放在厨房等易引发火灾事故的地方。燃放爆竹时万一受伤，早期一定要迅速降低损伤处温度，用凉水冲洗或用冰块冷敷等方法处理，以减轻肿胀，防止损伤加重。冷敷后，要进行局部消毒，如有损伤，要尽快就医。

此外，燃放烟花爆竹还会污染环境。燃放后，将产生大量的二氧化硫、氮氧化物、一氧化碳等有害气体和各种无机盐、金属氧化物的粉尘。以市场上销售的100发装的筒装烟花为例，燃放后排放二氧化硫约0.5kg，相当于露天燃烧20～30kg原煤。烟花爆竹燃放产生的金属氧化物粉尘将直接影响人的呼吸系统，尤其是添加剂铜、锶等重金属粉尘影响更为巨大。此外，燃放产生的二氧化硫、氮氧化物、一氧化碳等有害气体在空气中经二次转化后，形成二次颗粒物污染，增加PM2.5浓度，表现为雾霾污染。

二、烟花

烟花即花炮、彩色烟火、礼花，常用于节日之夜，也可用作照明弹、信号弹。

1. 组成与结构

烟花由底部和顶端两部分组成。底部为一大爆竹，装黑色火药，爆炸时将顶烟花端推向空中。顶端为一圆球，装有燃烧剂（主要为黑火药）、助燃剂（主要为铝镁合金、硝酸钾、硝酸钡等，其中硝酸盐分解放出大量氧，使燃烧更旺）、发光剂（铝粉或镁粉，燃烧时放出白炽光）、发色剂（为各种金属盐，是产生色彩的关键成分）、笛音剂（高氯酸钾和苯甲酸的混合物，燃烧时发出美妙的声音）。

2. 成分

不同焰色烟花的配方见表 2-3。

表 2-3　常见焰色烟花配方

焰色	配方组成
红焰	氯酸钾 2.5 克，硫黄粉 2.5 克，木炭粉 1 克，硝酸锶 8 克
绿焰	氯酸钾 3 克，硫黄粉 1.5 克，木炭粉 0.5 克，硝酸锶 6 克
蓝焰	硫黄粉 2 克，硝酸钾 9 克，三硫化二锑 2 克
黄焰	氯酸钾 3 克，硫黄粉 12 克，木炭粉 2 克，硝酸钠 5 克
白焰	硫黄粉 3 克，木炭粉 2 克，硝酸钾 12 克，镁粉 1 克
紫焰	氯酸钾 7 克，硫黄粉 5 克，硝酸钾 7 克，蔗糖 2 克

焰色来源于高温下金属离子的焰色反应。在实验室里我们可利用焰色反应来鉴定金属离子（表 2-4）。

表 2-4　金属离子的焰色反应

离子	锂	钠	钾	铷	铯	钙	锶	钡	铜
焰色	红	黄	紫	紫红	紫红	橙红	红	黄绿	绿

除上述发色剂外，还有硝酸铯（天蓝）、硝酸铷（紫红）、氯化铊（绿）、硫酸铜（蓝）、硝酸铟（蓝靛色）等。

三、烟幕

战场上的烟幕弹、舞台上的烟幕效果，均由化学烟雾剂产生。

1. 硝酸铵法

取 3 份硝酸铵平铺于温热的石棉板上，盖 2 份锌粉，加水数滴，即产生由氧化锌固体颗粒组成的烟，反应式为：

$$NH_4NO_3 + Zn = ZnO + 2H_2O + N_2 \uparrow$$

2. 乙二醇法

将液态乙二醇（$HOCH_2CH_2OH$，沸点 198℃）密封加压，喷到已加热的电热丝上后迅速蒸发形成大量雾状蒸气。此法近年来普遍用于舞台，加入香料可去异味。

3. 五氧化二磷法

将干燥的五氧化二磷（P_2O_5）喷于空气中，因 P_2O_5 强烈吸水而呈雾状，可用于飞机作蓝天写字的特技表演。

4. 干冰法

干冰即固体二氧化碳，它有很大的饱和蒸气压，很易升华。升华时会大量吸热（25.23

千焦/摩尔），使其附近空气的温度急剧下降，因此，空气中的水汽就会凝结成雾滴在空中弥漫，犹如仙境的云雾一般。若配上各色灯光，效果更佳。

四、霓虹灯

霓虹灯是城市的美容师，每当夜幕降临时，华灯初上，五颜六色的霓虹灯就把城市装扮得格外美丽。霓虹灯是英国化学家拉姆赛在一次实验中偶然发现的。拉姆赛把一种稀有气体注射在真空玻璃管里，然后把封闭在真空玻璃管中的两个金属电极连接在高压电源上。突然，一个意外的现象发生了：注入真空管的稀有气体不但开始导电，而且发出了极其美丽的红光。这种神奇的红光使拉姆赛和他的助手惊喜不已，他们打开了霓虹世界的大门。拉姆赛把这种能够导电并且发出红色光的稀有气体命名为氖气。后来，他继续对其他一些气体导电和发出有色光的特性进行实验，相继发现了氙气能发出白色光，氩气能发出蓝色光，氦气能发出黄色光，氪气能发出深蓝色光……不同的气体能发出不同的色光，五颜六色，犹如天空美丽的彩虹（表2-5）。霓虹灯也由此得名。

由于霓虹灯管通常采用玻璃材质制作，相对复杂并且有易碎的缺点。由于采用高压变压器，往往对周边通信设备有一定的干扰。在技术发达的今天，霓虹灯被多色LED灯逐步取代，相比之下更节能安装更方便。

表 2-5　稀有气体与灯光颜色的关系

灯色	气体	玻璃管的颜色
大红	氖	无色
深红	氖	淡红
蓝	氩 80%，氖 20%（体积分数）	淡蓝
金黄	氦	淡红
绿	氩 80%，氖 20%（体积分数）	淡黄
紫	氩 5%，氖 50%（体积分数）	无色

五、荧光棒、荧光粉、反光粉

1. 荧光棒

荧光棒（图2-8）外形多为条状，荧光棒中的化学物质主要有三种：过氧化物、酯类化合物和荧光染料。荧光棒发光的原理就是过氧化物和酯类化合物发生反应，将反应后的能量传递给荧光染料，再由染料发出荧光。目前市场上常见的荧光棒中通常放置了一个玻璃管夹层，夹层内外隔离了过氧化物和酯类化合物，经过揉搓，两种化合物反应使得荧光染料发光。

图 2-8　荧光棒

2. 荧光粉（俗称夜光粉）

通常分为光致储能夜光粉和带有放射性的夜光粉两类。光致储能夜光粉是荧光粉在受到自然光、日光灯光、紫外光等照射后，把光能储存起来，在停止光照射后，再缓慢地以荧光的方式释放出来，所以在夜间或者黑暗处，仍能看到发光，持续时间长达几小时至十几小时。带有放射性的夜光粉，是在荧光粉中掺入放射性物质，利用放射性物质不断发出的射线激发荧光粉发光，这类夜光粉发光时间很长，但因为有毒、有害和环境污染等，所以应用范围小。人们在实际生活中利用夜光粉长时间发光的特性，制成弱照明光源，在军事部门有特殊的用处，把这种材料涂在航空仪表、钟表、窗户、机器上的开关、标志，门的把手等处，也可用各种透光塑料一起压制成各种符号、部件、用品（如电源开关、插座、钓鱼钩等）。这些发光部件经光照射后，夜间或意外停电时仍在持续发光，使人们可辨别周围方向，为工作和生活带来方便。把夜光材料超细粒子掺入纺织品中，使颜色更鲜艳，小孩了穿上有夜光的纺织品，可减少夜间交通事故。

3. 反光粉

反光粉由一种玻璃为主粉体材料生产而成，其主要成分为 SiO_2、CaO、Na_2O、TiO_2 和 BaO 等。该产品可以直接加入涂料或树脂中，使产品具有反光效果，在各种复杂形状的表面上都可以使用。它是生产反光布、反光贴膜、反光涂料、反光标牌、广告宣传材料、服饰材料、标准赛场跑道、鞋帽、书包、水陆空救生用品等新型光功能复合材料的核心原材料。

思考题

1. 常用合成洗涤剂的化学成分是什么？不正确的使用会对人体健康造成什么危害？
2. 什么是表面活性剂？它是如何分类的？
3. 洗涤剂与水体污染的关系是什么？
4. 化妆品有哪些种类？主要原料有哪些？如何正确选择和使用化妆品？
5. 烫发、染发的原理是什么？常用烫发剂、染发剂有什么危害？
6. 指甲油和洗甲水的危害是什么？
7. 如何选择合适的化妆品？
8. 碘酊和红药水有什么区别？它们各有什么作用？
9. 创可贴中经常使用的杀菌剂是什么？杀菌原理是什么？
10. 哪些种类的消毒剂不可混用？为什么？
11. 衣物防蛀剂有哪些？主要成分是什么？如何辨别假冒樟脑？如何正确使用防蛀剂？
12. 如何避免化学消毒剂对健康的不良影响？
13. 中性笔的墨水中有哪些成分？起什么作用？
14. 报纸为什么不能用来包装食品？长时间保存的报纸为什么会发黄？
15. 粉笔的主要成分是什么？
16. 燃放烟花爆竹有什么危害？
17. 荧光粉与反光粉有何区别？

第三章
化学与能源

　　能源是 21 世纪人类社会的三大支柱（材料、能源、信息）之一，也是我们赖以生存的重要物质基础。世界能源理事会定义："能源是使某一系统产生对外部活动的能力"。是指自然界可被人类用来获取各种形式能量的自然资源，是一切能量比较集中的含能体（煤炭、原油、天然气、煤层气、核能、太阳能、地热能、生物质能等）和能量过程（如风、潮汐等）。能源是为人类的生产和生活提供各种动力的物质资源，是国民经济的重要物质基础。所以能源的开发和有效利用程度以及人均消费量是生产技术和生活水平的重要标志。随着社会的发展，能源的供需矛盾日趋尖锐。大力开发和合理利用能源，特别是大力开发新能源，是人类必须关注的一个重大社会问题。

　　能源工业在很大程度上依赖于化学过程，能源消费的 90% 以上依靠化学技术。怎样控制低品位燃料的化学反应，使我们既能保护环境又能使能源的成本合理是化学面临的一大难题。化石能源的转化及综合利用至关重要。可再生新能源的开发离不开以化学为核心的技术的发展。

第一节　能源的发展史

　　从历史上看，人类对能源利用的每一次重大突破都伴随着科技的进步，根据所使用的主要能源，可以把人类发展历史分为柴草时期、煤炭时期、石油时期和新能源时期。

一、柴草时期

　　大约在 25000 ~ 35000 年前，人类就掌握了不同形态的能量间的转换。钻木取火是一种把机械能转化为热能的方法，此时火主要用来烧熟食物和取暖，并不依靠天然火而自行取火。

　　在人类漫长的历史中，木材、畜力、风力和水力等天然能源的直接利用一直占主要地位。到 18 世纪中叶，木材在世界一次能源的消费结构中还占据首位。

二、煤炭时期

　　在中国，公元前 200 年左右的西汉时期，已用煤炭作为燃料来冶铁，这比欧洲要早约

1700 年。到北宋时代，陕西、山西、河南、山东、河北等省，已大量开采煤炭，作为冶铁原料和家用燃料。意大利人马可波罗于 1275 年来到中国，初次见到煤炭，回国后在他所写的游记中介绍了中国这种耐燃而且便宜的矿石，此时欧洲人才知道了煤炭。在英国，1709 年开始用焦炭炼铁，1765 年瓦特发明蒸汽机，1825 年世界第一条铁路通车。以煤炭作为动力之源的蒸汽机的发明促使了第一次工业革命开始。继英国之后，美、德、法、俄、日等国近代煤炭工业迅速兴起。

三、石油时期

从 19 世纪后半叶开始，世界能源结构发生第二次大转变，即从煤炭转向石油和天然气。这一转变首先在美国出现。1859 年美国打出了世界上第一口油井，开创了近代石油工业的先河。1876 年德国的奥托发明了火花点火的四冲程内燃机。1885 年戴姆勒和本茨发明了汽油车。1903 年莱特兄弟制造了第一架飞机。第一次世界大战以后，以内燃机为动力的移动式机械设备获得了广泛的应用，尤其是拖拉机、汽车、内燃机车和飞机等得到了迅速发展。由石油炼制得到的汽油、柴油等内燃机燃料的大量使用，使得能源消费结构中煤炭的比重逐渐下降。到 1965 年，在世界能源消费结构中，石油首次取代煤炭占据首位，从此世界进入了石油时代。

四、新能源时期

常规能源（如煤炭、石油和天然气）的燃烧将化学能转换为热能和光能，同时生成二氧化碳、水和其他无机物。由于其中含有硫、氮等有害元素，在燃烧过程中转化为二氧化硫和氮氧化物而造成大气污染。

能源消费结构已开始从以石油为主要能源逐步向多元化能源结构过渡。特别是新能源的开发利用已成为世界各发达国家优先发展的关键领域之一。新能源包括地热、低品位放射性矿物、地磁等地下能源，还包括潮汐、海水盐差、海水重氢等海洋能，风能、生物质能等地面能源，以及太阳能、宇宙射线等太空能源。其中核能是最有希望取代石油的重要能源。

随着经济的快速发展和人民生活水平的不断提高，我国人均能源资源相对不足，是中国经济、社会可持续发展的一个限制因素，这也是发展新能源与可再生能源、开辟新的能源供应渠道的一个重要原因。

第二节　能源的分类和能量的转化

一、能源的分类

根据不同的划分方式，能源也可分为不同的类型。

1. 按能源的来源分类

（1）来自地球外部天体的能源（主要是太阳能）　人类所需能量的绝大部分都直接或间接地来自太阳。各种植物通过光合作用把太阳能转变成化学能，在植物体内贮存下来，煤炭、石油、天然气等化石燃料也是由古代埋在地下的动植物经过漫长的地质年代形成的，它们本质上是由古代生物固定下来的太阳能。此外，水能、风能、海洋能等也都是由太阳能转换来的。

（2）地球本身蕴藏的能量　通常指与地球内部的热能有关的能源和与原子核反应有关的能源，如原子核能、地热能等。

（3）地球和其他天体相互作用而产生的能量　潮汐能就是由月球引力的变化引起潮汐现象，潮汐导致海平面周期性地升降，因海水涨落及潮水流动所产生的能量。

2. 按能源的基本形态分类

（1）一次能源　天然能源，指在自然界现成存在的能源，如煤炭、石油、天然气、水能等。水能、石油和天然气三种能源是一次能源的核心，它们成为全球能源的基础；除此以外，太阳能、风能、地热能、海洋能、生物能以及核能等可再生能源也被包括在一次能源的范围内。

（2）二次能源　人工能源，是指由一次能源直接或间接转换成其他种类和形式的能量资源。电力、煤气、焦炭、洁净煤、激光、沼气、蒸汽及各种石油制品等能源都属于二次能源。

3. 按能源性质分类

（1）燃料型能源　煤炭、石油、天然气、泥炭、木材。

（2）非燃料型能源　水能、风能、地热能、海洋能。

4. 按能源消耗后是否造成环境污染分类

（1）污染型能源　如煤炭、石油等。

（2）清洁型能源　如水力、电力、太阳能、风能以及核能等。

5. 按能源使用的类型分类

（1）常规能源　包括一次能源中的煤炭、石油、天然气和水能等资源。

（2）新型能源　包括太阳能、氢能、核能、地热能、海洋能、风能、生物质能以及化学电源等能源。

由于大多数新能源的能量密度较小，或品位较低，或有间歇性，按已有的技术条件转换利用的经济性尚差，还处于研究和发展阶段，只能因地制宜地开发和利用。但新能源大多数是再生能源，资源丰富、分布广阔，是未来的主要能源之一。

6. 按能源属性分类

对一次能源进一步按属性加以分类，可分为可再生能源和不可再生能源。凡是可以不断得到补充或能在较短周期内再产生的能源称为可再生能源，反之称为不可再生能源。风能、水能、海洋能、潮汐能、太阳能和生物质能等是可再生能源；煤、石油、天然气、油页岩和核燃料（U、Th、Pu、D）等是不可再生能源。地热能基本上是不可再生能源，但从地球内部巨大的蕴藏量来看又具有再生的性质。核聚变的能量比核裂变的能量可高出 5～10 倍，核聚变最合适的燃料重氢（氘）又大量地存在于海水中，核能是未来能源系统的支柱之一。

二、能源的转化

根据能量守恒定律，能量只能从一种形式转化为另一种形式。能源有各种各样的形式，如水能、石油、天然气、太阳能、核能等。各种能源形式可以互相转化，但最终能源中蕴含的能量都将转化成能被我们直接使用的能量形式。在一次能源中的风、水、洋流和波浪等是以机械能（动能和位能）的形式提供的，可以利用各种风力机械（如风力机）和水力机械（如水轮机）转换为动力或电力。煤、石油和天然气等常规能源一般是通过燃烧将化学能转化为热能的。热能可以直接利用，但更多的是将热能通过各种类型的热力机械（如内燃机、汽轮机和燃气轮机等）转换为动力带动各类机械和交通运输工具工作；或是带动发电机送出电力满足人们生活和工农业生产的需要。发电和交通运输需要的能源占能量总消费量的比例很大，据统计20世纪末仅发电一项的能源需要量就大于一次能源开发量的40%。一次能源中转化为电力部分的比例越大，表明电气化程度越高，生产力越先进，生活水平越高。

在我们的生活中处处可见能量的转化，家用电器就是一种能量转换器，它们把输入的电能变成了其他形式的能输出来。电灯为我们做的事是"照明"，它输入的能量形式是电能，输出的能量形式是"光"和"热"。我们需要的是"光"，热能虽然不为我们所用，但它是伴生的。电器往往不只输出一种形式的能，它们也不是利用了能量输出的全部形式，如电吹风把电能转化成了风能、热能和声能，但我们并没有利用声能。能量转化有时需要通过多次转化才能到达我们所需的能量，如用来加热食物微波炉，我们需要的是热能，它输入的能量形式是电能，但它并不能直接输出"热"，而是先转化成辐射能微波（辐射能，电磁波的一种），微波再引起食物分子的热运动而产生热能。厨房里的煤气灶是把天然气（或石油气、水煤气中的一氧化碳和氢气等）中的化学能转化成热能来烧煮食物的。太阳能热水器是把太阳能转化为热能的一种装置。而音响则是把电能转化为声能，让我们听到优美的音乐。

第三节　常规能源

常规能源也叫传统能源，是指已经大规模生产和广泛利用的能源。如煤炭、石油、天然气等都属一次性不可再生的常规能源，而水电则属于可再生能源。下面我们来介绍这些重要的常规能源。

一、煤炭

煤炭被人们誉为黑色的金子、工业的食粮，它是18世纪以来人类世界使用的主要能源之一。煤炭是最丰富的化石燃料，约占世界化石燃料资源的75%。目前煤炭约占世界一次能源消耗的30%。根据BP公司Statistical Review of World Energy 2013统计，世界原煤最多的地区是在欧洲和欧亚，其次为亚太地区和北美洲。截至2012年，世界煤炭可采储量约8609亿吨，其中中国的可采储量约1145亿吨，约占世界的13%，仅次于俄罗斯和美国，处于第三位。煤炭既是重要的能源，也是重要的化工原料。

煤炭的能源利用方式很多，但从社会需求、技术发展和经济承受能力来看，在未来的几十年内煤炭的主要利用方式仍将是燃烧。煤炭仍将以直接燃烧为主，但其比例可能会逐步下降，通过焦化、气化、液化、热解将煤转化为洁净气体、液体、固体燃料和化学原料的比例会逐步增加，煤中的有效组分在这些过程中转化为不同的能源形态。由于社会生态环境意识的逐步增强，环境因素已成为制约和影响煤炭能源利用的重要因素。因此，煤炭能源利用的发展方向是煤的高效洁净转化。

1. 煤的形成

煤是古代植物堆积在湖泊、海湾、浅海等地方，经过复杂的生物化学和物理化学作用转化而成的一种具有可燃性能的沉积岩。这个转变过程叫作植物的成煤作用。煤的化学成分主要为碳、氢、氧、氮、硫等元素。在显微镜下可以发现煤中有植物细胞组成的孢子、花粉等，在煤层中还可以发现植物化石，所有这些都可以证明煤是由植物遗体堆积而成的。

科学家们在地质考察研究中发现，在地球上曾经有过气候潮湿、植物茂盛的时代，如石炭纪、二叠纪（距今约 3 亿年）、侏罗纪（距今 1.3 亿～1.8 亿年）等。煤的形成示意图如图 3-1 所示，当时大量繁生的植物在封闭的湖泊、沼泽或海湾等地堆积下来并迅速被泥沙覆盖。经过千万年以后，植物变成了煤，泥沙变成了砂岩或页岩。由于有节奏的地壳运动和反复堆积，在同一地区往往具有很多煤层，每层煤都被岩石分开。

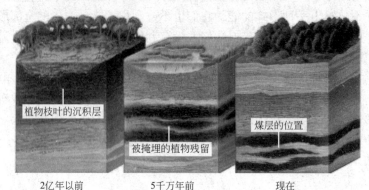

图 3-1　煤形成示意图

由植物变为煤分为三个阶段：①菌解阶段，即泥炭化阶段；②煤化作用阶段，即褐煤阶段；③变质阶段，即烟煤及无烟煤阶段。温度对在成煤过程中的化学反应有决定性的作用。压力也是煤形成过程中的一个重要因素。

地球处于不同地质年代，随着气候和地理环境的改变，生物也在不断地发展和演化。就植物而言，从无生命一直发展到被子植物。这些植物在相应的地质年代中造成了大量的煤。在整个地质年代中，全球范围内有三个大的成煤期。

（1）古生代的石炭纪和二叠纪，成煤植物主要是孢子植物，主要煤种为烟煤和无烟煤。

（2）中生代的侏罗纪和白垩纪，成煤植物主要是裸子植物，主要煤种为褐煤和烟煤。

（3）新生代的第三纪，成煤植物主要是被子植物，主要煤种为褐煤，其次为泥炭，也有部分烟煤。

2. 煤炭的组成和分类

（1）煤炭的组成　煤炭是一类具有高碳氢比的有机交联聚合物（图 3-2）与无机矿物所构成的复杂混合物，归纳起来可分为有机质和无机质两大类，以有机质为主体。无机矿物被有机大分子所填充和包埋，形成复杂的天然"杂化"材料。

煤中的有机质主要由碳、氢、氧、氮和硫等五种元素组成。其中碳、氢、氧占有机质的95% 以上。此外，还有极少量的磷和其他元素。煤中有机质的元素组成，随煤化程度的变化而有规律地变化。一般而言，煤化程度越深，碳的含量越高，氢和氧的含量越低，氮的含量也稍有降低。唯硫的含量与煤的成因类型有关。碳和氢是煤炭燃烧过程中产生热量的重要元素，氧是助燃元素，碳、氢和氧三者构成了有机质的主体。煤炭燃烧时，氮不产生热量，常以游离状态析出，但高温条件下，一部分氮转变成氨及其他含氮化合物，可以回收用以制造硫酸铵、尿素及氮肥。硫、磷、氟、氯、砷等是煤中的有害元素。含硫多的煤在燃烧时生成二氧化硫气体，腐蚀金属设备，与空气中的水反应形成酸雨而污染环境，危害植物生长，是大气污染的重要来源之一。煤中的无机质主要是水分和矿物质，它们的存在降低了煤的质量和利用价值，其中绝大多数是煤中的有害成分。

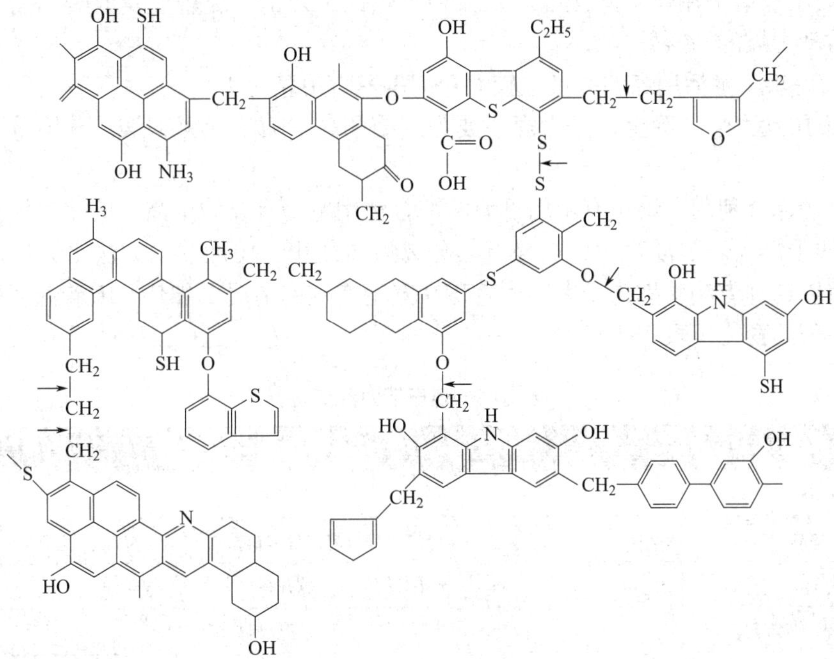

图 3-2　煤炭有机大分子的结构

（2）煤炭的分类　国际上把煤分为三大类，即无烟煤、烟煤和褐煤，共 29 个小类。

① 无烟煤　有粉状和小块状两种，黑色而有金属光泽而发亮、杂质少、质地紧密、固定碳含量高，可达 80% 以上。挥发成分含量低，在 10% 以下。燃点高、不易着火。但发热量高，刚燃烧时上火慢，火上来后比较大、火力强、火焰短、冒烟少、燃烧时间长、黏结性弱、燃烧时不易结渣。可掺入适量煤土烧用，以减弱火力强度。无烟煤可用于制造煤气或直接用作燃料。

② 烟煤　一般为粒状、小块状，也有粉状，多呈黑色而有光泽，质地细致，含挥发成分 30% 以上，燃点不太高，较易点燃，含碳量与发热量较高。燃烧时上火快、火焰长、有大量黑烟。燃烧时间较长。大多数烟煤有黏性。燃烧时易结渣。烟煤用于炼焦、配煤、动力锅炉和气化工业。

③ 褐煤　多为块状，呈黑褐色、光泽暗、质地疏松。含挥发成分 40% 左右、燃点低、容易着火。燃烧时上火快、火焰大、冒黑烟。含碳量与发热量较低（因产地煤级不同，发热量差异很大），燃烧时间短，需经常加煤。褐煤一般用于气化和液化工业、动力锅炉等。

3. 煤炭的主要用途

煤既是动力燃料，又是化工和制焦、炼铁的原料，素有"工业粮食"之称。众所周知，工业上和民间常用煤作为燃料以获取热量或提供动力。此外，还可把燃煤热能转化为电能进行长途输运。火力发电占我国电结构的比重很大，也是世界电能的主要来源之一。

（1）动力原料　动力煤，生产热能、电能，副产品煤渣、煤灰可生产煤渣砖、水泥、过滤材料等。

① 发电用煤　电厂利用煤的热值，把热能转变为电能。中国约 1/3 以上的煤用来发电。

② 蒸汽机车用煤　占动力用煤 3% 左右。

③ 建材用煤　约占动力用煤的 13% 以上，以水泥用煤量最大，其次为玻璃、砖、瓦等。

④ 一般工业锅炉用煤　除热电厂及大型供热锅炉外，一般企业及取暖用的工业锅炉型用煤，约占动力煤的 26%。

⑤ 生活用煤　生活用煤的数量也较大，约占燃料用煤的 23%。

⑥ 冶金用动力煤　冶金用动力煤主要为烧结和高炉喷吹用无烟煤，其用量不到动力用煤量的 1%。

（2）煤的综合利用　煤炭有实用价值的综合利用主要有煤的干馏、液化和气化。

① 煤的干馏　煤是混合物，应该将其分离后再使用。用加热的方法来处理煤，由于煤是固体，所以这种方法就称为干馏。当将煤在隔绝空气的情况下加热，随着温度的升高，煤会发生一系列的变化（表 3-1）。

表 3-1　煤干馏时的变化

温度 /℃	变化
> 100	自由水被蒸发
> 200	释放出化合水和二氧化碳
> 350	开始分解，煤变软并释放出煤气和煤焦油
> 400 ~ 450	大多数煤焦油被释放
> 450 ~ 550	继续分解
> 550	固体已成焦炭，尚有气体释放，继续分解
> 900	只剩下焦炭

由表 3-1 可知，煤的干馏可得到 3 种形态的产物。气态：焦煤气，主要成分为氢和一氧化碳。液态：煤焦油，主要成分为芳香族化合物。固态：焦炭。焦煤气可作为城市管道煤气，煤焦油为化工原料，焦炭为炼铁原料等。所有的产物都可以得到充分的利用，真正做到了"物尽其用"。

② 煤的液化　煤炭液化是把固态状态的煤炭通过化学加工，使其转化为液体产品（液态烃类燃料，如汽油、柴油等产品或化工原料）的技术。煤的液化可将煤炭转换成可替代石油的液体燃料和用于合成的化工原料。可用许多方法给煤炭加氢使之液化，加氢还可以把硫等有害元素以及灰分脱除，得到洁净的二次能源。这对优化终端能源结构、解决石油短缺、减少环境污染具有重要的战略意义。

煤的液化方法主要分为煤的直接液化和煤的间接液化两大类。煤和石油都是由 C、H、O 等元素组成的有机物。但煤的平均表观分子量大约是石油的 10 倍，煤的含氢量比石油低得多。将煤加热裂解，然后在催化剂的作用下（450 ~ 480℃，12 ~ 30MPa）加氢可以得到多种燃料油。这种油也称人造石油。实际工艺很复杂，涉及裂解、缩合、加氢、脱氧、脱氮、脱硫、异构化等多种化学反应。不同的煤又有不同的要求。这种先裂解再液化的方法称直接液化法。

间接液化法是指以煤为原料，先气化制成合成气，然后通过催化剂作用将合成气转化成烃类燃料、醇类燃料和化学品的过程。间接液化已在许多国家实现了工业化，主要有两种生产工艺：一是费托工艺，即将原料气直接合成油；二是由原料气合成甲醇，再由甲醇转化成汽油。我国在煤制甲醇方面已有成熟技术。目前我国甲醇年产能力超过100万吨，其中20%用作汽车燃料，还可制取合成汽油。

③ 煤的气化　煤炭气化指在一定温度、压力下，用气化剂对煤进行热化学加工，将煤中有机质转变为煤气的过程。实质就是以煤、半焦或焦炭为原料，以空气、富氧、水蒸气、二氧化碳或氢气为气化介质，使煤经过部分氧化和还原反应，将所含碳、氢等物质转化成为一氧化碳、氢气、甲烷等可燃组分为主的气体产物的多相反应过程。对此气体产品的进一步加工，可制得其他气体、液体燃烧料或化工产品。

煤炭气化包含一系列物理、化学变化，一般包括干燥、燃烧、热解和气化四个阶段。干燥属于物理变化，随着温度的升高，煤中的水分受热蒸发。其他属于化学变化，燃烧也可以认为是气化的一部分。煤在气化炉中干燥以后，随着温度的进一步升高，煤分子发生热分解反应而生成大量挥发性物质（包括干馏煤气、焦油和热解水等），同时煤烧结成半焦。煤热解后形成的半焦在更高的温度下与通入气化炉的气化剂发生化学反应，生成以一氧化碳、氢气、甲烷及二氧化碳、氮气、硫化氢、水等为主要成分的气态产物，即粗煤气。气化反应包括很多化学反应，主要是碳、水、氧、氢、一氧化碳、二氧化碳相互间的反应，其中碳与氧的反应又称燃烧反应，提供气化过程的热量。

煤炭气化技术是煤炭转化技术研究的一个重要部分。以煤为原料生产合成气，国外称为"一碳化学"工业，是煤炭化学工业的基础，发展前景广阔。煤炭气化技术也是洁净、高效利用煤炭的重要技术之一。它是煤炭化工合成、煤炭直接或间接液化，整体煤气化联合循环发电系统技术、燃料电池等高新洁净煤利用技术的先导性技术和核心技术。

煤炭气化技术分地面气化和地下气化两种。地面气化指采出煤炭后进行热加工的一种过程，使煤炭转化成为一氧化碳、氢气和甲烷等可燃性气体。主要有以下几种气化方法：煤的高温干馏；煤的发生炉气化；煤的水煤气化；煤的加氢气化。

地下煤炭气化指煤炭地下气化技术，也就是气化采煤技术。煤炭地下气化是将处于地下的煤炭进行有控制的燃烧，通过对煤的热作用及化学作用产生可燃气体。集建井、采煤、气化工艺为一体的多学科开发洁净能源与化工原料的新技术，其实质是只提取煤中含能组分，变物理采煤为化学采煤，因而具有安全性好、投资少、效率高、污染少等优点，被誉为第二代采煤方法。煤炭地下气化可以回收老矿井遗弃的煤炭资源，也可以开采薄煤层、深部煤层，以及高硫、高灰、高瓦斯煤层等。地下气化过程燃烧的灰渣留在地下，大大减少了地表塌陷，煤气可以集中净化。该煤气可作为燃料用于民用、发电，也可以作为原料气合成天然气、甲醇、二甲醚、汽油、柴油等，或用于提取纯氢。

因此，煤炭地下气化技术具有较好的经济效益和环境效益，大大提高了煤炭资源的利用率和利用水平，是我国洁净煤技术的重要研究和发展方向。

（3）其他利用　煤炭可以直接用作还原剂、过滤材料、吸附剂、塑料组合物等。

二、石油

现在石油被称为"工业的血液""黑色的黄金"等，是国家现代化建设的战略物资，许多国际争端往往与石油资源有关。石油产品的种类已超过几千种，现代生活中的衣、食、住、行直接地或间接地与石油产品有关。石油是当今世界上最重要的化石燃料（又叫矿物燃料）之一，占了总能源的约36%。石油的最主要应用也是作为能源，其中汽油、柴油等石油基燃料占了石油产品的82.1%。

1. 石油的形成

石油是由远古时代沉积在海底和湖泊中的动、植物遗体，经千百万年的漫长转化过程而形成的碳氢化合物的混合物。直接从地壳开采出来的石油称之为原油，是一种黏稠的、深褐色液体，原油及其加工所得的液体产品总称为石油。

2. 石油的组成和分类

石油是碳氢化合物的混合物，是含有 1 ~ 50 个碳原子组成的化合物，按质量计，其碳和氢分别占 84% ~ 87% 和 12% ~ 14%，包括烃类和非烃类。石油中的固态烃类称为蜡。此外，石油中还含有少量由 C、H、O、N 和 S 组成的杂环化合物。原油中硫含量变化很大，在 0 ~ 7% 之间，主要以硫醚、硫酚、二硫化物、硫醇、噻吩、噻唑及其衍生物的形式存在。氮含量远低于硫，为 0 ~ 0.8%，以杂环系统的衍生物形式存在，如噻唑类、喹啉类等。此外，石油中还含有其他的微量元素。

人们根据硫含量的高低，将原油分为三种类型：低硫原油，含硫量＜ 0.5%；含硫原油，含硫量为 0.5% ~ 2.0%；高硫原油，含硫量＞ 2.0%。我国的原油多属低硫或含硫原油。世界原油总产量的 75% 为含硫原油和高硫原油。

原油按相对密度可分为：轻质原油（API ≥ 32）、中质原油（API 为 20 ~ 32）、重质原油（API 为 10 ~ 20）、特重原油（API ≤ 10）。（API 为美国石油学会制订的用以表示石油及石油产品密度的一种量度。API 度愈大，相对密度愈小，原油愈轻，价格愈高。）

原油按含蜡量可分为：低蜡原油，含蜡量≤ 2.5%；含蜡原油，含蜡量为 2.5% ~ 10.0%；高蜡原油，含蜡量≥ 10.0%。

3. 石油的综合利用

石油经过加工提炼，可以得到的产品大致可分为四大类，包括燃料、润滑剂、溶剂与化工原料以及固体石油产品等。这些石油产品在商品构成中的比例见表 3-2。

表 3-2　石油产品在商品构成中的比例

商品	石油基燃料	石油溶剂与化工原料	润滑剂	固体石油产品
构成比例 /%	82.1	10.8	2.1	5.0（其中石油焦 1.2）

（1）燃料　点燃式发动机燃料有航空汽油、车用汽油等。汽油用于汽车、摩托车与轻型飞机，一般质量要求有：适宜的挥发性、良好的抗爆性和良好的安定性。

抗爆性是汽油最重要的性能指标，也是汽油的分类指标。抗爆性常用辛烷值来表征。在汽油组分中，异辛烷抗爆性较好，正庚烷抗爆性最差。所以将这两种汽油成分配成参比燃料，定义异辛烷的辛烷值为 100，正庚烷的辛烷值为 0。

在加油站常见的汽油标号 90、93、97 就是指汽油的辛烷值。汽车发动机的压缩比越大，对汽油辛烷值的要求越高。为了提高辛烷值，可以采取以下措施：第一，加入抗爆添加剂，如以前加四乙基铅，高效，但有毒，污染环境，国家已明令禁止，现采用无铅添加剂，如甲基环戊二烯三羰基锰；第二，加入高辛烷值调和组分，如甲醇、甲基叔丁基醚、苯、异丙苯等。喷气式发动机燃料有航空煤油，主要用于喷气式发动机，现行国家标准有 5 个牌号。

压燃式发动机燃料有高速、中速、低速柴油。柴油是我国消费最多的发动机燃料，用于装有柴油发动机的各种机械设备，如农用机械、重型车辆、铁路机车、船舶舰艇、工程和矿山机械等，主要品种有轻柴油、重柴油、残渣柴油。

（2）润滑油和润滑脂　在石油产品中比例不大，但却是品种最多的一大类产品。

主要品种有：内燃机油、齿轮油、液压油、汽轮机油和电器用油等。

润滑油由基础油和各种添加剂调和而成。其中基础油是经过精制的石油高沸点馏分或残渣油，绝大多数是烃类组分。

（3）石油蜡　主要品种有：石蜡、地蜡、凡士林（石油脂）、特种蜡等，广泛应用于轻工、化工、日用化学品、食品、医疗、机械、冶金、电子与国防等领域。

（4）石油沥青　以减压渣油为原料加工而成，主要品种有道路沥青、建筑沥青、专用石油沥青等。主要用途为道路铺设、建筑防水材料、电器工业、橡胶工业、防腐涂料与油漆等。

（5）石油焦　石油焦是石油渣油通过延迟焦化制成的，是一种高碳材料，含碳90%～97%。主要品种有普通石油焦和针状石油焦两类。它们是生产碳素材料与含碳复合材料的重要原料。

（6）溶剂油和化工原料类石油产品　溶剂油是作为溶剂使用的轻质石油产品，组成上以饱和烃为主。主要用途：制香精香料、油脂、化学试剂、医药溶剂、橡胶、油漆、杀虫剂等。

化工原料类石油产品（非合成品）主要有：液状石蜡，石油系苯、甲苯、二甲苯等。

（7）石油化学（合成）品　主要包括三大合成材料：合成塑料、合成纤维与合成橡胶。

三、天然气

地壳中产出天然气的形式是多种多样的，有广义天然气和狭义天然气之分。广义上天然气是指自然界中天然存在的一切气体，包括大气圈、水圈和岩石圈中各种自然过程形成的气体，如油田气、气田气、煤系地层气、泥火山气和生物生成气等。而通常人们说的"天然气"，是从能量角度出发的狭义定义，是指天然蕴藏于地层中的可燃性碳氢化合物气体，有油田气、纯气田气、凝析气田气。在此也只讨论狭义天然气。

1. 天然气的发现及早期应用

最早在公元前6000年到公元前2000年间，伊朗首先发现了从地表渗出的天然气。渗出的天然气刚开始可能用作照明，崇拜火的古代波斯人因而有了"永不熄灭的火炬"。中国利用天然气约在公元前900年。中国在公元前211年钻了第一个天然气气井，据有关资料记载深度为150米（500英尺），在今日重庆的西部。天然气当时用作燃料来干燥岩盐。欧洲人了解天然气是从1659年在英国发现天然气开始，但它并没有得到广泛应用。到1790年煤气才成为欧洲街道和房屋照明的主要燃料。在北美，石油产品的第一次商业应用是1821年纽约弗洛德尼亚地区对天然气的应用。他们通过一根小口径导管将天然气输送至用户，用于照明和烹调。由于没有合适的方法长距离输送大量天然气，天然气在整个19世纪只应用于局部地区，工业发展中的应用能源主要还是煤和石油。1890年，燃气输送技术发生了重大的突破，发明了防漏管线连接技术。然而，材料和施工技术依然较复杂，以至于在离气源地160千米的地方，天然气仍无法得以广泛利用。由于管线技术的进一步发展，20世纪20年代长距离天然气输送成为可能。1927年至1931年，美国建设了十几条大型燃气输送系统，每一个系统都配备了直径约为51厘米的管道，并且距离超过320千米。在二战之后，建造了许多输送距离更远、更长的管线，管道直径甚至达到142厘米。至此，天然气开始得到了广泛的应用，成为当今世界一次能源的三大支柱之一，同时也是重要的化工原料。

2. 天然气的化学成分

天然气就是指天然蕴藏于地层中的以烷烃为主的各类烃类和少量非烃类气体所组成的气体混合物。主要由气态烃、硫化烃、二氧化碳、氮气等气体，液态烃和水以及机械杂质等组成。大多数天然气均以烃类为主要成分，但也有例外，如 N_2 气藏、CO_2 气藏和 H_2S 气藏等。

（1）天然气的烃类组成

烃类组成：CH_4（甲烷），一般 80% 以上，但也有约 50% 或大于 99% 的；烷烃 $C_2 \sim C_4$ 含量一般气田气较少，低于 5%，油田气较多，高于 10%；烷烃 C_5 含量一般气田气极少，$0 \sim 0.2\%$，油田气稍多，低于 2%；其他烷烃，如微量环烷烃和芳烃。碳原子数超过 5 的组分在地下高温环境中，以气态开采出来，但在标准态下是液体。

（2）天然气的非烃组成

非烃组成在天然气中一般不超过 10%。其主要成分是 CO_2、H_2S、N_2；次要成分是 CO、SO_2、H_2、Hg；此外还含有痕量成分惰性气体氦、氖、氩、氪、氙、氡。天然气中的氦含量有时高于 0.5%，远高于它在大气中的含量（0.0005%），是工业提取氦的主要资源。

天然气自身无色无味，生活中使用的天然气有一种难闻的味道，是天然气在通过管道送到最终用户之前，添加的硫醇气，以助于泄漏检测。天然气不像一氧化碳那样具有毒性，它本质上对人体是无害的。不过如果天然气处于高浓度的状态，并使空气中的氧气不足以维持生命的话，也会致人死亡，毕竟天然气不能用于人类呼吸。作为燃料，天然气也会因发生爆炸而造成伤亡。

虽然天然气比空气轻而容易发散，但是当天然气在房屋或帐篷等封闭环境里聚集的情况下，达到一定的比例时，就会触发威力巨大的爆炸，爆炸可能会夷平整座房屋，甚至殃及邻近的建筑。

3. 天然气的优点

天然气是较为安全的燃气之一，比空气轻，一旦泄漏，立即会向上扩散，不易积聚形成爆炸性气体，安全性较高。采用天然气作为能源，可减少煤和石油的用量，因而可以大大改善环境。天然气作为一种清洁能源，与煤相比，能减少二氧化硫和粉尘排放量近 100%，减少二氧化碳排放量 60% 和氮氧化合物排放量 50%，并有助于减少酸雨形成，减缓地球温室效应，从根本上改善环境质量。

但是，对于温室效应，天然气跟煤炭、石油一样会产生二氧化碳。因此，不能把天然气当作新能源。天然气的使用优点有：

（1）绿色环保；

（2）经济实惠；

（3）安全可靠；

（4）使用方便；

（5）资源丰富。

4. 天然气的应用

天然气的利用可分为两类，即能源和原料，可用于发电、工业燃料、民用燃气、车用燃料、化工原料等。天然气是 21 世纪的主要能源。我国的"西气东输"工程是开发大西北的一项重大工程，是我国距离最长、口径最大的输气管道，该工程将天然气从新疆塔里木输送至上海西郊，输气管道全长4200多千米，横跨9个省、市、自治区。这一重大工程的实施，将取代部分工业和居民使用的煤炭和燃油，有效改善大气环境，提高人们的生活质量。

（1）天然气发电　随着天然气燃气–蒸汽联合循环发电装置单机容量的不断扩大，天然气发电在发展中国家将有广阔的发展前景。天然气发电与其他火电相比，具有以下明显的特点。

① 对环境的污染小。天然气由于经过了处理，含硫量极低，排放的SO_2仅是普通燃煤电厂的千分之一。

② 电厂的整体循环效率高。普通燃煤电厂热效率高限为40%，而天然气燃气–蒸汽联合循环电厂的热效率可达56%。

③ 同等条件下，单位投资较低。

④ 燃气–蒸汽联合循环电厂开、停车方便，调峰性能好。

⑤ 占地少。燃气电厂由于无需煤场、输煤系统、除灰渣系统以及除尘、脱硫系统等，厂区占地面积比燃煤电厂厂区小得多。

⑥ 耗水量少。燃气电厂不需要大量冷却水，可减少冷却水的供应。

⑦ 建厂周期短，施工安装简便，投产快。

⑧ 运行人员少。燃气电厂自动化程度高，采用先进的集散式控制系统，控制人员可以大大减少。

（2）工业燃料　与煤和燃油相比，使用天然气不必建设燃料储存场所和设备，无须备运操作，使用燃料前的管理简单，燃烧设备结构简单，因此可节省占地、投资和操作费用。我国燃煤锅炉效率约50%～60%，而燃烧天然气的锅炉效率可达80%～90%。陶瓷工业，如生产釉面砖的窑炉使用天然气作为燃料后，不会产生炭黑、颗粒、气泡、麻点等缺陷，窑炉内温度均匀，产品变形小，能够生产高档次的釉面砖。

（3）民用燃气　民用燃气被称作天然气最有价值的用途。居民用气量小、点多面广，有利于城市天然气管网形成。

（4）车用燃料　随着汽车拥有量的日益增加，汽油需求量也越来越大，人们研制出燃气汽车、太阳能汽车、燃氢电池汽车等。燃气汽车主要是以天然气为燃料，供汽车行驶使用，其关键技术是燃气的携带问题。目前开发比较成功的是压缩天然气汽车，即将天然气压缩20倍左右，装进一个储气罐里，安装在车的后备厢里，汽车发动机前再增加相应的燃气设备，这样一辆燃气汽车就改装成功。每辆汽车改装费大概需要3000～5000元。但由于其行驶距离有限，最多只能行驶200千米，并且加气站的建设要受天然气管道的限制，不能像加油站那样很方便建站，因此目前改装的燃气车主要是城市里的出租车、公交车，还无法大规模地推广应用。液化天然气汽车（LNGV）是以液化天然气（LNG）为燃料的新一代天然气汽车，代表着天然气汽车的发展方向。

（5）化工原料　用天然气合成氨、甲醇、乙炔等化工原料是其很重要的应用。天然气做原料大规模生产合成氨、甲醇是国际公认的建设投资少、生产成本低、最具竞争力的原料路线。目前，合成氨的原料使用中，天然气所占的比例高达70.7%。全球甲醇年产量已超过2000万吨，采用天然气原料路线的甲醇合成装置生产能力占甲醇总生产能力的80%以上。

5. 天然气水合物

天然气水合物，也称"可燃冰"，是一种自然存在的冰状笼形化合物（图3-3），主要分布于海洋、少量分布于陆地冻土带。外观似冰，却可被点燃。在低温（-10℃～10℃）和高

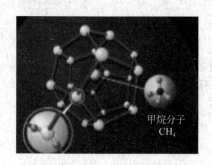

图3-3 笼形化合物

甲烷分子
CH₄

压（10兆帕以上）条件下，甲烷气体和水分子合成类冰固态物质，其分子结构式为 $CH_4 \cdot nH_2O$，具有极强的储载气体的能力。"可燃冰"在全球资源储量非常丰富，相当于现在全球已经探明的煤炭、石油、天然气等常规化石能源碳总量的 2～3 倍。这是一种高效清洁能源，被誉为 21 世纪的绿色能源。

中国是一个富煤、贫油、少气的国家。随着经济发展，能源安全问题也愈发突出。目前，中国已经连续 20 年成为原油净进口国，2012 年进口原油依存度高达 56%，成为全球第二大原油进口国和第二大原油消费国。

作为一种高效清洁能源，"可燃冰"在中国境内的储量有多少？通过 15 年的调查和预测，在南海地区预计有 680 亿吨油当量的"可燃冰"；除了南海外，在青海地区又发现了 350 亿吨标准油当量的天然气水合物，考虑到青藏高原仍有未探明储量的资源，这一地区的"可燃冰"资源储量将会更大。

2013 年 6 月至 9 月，在广东沿海珠江口盆地东部海域首次钻获高纯度"可燃冰"，并探明有相当于 1000～1500 亿立方米的天然气储量。面对如此大规模的天然气水合物储量，其何时能被商业开发成为人们关注的焦点。据了解，技术问题和开采成本成为制约各国开采天然气水合物的瓶颈。

四、水能

水能是指水体的动能、势能和压力能等能量资源。它是自然界广泛存在的一次能源。它可以通过水力发电站方便地转换为优质的二次能源——电能。所以通常所说的"水电"既是被广泛利用的常规能源，又是可再生能源。

1. 水能资源的特点

（1）水能资源是循环不息的可再生能源　在诸多可再生能源中，水能资源利用历史最久，技术最成熟，应用最经济也最最广泛。

（2）利用水能资源发电，可节省不可再生能源　利用水能资源发电，可节省火电所需煤炭、石油、天然气和核电所需铀等。

（3）水能资源是清洁能源　水力发电不排放有害气体、烟尘、热水和灰渣等污染物，没有核辐射危险。

（4）发电成本低　水电的成本低，积累多。

（5）综合经济效益　水电站一般都有防洪启溉、航运、养殖、美化环境、旅游等综合经济效益。

（6）短期近利工程　投资回收快，大中型水电站一般 3～5 年就可收回全部投资。

（7）操作、管理人员少　所需人员一般不到火电的三分之一。

2. 我国的水能资源

中国河川水能资源有以下特点。

（1）资源量大，占世界首位。

（2）分布很不均匀，大部分集中在西南地区，其次在中南地区，经济发达的东部沿海地区的水能资源较少。

（3）大型水电站的比重很大，单站规模大于 200 万千瓦的水电站资源量占 50%。

3. 水能资源的利用

由于水能资源最显著的特点是可再生、无污染，开发水能对江河的综合治理和综合利用具有积极作用，对促进国民经济发展，改善能源消费结构，缓解由于消耗煤炭、石油资源所带来的环境污染有重要意义，世界各国都把开发水能放在能源发展战略的优先地位。

水能利用是一项系统工程，其任务是根据国民经济发展的需要和水资源条件，在河流规划和电力系统规划的基础上，拟定出最优的水资源利用方案。

水力发电是将一次能源的水能开发和二次能源的电能生产同时完成的电力建设。水力发电技术利用水体不同部位的势能之差。法国于 1878 年建成世界上第一座水电站，尽管这个水电站装机容量较小，但它开创了利用水能转换成电能的先河。20 世纪以来，由于筑坝技术、水力机械和电气科学以及长距离输电技术的迅速发展，水电站建设的规模不断增大，建造的速度大大加快，水电成为现代电力工业三大主要发电方式（火电、水电、核电）之一。

世界上已建成的最大水电站是我国的长江三峡水电站，总装机容量达 2250 千瓦，2018 年发电量 1000 亿千瓦时，创单座水电站年发电量新的世界纪录，这个数据是大亚湾核电站的 5 倍，是葛洲坝水电站的 10 倍，约占全国年发电总量的 3%，占全国水力发电的 20%。

水不仅可以直接被人类利用，它还是能量的载体。太阳能驱动地球上低位水，通过水循环而分布在地球各处，从而恢复高位水源的水分布，使之持续进行。地表水的流动是水能利用的重要的一环，在落差大、流量大的地区，水能资源丰富。随着矿物燃料的日渐减少，水能是非常重要且前景广阔的替代资源。世界上水力发电还处于起步阶段。河流、潮汐、波浪以及涌浪等水运动均可以用来发电。也有部分水能用于灌溉。

第四节　新能源

一、太阳能

太阳能既是一次能源，又是可再生能源，资源丰富，对环境无任何污染。

（一）太阳能的特点

太阳能是太阳内部氢原子发生连续不断的核聚变反应过程产生的能量。人类所需能量的绝大部分都直接或间接地来自太阳的辐射能量。植物通过光合作用释放氧气、吸收二氧化碳，并把太阳能转变成化学能在植物体内贮存下来。煤炭、石油、天然气等化石燃料也是由古代埋在地下的动植物经过漫长的地质年代演变形成的一次能源。广义上来说，太阳能除了太阳辐射能外还包括地球上的风能、水能、海洋温差能、波浪能和部分潮汐能，以及生物质能和化石燃料（如煤、石油、天然气等）。狭义的太阳能则限于太阳辐射能的光热、光电和光化学的直接转换。

地球上每年接受太阳的总能量高达 1.8×10^{18} 千瓦时，相当于 2.1×10^6 亿吨标煤，而全人类每年消耗的能源总量却不到地球每年接受太阳能总量的 0.01%。我国陆地每年接受的太阳辐射能相当于 2.4×10^4 亿吨标煤，是我国年消耗能源的 2000 倍，太阳能可谓"取之不尽、用之不竭"的能源宝库。如何将太阳能高效、低成本地转化为可直接利用的化学能已成为世界各国科学界和工业界共同关注的研究方向。在过去几十年中，人类在太阳能光合作用、太阳能光催化分解水制氢以及太阳能生产化学品等方面已取得了若干重要进展。

地球表面接受的太阳辐射能，其能量集中在波长为 200 ~ 2500 纳米的范围，其中波长小于 400 纳米的为紫外线，介于 400 ~ 760 纳米的为可见光，波长大于 750 纳米的为红外线。

（二）太阳能的光化学利用

利用光化学反应可以将太阳能转换为化学能，主要有以下方法：植物的光合作用、太阳能制氢（如光分解水制氢）、利用太阳能合成化学品和光电转换（光转换成电后电解水制氢）。

1. 植物的光合作用

在太阳光作用下，植物体内的叶绿素把水、二氧化碳转化为有机物（生物质能），并放出氧气。这是一个把光能转化为化学能的过程，而且是地球上最大规模转换太阳能的过程。

光合作用是通过将光能转化为电能，继而将电能转化为活跃的化学能，最终将其转化为稳定的化学能的过程，这一过程为利用光合作用发电提供了基础。光合作用的第一个能量转换过程是将太阳能转变为电能，这是一个运转效率极高的光物理、光化学过程，而且光合作用是一个普遍的纯粹的生理过程，是纯天然的"发电机"，利用的原料（水）成本很低，且不会污染环境。如果能将这种生理过程应用到人工控制的太阳能到电能的转化，将会使人们能更高效地利用太阳能获得所需的能量，获得经济效益和环境效益的双丰收。

光合作用高效吸能、传能和转能的分子机理及调控原理是光合作用研究的核心问题。光合作用发现至今已有 200 多年的历史。自 20 世纪 20 年代以来，关于光合作用的研究曾多次获得诺贝尔奖，但到现在为止光合作用的机理仍未能彻底了解。光合作用机理的研究如果获得重大突破，不仅具有重大的理论意义，而且对指导农作物光能转换效率的调节和控制、农作物光合效率的基因工程和蛋白质工程技术的提高、太阳能利用新途径的开辟、新一代生物电子器件的研制、能源与信息及材料科学技术的促进有着直接的实际应用价值。

2. 太阳能制氢

氢能是一种高品位能源。太阳能可以通过分解水或其他途径转换成氢能，即太阳能制氢。光解水制氢是太阳能通过光化学反应转化为可储存的化学能的最好途径。地球上的水资源极其丰富，因此光化学分解水制氢技术对氢能源的利用具有非常重要的意义。

3. 利用太阳能合成化学品

利用太阳能合成化学品，有利于能量的储存及运输，无疑对人类具有重大意义。利用太阳能合成化学品在多个方面进行过探索研究，研究比较多的有甲烷光合成甲醇、光化学固氮合成氨、甲烷的蒸气或二氧化碳重整制合成气等。

（1）合成甲醇　最早报道的甲烷由光化学方法直接合成甲醇，是在一个石英光化学反应器中，甲烷被喷入 90℃ 的水中，在波长为 185 纳米的紫外线照射下，反应器中便有甲醇生成。现在研究较多的是光化学反应与催化剂相结合，即由甲烷光催化制甲醇。光催化反应中常用过渡金属氧化物或其混合物为主催化剂，并掺杂以其他金属。我国学者制备出了多孔的 TiO_2，并设计了 TiO_2 吸附水后在温和条件下进行光催化 CH_4 与 O_2 的绿色反应途径，成功获得了甲醇。

（2）合成氨　全球大约 10% 的能源用于合成氨生产，合成氨工艺和催化剂的改进将对矿物燃料的消费量产生重大影响。合成氨工业是农业的基础，它的发展将对国民经济的发展产生重大影响。开发温和的合成氨工艺和高活性氨合成催化剂一直是人们追求的目标。

（3）合成其他化学品　一家日本公司于 2012 年 12 月首次利用室外太阳光成功完成了人工光合成实验，并产生了有机化合物甲酸。其研发机构表示：通过改善光合成触媒，目前还成功生成了乙醇、甲醇、乙烯、甲烷等有机物，但目前实验产生的有机物量比较少，太阳光能转换效率仅为 0.2% 左右，与植物大体相同，因此太阳能光合成技术还有待进一步改进。2013 年 5 月，日本的另一家研究机构也利用不同的方法和条件成功在室外完成了人工光合成实验，同样获得了甲酸。天然气的热重整是甲烷与水蒸气或二氧化碳的催化反应，其产品是气态混合物 H_2 和 CO，称为合成气。这个反应所需的热由太阳光提供，反应过程中太阳光直接照射在催化剂上，能够增加催化剂的活性，获得较高的产率。

4. 太阳能治理环境

20 世纪 80 年代初，光化学开始应用于环境保护，其中光化学降解治理污染尤其受到重视，包括无催化剂和有催化剂的光化学降解。前者多采用臭氧和过氧化氢等作为氧化剂，在紫外线的照射下使污染物氧化分解；后者又称为光催化降解，一般可分为均相和多相两种类型。均相光催化降解主要以 Fe^{2+} 或 Fe^{3+} 及 H_2O_2 为介质，通过光助芬顿反应使污染物得到降解，此类反应可以直接利用可见光；多相光催化降解就是在污染体系中投加一定量的光敏半导体材料，同时结合一定能量的光辐射，使光敏半导体在光的照射下激发产生电子空穴对，吸附在半导体上的溶解氧、水分子等与电子和空穴作用，产生 ·OH 等氧化性极强的自由基，再通过与污染物之间的羟基加合、取代、电子转移等使污染物全部或接近全部降解，最终产生 CO_2、H_2O 及其他离子。与无催化剂的光化学降解相比，光催化降解在环境污染治理中的应用研究更为活跃。

（1）空气中有害物质的光催化去除

研究发现，在紫外线照射下，以锐态型 TiO_2 为催化剂，空气中的苯系物、卤代烷烃、醛、酮、羧酸等能被有效地降解去除。近年来日本涌现出大量用于空气净化的光催化剂和空气净化装置的专利技术。我国科学家也成功开发出了新型高效的光催化剂及相应的空气净化装置，推动了光催化氧化技术在室内空气污染治理中的应用。

（2）水中有机污染物的光催化降解

主要包括水体中有机污染物的光催化氧化和重金属离子的光催化还原。所用的半导体材料仍然以光敏材料为主，粉末 TiO_2、薄膜型 TiO_2、担载型 TiO_2 光催化剂的研究也日趋成熟。在西班牙已建成了具有示范性质的大规模污水处理厂，对含各种有机污染物的废水进行处理，取得了良好的效果。对于废水中浓度高达每升几千毫克的有机污染物体系，光催化降解均能有效地将污染物降解去除，达到规定的环境标准。

光催化降解不仅能用于治理有机污染，还可以还原废水中某些高价的重金属离子，使之对环境的毒性变小，从而达到对污水中重金属污染物的治理。应用光催化降解法还可以去除饮用水中用其他方法无法满意去除的有机污染物，尤其是很稳定的有机氯化合物。

（3）光催化消除环境污染物制氢

1982 年报道了在碱性溶液中 CdS 半导体上，光催化分解 H_2S 产生 H_2 和 S，引起了人们研究光催化来分解环境污染物 H_2S 同时可制备燃料 H_2 和回收 S 的兴趣。还有人把水中污染物作为廉价的电子给体来提高光催化分解水制氢的效率，从而实现同时消除污染和制氢的双重目标。

（三）太阳能的光电利用

将太阳能转换为电能是大规模利用太阳能的重要技术基础，世界各国都十分重视，其转换途径很多，有光电直接转换、光热电间接转换等。这里重点介绍光电直接转换器件——太阳能电池。太阳能电池是利用光电转换原理使太阳的辐射光通过半导体物质转变为电能的一种器件，这种光电转换过程通常叫作"光生伏打效应"，因此太阳能电池又称为"光伏电池"。

太阳能电池具有方便、不需燃料和无污染等优点，近年来得到了很大的发展，成为人们目前对太阳能利用的主要方式之一。自20世纪50年代研制成第一块实用的硅太阳电池、60年代太阳电池进入空间应用、70年代进入地面应用，太阳能光电技术已历经了半个多世纪。发展到今天，太阳能电池产业已经成为一个重要的能源产业。

1. 硅太阳能电池

硅太阳能电池分为单晶硅太阳能电池、多晶硅薄膜太阳能电池和非晶硅薄膜太阳能电池三种。单晶硅太阳能电池转换效率最高，技术也最为成熟，在大规模应用和工业生产中仍占据主导地位，但由于单晶硅成本高，大幅度降低其成本很困难。为了节省硅材料，发展了多晶硅薄膜和非晶硅薄膜太阳能电池作为单晶硅太阳能电池的替代产品。

多晶硅薄膜太阳能电池与单晶硅薄膜太阳能电池相比，成本低，而效率高于非晶硅薄膜电池。因此，多晶硅薄膜电池不久将会在太阳能电池市场上占据主导地位。

非晶硅薄膜太阳能电池成本低、重量轻，转换效率较高，便于大规模生产，有极大的潜力。但受制于其材料引发的光电效率衰退效应，稳定性不高，直接影响了它的实际应用。如果能进一步解决稳定性问题及提高转换率问题，那么，非晶硅太阳能电池无疑是太阳能电池的主要发展产品之一。

2. 多晶体薄膜电池

硫化镉、碲化镉多晶体薄膜电池的效率较非晶硅薄膜太阳能电池效率高，成本较单晶硅电池低，并且也易于大规模生产，但由于镉有剧毒，会对环境造成严重的污染，因此，并不是晶体硅太阳能电池最理想的替代产品。

砷化镓（GaAs）太阳能电池的转换效率可达28%，GaAs化合物材料具有十分理想的光学带隙以及较高的吸收效率，抗辐照能力强，对热不敏感，适用于制造高效单结电池。但是GaAs材料的价格不菲，因而在很大程度上限制了GaAs电池的普及。

铜铟硒薄膜太阳能电池（简称CIS）适合光电转换，不存在光致衰退问题，转换效率和多晶硅一样，具有价格低廉、性能良好和工艺简单等优点，将成为今后发展太阳能电池的一个重要方向。

3. 有机聚合物太阳能电池

有机材料具有柔性好、制作容易、材料来源广泛、成本低等优势，对大规模利用太阳能、提供廉价电能具有重要意义。但以有机材料制备太阳能电池的研究仅仅刚开始，不论是使用寿命，还是电池效率都不能和无机材料特别是硅电池相比。其能否发展成为具有实用意义的产品，还有待于进一步研究探索。

4. 纳米晶体太阳能电池

纳米TiO_2晶体太阳能电池的优点是它廉价的成本和简单的工艺及稳定的性能。其光电效率稳定在 10% 以上，制作成本仅为硅太阳能电池的 1/10 ～ 1/5，寿命能达到 20 年以上。此类电池的研究和开发刚刚起步。

5. 有机薄膜太阳能电池

有机薄膜太阳能电池就是由有机材料构成核心部分的太阳能电池。这类电池的研究也刚开始。

6. 染料敏化太阳能电池

染料敏化太阳能电池是将一种色素附着在 TiO_2 粒子上，然后浸泡在一种电解液中，色素受到光的照射，生成自由电子和空穴。自由电子被 TiO_2 吸收，从电极流出进入外电路，再经过用电器，流入电解液，最后回到色素。染料敏化太阳能电池的制造成本很低，这使它具有很强的竞争力。它的能量转换效率为 12% 左右。

（四）太阳能的热利用

太阳能光热技术是指将太阳辐射能转化为热能进行利用的技术。太阳能光热技术的利用通常可分直接利用和间接利用两种形式。常见的直接利用方式有利用太阳能热水器提供生活热水、利用太阳能空气集热器进行供暖或物料干燥、基于集热 – 储热原理的间接加热式被动太阳房、利用太阳能加热空气产生的热压增强建筑通风。目前技术比较成熟且应用比较广泛的是太阳能热水器、太阳能热发电、太阳能温室、太阳灶等。太阳能间接利用的主要形式有太阳能吸收式制冷、太阳能喷射制冷，目前比较成熟的应用就是太阳能空调。

1. 太阳能热水器

太阳能热水器将太阳光能转化为热能，将水从低温加热到高温，以满足人们在生活、生产中的热水使用。

太阳能热水器系统保温性能好，蓄热能量大，保温水箱有蓄水功能，可满足大批量人员集中使用热水，也可作停水时应急水源之用。太阳能热水器系统全自动静态运行，无需专人看管，无噪音、无污染，也无漏电、失火、中毒等危险，安全可靠，环保节能，利国利民。

2. 太阳能热发电

太阳能热发电，也叫聚焦型太阳能热发电，通过大量反射镜以聚焦的方式将太阳能直射光聚集起来，加热工作物质，产生高温高压的蒸汽，蒸汽驱动汽轮机发电。

太阳能热发电通常叫作聚光式太阳能发电，与传统发电站不一样的是，它们是通过聚集太阳辐射获得热能，将热能转化成高温蒸汽驱动蒸汽轮机来发电的。当前太阳能热发电按照太阳能采集方式可划分为：太阳能槽式热发电、太阳能塔式热发电、太阳能碟式热发电。

3. 太阳能温室

太阳能温室是直接利用太阳辐射能的重要方面，它把房屋看作一个集热器，通过建筑设计把高效隔热材料、透光材料、储能材料等有机地集成在一起，使房屋尽可能多地吸收并保存太阳能，达到房屋采暖目的。

太阳能温室可以节约 75% ～ 90% 的能耗，并具有良好的环境效益和经济效益，已成为各国太阳能利用技术的重要方面。

4. 太阳灶

太阳灶是利用太阳能辐射，通过聚光获取热量，进行炊事烹饪食物的一种装置。它不烧任何燃料，没有任何污染，适合在缺乏常规能源且太阳辐射较强的农村地区使用。

太阳灶的结构都比较简单，制造工艺要求也不高，主要有箱式太阳灶、平板式太阳灶、聚光太阳灶和室内太阳灶、储能太阳灶、菱镁太阳灶。

5. 太阳能空调

太阳能空调的最大优点是季节适应性好，太阳能空调系统的制冷能力是随着太阳辐照能量的增加而增大的，这正好与夏季人们对空调的迫切要求相匹配。将太阳能吸收式空调系统与常规的压缩式空调系统进行比较，除了季节适应性好这个最大优点之外，它还具有以下几个主要优点。

（1）传统的压缩式制冷机以氟利昂为介质，它对大气层有一定的破坏作用，吸收式制冷机以不含氟氯烃化合物的溴化锂为介质，无臭、无毒、无害，有利于保护环境。

（2）无论采取何种措施，压缩式制冷机都会有一定的噪声。而吸收式制冷除了功率很小的屏蔽泵之外，无其他运动部件运转，噪声很低。

（3）同一套太阳能吸收式空调系统将夏季制冷、冬季采暖和其他季节提供热水多种功能结合起来，做到了一机多用、四季常用，可以显著地提高太阳能系统的利用率和经济性。

二、氢能

氢能是指以氢及其同位素为主体的反应或氢的状态变化过程中所释放的能量，包括氢核能和氢化学能两大部分。

随着目前所用的石油、天然气、煤等不可再生的化石能源消耗量的日益增加，其储量日益减少，终有一天这些资源将要枯竭，而人类生存又时刻离不开能源，这就迫切需要寻找一种不依赖化石能源的、储量丰富的、新的含能体能源。氢是通过一定的方法利用其他能源制取的，它不像煤、石油和天然气等必须直接从地下开采、几乎完全依靠化石矿物，且具有高效、洁净、资源丰富、可再生等优点。

（一）氢能的优点

1. 安全性能好

氢是质量最轻的元素。氢气的分子量为 2.016，标准状态下，密度为 0.8999 克 / 升，是空气的 1/14，因此，氢气泄漏于空气中会自动逃离地面，不会形成聚集，而其他燃油、燃气均会聚集地面而构成易燃易爆危险。

2. 高温高能

除核燃料外，氢的发热值是所有化石燃料、化工燃料和生物燃料中最高的，为 142351 千焦 / 千克，是汽油发热值的 3 倍。氢氧焰温度高达 2800℃，高于常规液化气。

3. 燃烧性能好

氢气点燃快，与空气混合时有广泛的可燃范围，而且燃点高，燃烧速度快。氢氧焰火焰挺直，且热能集中，热损失小，利用效率高，可根据加热物体的熔点实现焰温的调节。

4. 无毒、环保、可再生

氢本身无味无毒，不会造成人体中毒。与其他燃料相比氢燃烧时最清洁，除了生成水和少量氮化氢外不会产生诸如一氧化碳、二氧化碳、碳氢化合物和粉尘颗粒等对环境有害的污染物质，少量的氮化氢经过适当处理也不会污染环境，且燃烧生成的水无腐蚀性，对设备无损。水还可继续制氢，反复循环使用。

5. 具有催化特性

氢气是活性气体催化剂，加速反应过程，促进完全燃烧，达到提高焰温、节能减排之功效。

6. 具有还原特性

各种原料可以通过加氢来精炼。

7. 利用形式多

氢气既可以通过燃烧产生热能，在热力发动机中产生机械功，又可以作为能源材料用于燃料电池，或转换成固态氢用作结构材料。

8. 来源广泛

氢是自然界存在最普遍的元素，据估计它构成了宇宙质量的75%。除空气中含有极少量的氢气外，它主要以化合物的形态贮存于水中，而水是地球上最广泛的物质。据推算，如把海水中的氢全部提取出来，它所产生的总热量比地球上所有化石燃料放出的热量还大9000倍。氢气可由水电解制取，水取之不尽，而且每千克水可制备1860升氢气。

9. 贮运性能好

氢可以气态、液态或固态的金属氢化物形式出现，能适应贮运及各种应用环境的不同要求。

10. 自重轻

氢可以减轻燃料自重，可以增加运载工具有效载荷，这样可以降低运输成本。

由以上特点可以看出氢是一种理想的新的能源。目前液氢已广泛用作航天动力的燃料，但是在实际的应用中氢的存储与运输，以及如何廉价方便地制取氢，一直是制约氢能发展的问题。

（二）氢能的来源

氢在自然界中分布很广，水便是氢的"仓库"——氢在水中的质量分数为11%；泥土中约有1.5%的氢；石油、天然气、动物和植物体也含氢，人体中就含有约10%的氢。在空气中的氢气不多，约占总体积的千万分之五。在整个宇宙中，氢却是最多的元素，主星序上恒星的主要成分都是等离子态的氢。

在工业上大规模制备氢气根据其原料来源、制备原理等有很多种方法。常见的有以下几种。

1. 化石燃料制氢

在"氢经济"的起始阶段，氢主要从矿物燃料中获得，常见的制氢方法有：①天然气制氢；②以重油为原料部分氧化法制取氢气；③以煤为原料制氢，主要通过煤的焦化（或称高温干馏）和煤的气化。

2. 电解水制氢

电解水制氢是最有应用前景的一种方法，它具有产品纯度高、操作简便、无污染、可循环利用等优点。水电解制氢目前主要包括三种方法，分别是碱性水溶液电解、固体聚合物电解质水电解和高温水蒸气电解。

电解水制氢存在的最大问题是槽电压过高，导致电能消耗增大，进而导致成本增加，这也是目前该技术无法与化石燃料制氢技术竞争的主要原因。

3. 生物质制氢

生物质资源丰富，是最重要的可再生资源。生物质主要通过气化和微生物制氢。生物质作为能源，其含氮量和含硫量都比较低，灰分也很少，并且由于其生长过程吸收二氧化碳，使得整个循环的二氧化碳排放量几乎为零。

4. 太阳能制氢

太阳能对我们来说是取之不尽的能源来源，如何有效地利用太阳能是一个关系到将来能源使用的非常重要的课题。利用太阳能来制氢就是一个很好的方向，现在的应用主要有以下几个方向：①太阳能电解水制氢；②太阳能热分解水制氢；③太阳能热化学循环制氢；④太阳能光化学分解水制氢；⑤太阳能光电化学电池分解水制氢；⑥太阳光配位催化分解水制氢；⑦生物光合作用制氢。

5. 工业副产品

炼焦、石化、氯碱和合成氨工业等会产生大量的副产品——氢，而这些氢现在还没有得到很好的利用。

（三）氢能的储存与运输

氢能的储存与运输是氢能应用的前提。氢在一般条件下以气态形式存在，且易燃（氢含量 4% ~ 75%）、易爆（氢含量 15% ~ 59%），这就为储存和运输带来了很大的困难。当氢作为一种燃料时，必然具有分散性和间歇性使用的特点，因此必须解决储存和运输问题。储氢和输氢技术要求能量密度大（包含单位体积和质量储存的氢含量大）、能耗少、安全性高。

当作为车载燃料使用（如燃料电池动力汽车）时，应符合车载状况所需要求。一般来说，汽车行驶 400 千米需消耗汽油 24 千克，而以氢气为燃料则只需要 8 千克（内燃机，效率 25%）或 4 千克（燃料电池，效率 50% ~ 60%）。

1. 氢的储存

总体说来，氢气储存可分为物理法和化学法两大类。物理储存方法主要包括低温液氢储存、高压氢气储存、活性炭吸附储存、碳纤维和碳纳米管储存、玻璃微球储存、地下岩洞储存等。化学储存方法有金属氢化物储存、有机液态氢化物储存、无机物储存、铁磁性材料储存等。

（1）高压氢气储存

高压钢瓶储存氢是一种常用的氢气储存方法，使用特种高强度奥氏体钢材料制成的容器时，储氢质量也仅是总质量的 2% ~ 6%。因此其储氢能量密度低。

为适应加氢站、制氢站和电厂等大规模、低成本储存的要求，可采用固定式高压储氢。其特点是压力高、固定式使用，但是质量的限制不严，一般采用较大容量的钢制压力容器。

考虑到其经济性和安全性，大规模储存氢气还可采用加压地下储存。

（2）低温液氢储存

液态储存氢能达到很高的储存体积密度和质量密度。液氢存储的质量比为 5% ~ 7.5%，体积容量约 0.04 千克氢 / 升，需要极好的绝热装置来隔热，避免沸腾汽化。这种储存方法特别适合储存空间有限的运载场合，宇宙飞船用的火箭发动机、汽车和飞机的发动机等。美国飞往月球的"阿波罗"号宇宙飞船、我国发射的"神舟"系列宇宙飞船和人造卫星的长征系列运载火箭等，都是用液态氢作燃料的。若仅从质量和体积上考虑，液氢储存是一种极为理想的储氢方式。但氢气液化需要消耗很大的冷却能量，液氢的贮存容器必须采用超低温特殊容器，导致储存成本较高，安全技术也较复杂。高度绝热的储氢容器是目前研究的重点。

（3）金属氢化物储氢

当把储氢金属在一定温度和压力下放置在氢气中时，就可以吸收大量的氢气，生成金属氢化物，生成的金属氢化物加热后释放出氢气。利用这一特性就可以有效地储氢。另外，储氢金属具有吸氢放热和吸热放氢的本领，可将热量储存起来，作为房间内取暖和空调使用。

金属氢化物储氢比液氢和高压氢储存安全，并且有很高的储存容量（表3-3）。但由于成本问题，金属氢化物储氢仅适用于少量气体储存。

表 3-3　某些金属氢化物的储氢能力

储氢介质	氢原子密度 /（10^{22} 个 / 立方厘米）	储氢相对密度	含氢量（质量分数）/%
标态下的氢气	0.0054	1	100
氢气钢瓶（15 兆帕斯卡）	0.81	150	100
-253℃液氢	4.2	778	100
$LaNi_5H_6$	6.2	1148	1.37
$FeTiH_{1.95}$	5.7	1056	1.85
$MgNiH_4$	5.6	1037	3.6
MgH_2	6.6	1222	7.65

注：由表可见，有些金属氢化物的储氢密度是标准状态下氢气的 1000 倍，与液氢相当，甚至超过液氢。

（4）氢存储研究发展方向

氢的储存是氢能应用的难题和关键技术之一，得到了广泛的研究，并不断开发出了一些氢储存新技术。

① 高压储氢技术　已经有 350 兆帕斯卡的储氢罐商品，700 兆帕斯卡的储氢罐样品也成功面世。

② 有机化合物储氢　苯、甲苯、环己烷等是较理想的液态储氢载体。有机物储氢密度高，储氢量大，苯理论量为 7.19%，甲苯为 6.67%。

③ 碳凝胶储氢　类似于泡沫塑料的物质，具有超细孔、大表面积，并有一个固态的基体等特点。8.3 兆帕斯卡下储氢 3.7%（质量）。

④ 玻璃微球储氢　玻璃态化结构属非晶态结构材料，将熔融液态合金急冷获得，如 $Zr_{36}Ni_{64}$ 等。优点：反复吸放氢不会粉末化，比晶态材料吸氢量多。

⑤ 氢浆储氢　氢浆为有机溶剂与金属储氢材料的固 – 液混合物，具有以下优点：混合物可用泵输送，传热性能改善，避免合金粉末化和粉末飞散，工程放大设计方便。

⑥ "冰笼"储氢　压力足够大时，氢气可以成对或 4 个一组被装进"冰笼"中，氢和冰在 2000 单位大气压、-24℃下就融合成"笼形物"。

⑦ 层状化合物储氢　受纳米管储氢的启发，利用其他的硼等层状物来储氢。

⑧ 活性炭、碳纳米管等碳材料储氢。

2. 氢的运输

目前氢气的运输方式主要包括压缩氢气和液氢运输两种，金属氢化物储氢、配位氢化物储氢等技术尚有待成熟。

压缩氢气可采用高压气瓶、拖车或管道输送，气瓶和管道的材质可直接使用钢材。管道输送适合于短距离、用量较大、用户集中、使用连续而稳定的地区。现有天然气管道可以被改装成输氢管道，但需要采取措施预防氢脆所带来的腐蚀问题。这种技术较为成熟，有些国家已经建成了这种输氢管道，但如果距离过长，要有中间加压措施，建造比较复杂。高压气瓶运输由于储氢质量只占运输质量的 1% ~ 2%，不太经济。

运输液态氢气最大的优点是能量密度高（1 辆拖车运载的液氢相当于 20 辆拖车运输的压缩氢气），适合于远距离运输（在不适合铺设管道的情况下）。但由于储氢容器和管道需要采取严格的绝热措施，而且为了确保安全，输氢系统的设计、结构和工艺均比较复杂，总体成本较高。

用金属氢化物储氢桶或罐进行储氢可得到与液氢相同甚至更高的储氢密度，可以用各种交通工具运输，安全而经济。氢气储存于有机液体中，储氢量大，用管道或储罐等输送更为方便。

（四）氢能的综合应用

氢作为一种清洁环保的新能源和可再生能源，其利用途径和方法很多。其应用主要有以下三个方面：利用氢和氧化剂发生反应放出的热能，利用氢和氧化剂在催化剂作用下的电化学反应直接获取电能及利用氢的热核反应释放出的核能。我国早已试验成功的氢弹就是利用了氢的热核反应释放出的核能，是氢能的一种特殊应用。我国航天领域使用的以液氢为燃料的液体火箭，是氢作为燃料能源的典型例子。氢不但是一种优质燃料，还是石油、化工、化肥和冶金工业中的重要原料和物料，此外 Ni–MH 电池在手机、笔记本电脑、电动车等方面也获得了广泛的应用。

1. 氢能发电

利用氢气和氧气燃烧，组成氢氧发电机组。这种机组是火箭型内燃发动机配以发电机，它不需要复杂的蒸汽锅炉系统，因此结构简单，维修方便，启动迅速，要开即开，欲停即停。在电网低负荷时，还可吸收多余的电来进行电解水，生产氢和氧，以备高峰时发电用。这种调节作用对于电网运行是有利的。另外，氢和氧还可直接改变常规火力发电机组的运行状况，提高电站的发电能力。例如，氢氧燃烧组成磁流体发电，利用液氢冷却发电装置，进而提高机组功率等。

世界上首座氢能源发电站于 2010 年 7 月 12 日在意大利正式建成投产。这座电站位于水城威尼斯附近的福西纳镇。据报道，意大利国家电力公司投资 5000 万欧元建成这座清洁能源发电站，该发电站功率为 16 兆瓦，年发电量可达 6000 万千瓦时，可满足 2 万户家庭的用电量，一年可减少相当于 6 万吨的二氧化碳排放量。

2. 氢电池

镍／金属氢化物（简称镍氢，Ni–MH）电池作为当今迅速发展起来的一种高能绿色充电电池，凭借能量密度高、可快速充放电、循环寿命长以及无污染等优点在笔记本电脑、便携式摄像机、数码相机、家用充电电池及电动自行车等领域得到了广泛应用。

镍氢电池除了应用在消费性电子产品、电动遥控玩具等中，还由于其具有比功率高、充放电电流大、无污染、安全性好等特点，广泛应用于混合动力汽车上。虽然其在质量上比锂离子电池重，但也仍然有部分纯电池动力车使用镍氢电池。

氢燃料电池具有转换效率高、容量大、比能量高、功率范围广、不用充电等优点，适用范围广，但由于成本高，系统比较复杂，目前仅限于一些特殊用途，如宇宙飞船、潜水艇、军事、电视中转站、灯塔和浮标等方面。

氢燃料电池可与太阳能电站、风力电站等建成储能站，也可建成夜间电能调峰电站，占地少，投资低，从环境保护角度更是一种值得推广的新应用。氢燃料电池用作汽车的发动机的研究也取得了重大进展。

3. 氢能汽车

氢能汽车是以氢为主要能量进行移动的汽车。用氢气作为燃料有许多优点：首先是洁净环保，氢气燃烧后的产物是水，完全无污染，是真正意义上的"零排放"；其次是氢气在燃烧时比汽油的发热量高，氢能汽车比汽油汽车总的燃料利用效率高20%。因此，氢能汽车是清洁的理想交通工具。氢能汽车按氢释放能量方式的不同分为氢燃料电池车和氢内燃车两类。

近年来，国际上以氢为燃料的"燃料电池发动机"技术取得重大突破，美国、德国、法国等采用氢化金属储氢，而日本则将液氢燃料组装的燃料电池应用在汽车上，进行大量的道路运行试验，其经济性、适用性和安全性均较好。采用氢燃料电池发动机的新能源汽车开始进入商业化。

上海世博会服务的新能源汽车中，氢燃料电池汽车就有196辆，包括专用于贵宾接待的90辆燃料电池汽车、6辆燃料电池公交客车和100辆燃料电池观光车。燃料电池汽车入园以来，作为世博园区最繁忙的交通工具，日均接待游客上万人。其氢气由上海焦化厂副产焦炉煤气分离提纯而得，实现了副产氢气的循环利用。

氢内燃车和氢燃料电池车不同。氢内燃车是传统汽油内燃机车的带少量改动的版本，其使用的氢燃料发动机直接燃烧氢。

现在有两种氢内燃汽车，一种是全烧氢汽车，另一种是氢气与汽油混烧的掺氢汽车。掺氢汽车的发动机只要稍加改变或不改变，即可提高燃料利用率和减轻尾气污染。使用掺氢5%左右的汽车，平均热效率可提高15%，节约汽油30%左右。因此，目前实际应用较多的是掺氢汽车，氢在混合燃料中占30%～85%，待氢气可以大量供应后，再推广全燃氢汽车。

掺氢汽车的特点是汽油和氢气的混合燃料可以在稀薄的贫油区工作，能改善整个发动机的燃烧状况。在中国目前城市交通拥堵情况较严重，汽车发动机多处于部分负荷下运行，采用掺氢汽车尤为有利。特别是有些工业余氢（如合成氨生产）未能回收利用，倘若回收起来作为掺氢燃料，其经济效益和环境效益都是十分可观的。

4. 燃氢燃气轮机

出于降低NO_x排放量的目的，目前氢主要是以富氢燃气（富氢天然气或合成气）的形式应用于燃气轮机发电系统，关于纯氢作为燃料气的报道较少。也有报道，科研人员成功测试了一种以纯氢为燃料，配备超低排放燃烧技术（即低漩涡注射器）的试验性燃气轮机模拟器。低漩涡注射器可以燃烧不同的燃料，是一种既简便又低成本、高效率的技术。低漩涡注射器很有希望使NO_x的排放量接近于零。

5. 火箭发动机

美国的航天飞机已成功使用液氢作为燃料。我国长征系列火箭也使用液氢作为燃料。美国利用液氢作为超音速和亚音速飞机的燃料，使B57双引擎轰炸机改装了液氢发动机，首次实现了氢能飞机上天。特别是1957年苏联宇航员加加林乘坐人造地球卫星遨游太空和1963年美国的宇宙飞船上天，紧接着1968年阿波罗号飞船实现了人类首次登上月球的创举，还有我国神舟系列宇宙飞船遨游太空和嫦娥三号卫星登月的成功，这一切都有氢燃料的功劳。

6. 受控核聚变

两个较轻的原子核聚合成一个较重的原子核，同时放出巨大的能量，这种反应叫轻核聚变反应。它是取得核能的重要途径之一。在太阳等恒星内部，因压力、温度极高，轻核才有足够的动能去克服静电斥力而发生持续的聚变。核聚变反应必须在极高的压力和温度下进行，故称为"热核聚变反应"。

受控核聚变，指在人力可控的条件下将轻原子核聚变合成较重的原子核，同时释放出巨大能量，主要原料就是氢的重同位素氘和氚。

7. 家庭用氢

氢能除了能用于家庭取暖外，也可以作为做饭的燃料。目前城市居民主要用天然气做饭，虽说天然气是一种较好的能源，但是天然气的主要成分是甲烷，甲烷燃烧后也会生成温室气体二氧化碳。使用氢气作为燃料，就能减少温室气体的排放量。

氢能进入家庭后，还可以解决生活污水的处理问题。我们洗衣服、洗手等废水经过对某些离子的处理，也可以作为制氢气的原料，不仅节约了水资源，也可以减少这些水排出后的污染。将来人们可以完全在家中制取氢气。人们只需要打开自来水开关，水流通过专门的机器，分解后就可以制成氢气，人们可以随时使用到清洁的氢能。氢气在制取、燃烧、处理等多个环节都不会对环境产生影响，因此是真正的清洁燃料。

8. 工业用途

氢是主要的工业原料，也是最重要的工业气体和特种气体，在石油化工、电子工业、冶金工业、食品加工、精细有机合成、航空航天等方面有着广泛的应用。氢气的最初用途是制氢气球、氢气飞艇。目前，全世界生产的氢气有三分之二用于制合成氨，其次是用于石油炼制和石油化工的各种工艺过程，如加氢裂化、催化加氢、加氢精制、加氢脱硫、苯加氢制环己烷、萘加氢制十氢萘等，最后是生产甲醇。以上三者占氢总消费量的98%以上。一般情况下，氢极易与氧结合。这种特性使其成为天然的还原剂使用于防止出现氧化的生产中。例如，在玻璃制造的高温加工过程及电子微芯片的制造中，在氮气保护气氛中加入氢以去除残余的氧。此外，氢气还用于动植物油脂的硬化，如制造人造奶油、脆化奶油、润滑脂等。氢有很强的还原性，在冶金中能将钨和钼的氧化物还原成金属钨和钼。在热处理和金属氢化物生产中，可以利用氢气提供还原气氛。氢与氧燃烧时产生2600℃的高温，用于熔融和切割金属。

三、核能

核能（或称原子能）是通过转化其质量从原子核释放的能量，核能一般通过核裂变、核聚变或核衰变这三种核反应之一释放。

（一）核能开发的价值

核能有巨大威力。1公斤铀原子核全部裂变释放出来的能量，约等于2700吨标准煤燃烧时所放出的化学能。一座100万千瓦的核电站，每年只需25吨至30吨低浓度铀核燃料，运送这些核燃料只需10辆卡车；而相同功率的煤电站，每年则需要300多万吨原煤，运输这些煤炭，要1000列火车。核聚变反应释放的能量则更巨大。据测算1公斤煤只能使一列火车开动8米；1公斤裂变原料可使一列火车开动4万公里；而1公斤聚变原料可以使一列火车行驶40万公里，相当于地球到月球的距离。

地球上蕴藏着数量可观的铀、钍等裂变资源，如果把它们的裂变能充分利用，可以满足人类上千年的能源需求。在大海里，还蕴藏着不少于20万亿吨核聚变资源——氢的同位元素氘，如果可控核聚变在21世纪前期变为现实，这些氘的聚变能将可顶几万亿亿吨煤，能满足人类百亿年的能源需求。更可贵的是核聚变反应中几乎不存在放射性污染。聚变能称得上是未来的理想能源。因此，人类已把解决资源问题的希望，寄托在核能这个能源世界未来的巨人身上了。

化石燃料在能源消耗中所占的比重仍处于绝对优势，但此种能源不仅燃烧利用率低，而且污染环境，它燃烧所释放出来的二氧化碳等有害气体容易造成温室效应，使地球气温逐年升高，造成气候异常，加速土地沙漠化过程，给社会经济的可持续发展带来严重影响。与火电厂相比，核电站是非常清洁的能源，不排放这些有害物质，也不会造成温室效应，因此能大大改善环境质量，保护人类赖以生存的生态环境。

（二）核能的优点

世界上有比较丰富的核资源，核燃料有铀、钍氘、锂、硼等，世界上铀的储量约为417万吨。地球上可供开发的核燃料资源，可提供的能量是矿石燃料的十万多倍。核能应用作为缓和世界能源危机的一种经济有效的措施有许多的优点。

① 核能发电不像化石燃料发电那样排放巨量的污染物质到大气中。

② 核能发电不会产生加重地球温室效应的二氧化碳。

③ 核燃料能量密度高，故核能电厂所使用的燃料体积小，运输与储存都很方便，一座1000百万瓦的核能电厂一年只需60吨的铀燃料，一航次的飞机就可以完成运送。

④ 核能发电的成本中，燃料费用所占的比例较低，核能发电的成本较不易受到国际经济情势影响，故发电成本与其他发电方法相比较为稳定。

（三）核裂变

现在唯一达到工业应用、可以大规模替代化石燃料的能源，就是核能。目前核能发电的能量来自核反应堆中可裂变材料（核燃料）进行裂变反应所释放的核裂变能。裂变反应（图3-4）指铀235、钚239、铀233等重元素在中子作用下分裂为两个碎片，同时放出中子和大量能量的过程。反应中，可裂变物的原子核吸收一个中子后发生裂变并放出两三个中子。若这些中子除去消耗，至少有一个中子能引起另一个原子核裂变，使裂变持续地进行，则这种反应称为链式裂变反应。实现链式反应是核能发电的前提。因此，当前使用的核燃料主要是铀235、钚239。

核裂变产物大多具有放射性，所以原料和产物的贮存、处理都要有严格的安全措施。

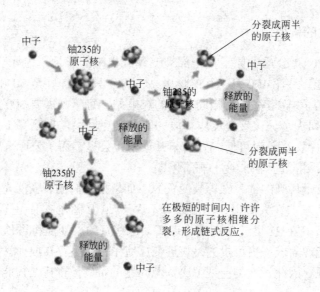

图 3-4 核裂变反应示意图

核电至今已有 70 多年的发展历史。截止到 2019 年年底，全世界核电运行机组共有 449 台，其发电量约占世界发电总量的 16%。

（四）核聚变

核聚变（图 3-5）是指由质量小的原子，主要是指氘或氚，在一定条件下（如超高温和高压），发生原子核互相聚合作用，生成新的质量更重的原子核，并伴随着巨大的能量释放

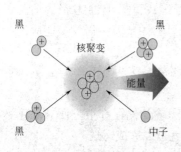

图 3-5 核聚变反应示意图

的一种核反应形式。核聚变资源极为丰富，而且核聚变不产生放射性产物，安全性好。1952 年美国引爆第一颗氢弹开创了核聚变历史，我国也于 1966 年成功进行了氢弹原理试验，并于 1972 年我国第一颗实用氢弹空投爆炸试验成功。

1. 核聚变的优点

① 释放能量巨大。单位质量的氘聚变所放出的能量是铀 235 裂变所放出的能量的四倍。

② 原料丰富。氘可由重水中得到，海水中重水达 2×10^{20} 千克，核聚变资源极为丰富。

③ 环境友好。聚变后不产生放射性的物质，而铀裂变后废物难处理。

④ 核聚变比核裂变的原料成本低。铀的提炼十分复杂，1 千克浓缩铀的成本为 1.2 万美元，1 千克氘的成本为 300 美元。

要实现核聚变必须满足以下条件。

① 足够高的点火温度（几千万或几亿摄氏度）。

② 反应装置的气体密度要很低，是常温常压下气体密度的几万分之一。

③ 充分约束，能量的约束时间要超过 1 秒，使聚变产生的能量大于我们用于加热和约束等离子体所消耗的能量。

现在国际上已建成多个可控核聚变反应的实验装置，预计不远的将来可控核聚变会给我们带来源源不断的能源。

2. 可控热核反应

由于热核反应的点火温度很高，反应装置中的气体密度要很低，相当于常温常压下气体密度的几万分之一，另外，如何约束聚变所需的燃料等问题，造成现在的技术无法实行控制热核反应。科学家一直在为之努力。

（五）核能的利用

核能是一种清洁、安全、技术成熟的能源，开发利用核能成为能源危机下人类做出的理性选择。核能对军事、经济等都有广泛而重大的影响。在军事上，核能可作为核武器，并用于航空母舰、核潜艇等的动力源；在经济上，核能可以替代化石燃料，用于发电；可以作为放射源应用于医疗；还可以为城市供热等。

1. 军事上的利用

1945 年 7 月 6 日，在美国新墨西哥州阿拉莫多尔军事基地，第一颗原子弹试验取得了成功；1945 年 8 月 6 日和 9 日，美国将一颗铀弹和一颗钚弹分别投掷在日本的广岛和长崎，造成两个城市 49 万人丧生，并对城市遗留了久远的辐射污染。1949 年 9 月 22 日，苏联成功引爆原子弹。相继，英国、法国、中国拥有了自己的核武器。后来，美国、苏联、中国分别引爆氢弹。为防止核武器扩散造成的潜在危险性，各国签订了《不扩散条约》以及《全面禁止核武器条约》。

2. 核能发电

发展核电是和平利用核能的一种主要途径。如图 3-6 所示，核电站的核心是反应堆，反应堆工作时放出核能主要是以热能的形式由冷却剂带出，用以产生蒸汽。由蒸汽驱动汽轮发电机组进行发电，发电系统与传统的汽轮发电机系统基本相同。工业核电站的功率一般达到几十万千瓦、上百万千瓦。

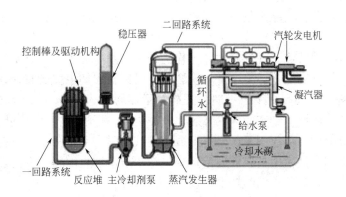

图 3-6　核能发电示意图

在 1942 年 12 月 2 日第一座反应堆首次启动时，功率仅为 0.5 瓦。60 年后，核能已占全世界总能耗的 6%。截至 2010 年，世界上核电站现役核反应堆有 437 座，其中最多的国家是美国，有 104 座核反应堆；核电发电比例最高的国家是立陶宛，占 76.2%，其次是法国，占 75.2%。中国的核电工业也已有 50 多年发展历史，建立了从地质勘察、采矿到元件加工、后处理等相当完整的核燃料循环体系，已建成多种类型的核反应堆并有多年的安全管理和运行经验，拥有一支专业齐全、技术过硬的队伍。

1991 年秦山 30 万千瓦压水堆核电站投用，这是中国大陆自行设计、建造和运营管理的第一座压水堆核电站，结束了中国大陆无核电的历史，标志着中国核工业的发展上了一个新台阶，使中国成为继美国、英国、法国、苏联、加拿大、瑞典之后世界上第 7 个能够自行设计、建造核电站的国家；1994 年大亚湾 100 万千瓦压水堆核电站投用，大亚湾核电站引进了法国的核岛技术装备和英国的常规岛技术装备进行建造和管理，并由一家美国公司提供质量保证，作为改革开放以后中外合作的典范工程，成功实现了中国大陆大型商用核电站的起步，实现了中国核电建设跨越式发展、后发追赶国际先进水平的目标，为中国核电事业发展奠定了基础。

在实验性质的秦山一期和商业开端的大亚湾之后，中国又建设了秦山二期、岭澳、秦山三期和田湾等核电站。经过几代核电人的艰苦奋斗，中国核电站建造运营技术已基本进入成熟阶段。虽然 2011 年日本福岛核泄漏事故发生后，中国暂停了所有核电项目审批并对现有设备进行综合安全检查，但在 2012 年 5 月 31 日，国务院常务会议审议通过《核安全检查报告》和《核安全规划》，指出中国民用核设施安全和质量是有保障的，核电也正式重启。中国核能行业协会最新数据显示，截至 2019 年 3 月 31 日，我国投入商业运行的核电机组共45 台（不含台湾地区核电信息），装机容量 45895.16MWe（额定装机容量）。其中，海阳核电厂 2 号机组在 2019 年 1 月 9 日投入商业运行，装机容量为 1250MWe。各运行核电厂严格控制机组的运行风险，继续保持机组安全、稳定运行。

3. 核能的其他应用

核能供热是 20 世纪 80 年代才发展起来的一项新技术，这是一种经济、安全、清洁的热源。在能源结构上，用于低温的热源，占总热耗量的一半左右，这部分热多由燃煤直接获得，给环境造成严重污染。发展核反应堆低温供热，对缓解供应和运输紧张、净化环境、减少污染等方面都有十分重要的意义。核供热是一种前途远大的核能利用方式，不仅可用于居民冬季采暖，也可用于工业供热。特别是高温气冷堆可以提供高温热源，能用于煤的气化、炼铁等耗热巨大的行业。核能不仅可以供热，还可以用来制冷，通过低温供热堆进行的制冷试验已成功。

核能是一种具有独特优越性的动力，可作为地下、水中和太空缺乏空气环境下的特殊动力；而且核能少耗料、高能量，是一种一次装料后可以长时间供能的特殊动力，所以核能可作为大型舰船、潜艇、火箭、宇宙飞船、人造卫星等的特殊动力。如 1997 年 10 月 15 日美国宇航局发射的"卡西尼"号空间探测飞船，飞往土星，行程达 35 亿公里，采用了核动力。

核能由于其放射性，被应用于医学，形成了现代医学的一个分支——核医学。核技术在治疗恶性肿瘤上得到广泛应用，在放射治疗中，快中子治癌也取得了好的效果。核能技术应用于农学，形成了核农学，常用的技术有核辐射育种等。

（六）安全使用核能

核能是把双刃剑，在其巨大的优势下，我们需要重视核能的安全性。目前，在使用核能中的安全隐患原因如下。

（1）需要为核裂变链式反应提供必要的条件，使之得以进行。

（2）核电厂会产生高低阶放射性废料，或者是使用过的核燃料，虽然所占体积不大，但因具有放射线，故必须慎重处理，且需面对相当大的政治困扰。

（3）链式反应必须能由人通过一定装置进行控制。失去控制的裂变能不仅不能用于发电，还会酿成灾害。

（4）核电厂热效率较低，因而比一般化石燃料电厂排放更多废热到环境，故核能电厂的热污染较严重。

（5）裂变反应产生的能量要能从反应堆中安全取出。

（6）裂变反应中产生的中子和放射性物质对人体危害很大，必须设法避免它们对核电站工作人员和附近居民的伤害。

（7）核电厂投资成本太大，电力公司的财务风险较高。

（8）核电厂较不适宜做尖峰、离峰之随载运转。

（9）兴建核厂较易引发政治歧见纷争。

（10）核电厂的反应器内有大量的放射性物质，如果在事故中释放到外界环境，会对生态及民众造成伤害。

四、地热能

（一）地热能的来源

地热能是由地壳抽取的天然热能，它来自地球的熔融岩浆和放射性物质的衰变，以及太阳的一小部分能量，并以热力形式存在，是引致火山爆发及地震的能量。而火山喷发、温泉和喷泉等是地热的传播方式。地球内部的温度高达7000℃，而在80～100千米深处，温度会降至650～1200℃。透过地下水的流动和熔岩涌至离地面1～5千米的地壳，热力得以被传送至较接近地面的地方。高温的熔岩将附近的地下水加热，这些加热了的水最终会渗出地面。运用地热能最简单和最合乎成本效益的方法，就是直接取用这些热源，并抽取其能量。地热能不但是无污染的清洁能源，而且如果热量提取速度不超过补充的速度，热能是可再生的。

（二）地热能的种类

地热能是存于地球内部的热量，按其属性可以分为4种类型。

① 水热型即地下400～4500m所见到的热水或水热蒸汽。

② 地压地热能即在某些大型沉积（或含油气）盆地深处（3～6kg）存在着的高温高压流体，其中含有大量甲烷气体。

③ 干热岩地热能是特殊地质条件造成高温但少水甚至无水的干热岩体，需用人工注水的办法才能将其热能取出。

④ 岩浆热能即储存在高温熔融岩浆体中的巨大热能，其开发利用处于探索阶段。

根据开发利用目的，又可以将水热型地热能分为高温及中低温水资源。

地热能资源主要有两种：地下蒸汽或热水；地下干热岩体。前者主要用于地热发电，后者主要用于地热直接利用（供暖、制冷、工农业用热和旅游疗养等）。

（三）地热能的分布

高温地热资源分布如表3-4所示。

1. 环太平洋地热带

世界最大的太平洋板块美洲、欧亚、印度板块的碰撞边界，即从美国的阿拉斯加、加利福尼亚到墨西哥、智利，从新西兰、印度尼西亚、菲律宾到中国沿海和日本。

2. 地中海、喜马拉雅地热带

欧亚板块与非洲、印度板块的碰撞边界，从意大利直至中国的滇藏。

3. 大西洋中脊地热带

大西洋板块的开裂部位，包括冰岛和亚速尔群岛的一些地热田。

4. 红海、亚丁湾、东非大裂谷地热带

包括肯尼亚、乌干达、扎伊尔、埃塞俄比亚、吉布提等国的地热田。

5. 其他地热区

表3-4　高温地热资源分布

国别	资源概况	热田名称	热储温度（℃）
意大利	有大量蒸汽区分布在托斯卡纳、亚平宁山脉西南侧及西西里岛等地	拉德瑞罗	245
		蒙特阿米亚特	165
新西兰	沸点以上的高温蒸汽区密布于北岛陶波火山带	怀拉开	266
		卡韦劳	285
		维美塔誉	295
		布罗德兰兹	296
冰岛	约有1000多个热泉，30多个活火山，沸点以上的高温地热田28个，分布在冰岛西南及东北部	雷克雅未克	146
		亨伊尔	230
		雷克亚内斯	286
		纳马菲雅尔马克拉弗拉	280
菲律宾	已知有71个地热田，与新生代安山岩大山中心有关	吕宋岛的蒂威和汤加纳	320
墨西哥	约有300多处地热显示区，含有大量沸点以上的高温蒸汽区、约有9个活火山，都集中分布在中央火山轴上	帕泰	150
		塞罗普列托	388
日本	25℃以上的温泉约有22200个，其中90个90℃以上的高温蒸汽区，约有50个活火山	松川	250
		大岳	206
中国	高温地热资源分布在西藏、云南西部和台湾地区	西藏羊八井	329
		仓湾土场–清水	226

（四）地热能的特点

地热能作为一种新型能源，主要优点如下：①储量很丰富，约有相当于4948万亿吨标准煤的量；②再生能源；③运转成本低；④能源供应稳定；⑤产量适合开发；⑥地热厂建造周期短且容易。

其主要不足有：①建设初期成本高；②环境负荷大；③热效率低，共有30%的地热能用来推动涡轮发电机；④一些有毒气体（如硫、硼）会随着热气，而喷入空气中，造成空气污染；⑤钻井技术的制约；⑥地热水的腐蚀和结垢等。

（五）地热能的利用

地热能的利用可分为地热发电和直接利用两大类，而对于不同温度的地热流体可能利用

的范围如下：

（1）200～400℃　直接发电及综合利用；

（2）150～200℃　双循环发电，制冷，工业干燥，工业热加工；

（3）100～150℃　双循环发电，供暖，制冷，工业干燥，脱水加工，回收盐类，罐头食品；

（4）50～100℃　供暖，温室，家庭用热水，工业干燥；

（5）20～50℃　沐浴，水产养殖，饲养牲畜，土壤加温，脱水加工。

人类很早以前就开始利用地热能，如利用温泉沐浴、医疗，利用地下热水取暖、建造农作物温室、水产养殖及烘干谷物等。但真正认识地热资源并进行较大规模的开发利用却始于20世纪中叶。地热能的主要利用方面如下。

（1）地热发电：是地热利用的最重要方式。地热发电的过程，就是把地下热能首先转变为机械能，再把机械能转变为电能的过程。

（2）地热供暖：将地热能直接用于采暖、供热和供热水是仅次于地热发电的地热利用方式。这种利用方式简单、经济性好。

（3）地热务农：利用温度适宜的地热水灌溉农田，可使农作物早熟增产；利用地热水养鱼，在28℃水温下可加速鱼的育肥，提高鱼的出产率；利用地热建造温室，育秧、种菜和养花；利用地热给沼气池加温，提高沼气的产量等。

（4）地热行医：由于地热水从很深的地下提取到地面，除温度较高外，常含有一些特殊的化学元素，从而使它具有一定的医疗效果。如含碳酸的矿泉水供饮用，可调节胃酸、平衡人体酸碱度；含铁矿泉水饮用后，可治疗缺铁贫血症；氢泉、硫水氢泉洗浴可治疗神经衰弱和关节炎、皮肤病等。

地热能是一种新的洁净能源，在当今人们的环保意识日渐增强和能源日趋紧缺的情况下，对地热资源的合理开发利用已愈来愈受到人们的青睐。在我国的地热资源开发中，经过多年的技术积累，地热发电效益显著提升。除地热发电外，直接利用地热水进行建筑供暖、发展温室农业和温泉旅游等利用途径也得到较快发展。全国已经基本形成以西藏羊八井为代表的地热发电、以天津和西安为代表的地热供暖、以东南沿海为代表的疗养与旅游和以华北平原为代表的种植和养殖的开发利用格局。

五、海洋能

海洋能是依附在海水中的可再生能源，海洋通过各种物理过程接收、储存和散发能量，这些能量以潮汐、波浪、温度差、盐度梯度、海流等形式存在于海洋之中。海洋能同时也涉及一个更广的范畴，包括海面上空的风能、海水表面的太阳能和海里的生物质能。

海洋能具有以下特点。

（1）海洋能在海洋总水体中的蕴藏量巨大，而单位体积、单位面积、单位长度所拥有的能量较小。这就是说，要想得到大能量，就得从大量的海水中获得。

（2）海洋能具有可再生性。海洋能来源于太阳辐射能与天体间的万有引力，只要太阳、月球等天体与地球共存，这种能源就会再生，就会取之不尽，用之不竭。

（3）海洋能有较稳定与不稳定能源之分。较稳定的为温度差能、盐度差能和海流能。不稳定能源分为变化有规律与变化无规律两种。属于不稳定但变化有规律的有潮汐能与潮流能。人们根据潮汐、潮流变化规律，编制出各地逐日逐时的潮汐与潮流预报，预测未来各个时间的潮汐大小与潮流强弱。潮汐电站与潮流电站可根据预报表安排发电运行。既不稳定又无规律的是波浪能。

（4）海洋能属于清洁能源，也就是说海洋能一旦开发后，其本身对环境污染影响很小。

1. 潮汐能

海水的潮汐运动是月球和太阳的引力所造成的，经计算可知，在日月的共同作用下，潮汐的最大涨落为 0.8 米左右。由于近岸地带地形等因素的影响，某些海岸的实际潮汐涨落还会大大超过一般数值，例如我国杭州湾的最大潮差为 8～9 米。潮汐的涨落蕴藏着很可观的能量，据测算全世界可利用的潮汐能约 30 亿千瓦，大部分集中在比较浅窄的海面上。潮汐能发电是从 20 世纪 50 年代才开始的，法国、苏联、加拿大、芬兰等国先后建成潮汐能发电站。现已建成的最大的潮汐发电站是法国朗斯河口发电站，它的总装机容量为 24 万千瓦，年发电量 5 亿度。我国从 50 年代末开始在东南沿海先后建成 7 个小型潮汐能发电站，其中浙江温岭的江厦潮汐能发电站具有代表性，它建成于 1980 年，至今运行状况良好。目前规模最大的是 1974 年建成的广东省顺德区甘竹滩发电站，装机容量为 3000 千瓦。浙江和福建沿海是我国建设大型潮汐能发电站的比较理想的地区，专家们已经作了大量调研和论证工作，一旦条件成熟便可大规模开发。

2. 波浪能

大海里有永不停息的波浪，据估算每一平方公里海面上波浪能的功率约为 10×10^4 ～ 20×10^4 千瓦。20 世纪 70 年代末我国已开始在南海上使用以波浪能作能源的浮标航标灯。1974 年日本建成的波浪能发电装置的功率达到 100 千瓦。许多国家目前都在积极地进行开发波浪能的研究工作。

3. 海流能

海流亦称洋流，它好比是海洋中的河流，有一定宽度、长度、深度和流速，一般宽度为几十到几百海里之间，长度可达数千海里，深度约几百米，流速通常为 1～2 海里/时，最快的可达 4.5 海里/时。太平洋上有一条名为"黑潮"的暖流，宽度在 100 海里左右，平均深度为 400 米，平均日流速 30～80 海里，它的流量为陆地上所有河流之总和的 20 倍。现在一些国家的海流发电的试验装置已在运行之中。

4. 温差能

水是地球上热容量最大的物质，到达地球的太阳辐射能大部分都为海水所吸收，它使海水的表层维持着较高的温度，而深层海水的温度基本上是恒定的，这就造成海洋表层与深层之间的温差。依热力学第二定律，存在着一个高温热源和一个低温热源就可以构成热机对外做功，海水温差能的利用就是根据这个原理。20 世纪 20 年代就已有人作过海水温差能发电的试验。1956 年在西非海岸建成了一座大型试验性海水温差能发电站，它利用 20℃的温差发出了 7500 千瓦的电能。

六、风能

1. 风能的概念

风能是因地球表面大量空气流动做功而提供给人类的一种可利用的能量，属于可再生能源。由于地面各处受太阳辐照后气温变化不同和空气中水蒸气的含量不同，因而引起各地气压的差异，在水平方向高压空气向低压地区流动，即形成风。风能资源决定于风能密度和可利用的风能年累积小时数。风能密度是单位迎风面积可获得的风的功率，与风速的三次方和空气密度成正比关系。

2. 风能的利用

人类利用风能的历史可以追溯到公元前。中国是世界上最早利用风能的国家之一，公元前数世纪就利用风力提水灌溉、磨面、舂米，用风帆推动船舶前进。到了宋代更是中国应用风车的全盛时代，当时流行的垂直轴风车，一直沿用至今。风能利用的主要形式有以下几种。

（1）风力发电

风力发电通常有三种运行方式。一是独立运行方式，通常是一台小型风力发电机向一户或几户提供电力，利用蓄电池蓄能，以保证无风时的用电。二是风力发电与其他发电方式相结合，向一个单位或一个村庄供电。三是风力发电并入常规电网运行，向大电网提供电力，常常是一处风场装机几十台甚至几百台风力发电机，这是风力发电的主要发展方向。

（2）风力泵水

采用风轮传动装置将风能转化为机械能，将水由深井中的水压管中抽出。风力泵水自古至今一直有比较普遍的应用。至20世纪下半叶时，为解决农村、牧场的生活、灌溉和牲畜用水以及为了节约能源，风力泵水机有了很大的发展。现代风力泵水机根据用途可分为两类：一类是高扬程小流量的风力泵水机，它与活塞泵相配提取深井地下水，主要用于草原、牧场、为人畜提供饮水；另一类是低扬程大流量的风力泵水机，它与螺旋泵相配，提取河水、湖水和海水，主要用于农田灌溉、水产养殖或制盐。

（3）风力助帆

在机动船舶发展的今天，为节约燃油和提高航速，古老的风力助帆也得到了发展。航运大国日本已在万吨级货船上采用电脑控制的风帆助航，节油率达15%。

（4）风力制热

将风能转化为热能，目前有三种转换方法：一是风力机发电，再将电能通过电阻丝发热，变为热能；二是用风力机将风能转化为空气压缩能，再转换为热能；三是将分离机直接转换为热能。

3. 风力发电的优点

（1）风能是非常清洁的能源，它在转换成电能的过程中，基本上没有污染排放，所以几乎不对环境产生任何污染。

（2）风能可再生，风力电既环保又节能。

（3）在所有清洁能源中，风力发电技术也是最成熟的，风力机组正在向大型化发展，单机容量达数兆瓦，风电价成本也下降较快。

（4）风电与火电、水电及核电相比，建设周期短、见效快，如果不算测风周期的话，建成一个大型风电场只需要不到一年的时间，因此风电一直是世界上增长最快的清洁能源。

4. 我国风电发展现状

20世纪70年代中期以后风能开发利用列入"六五"国家重点项目，得到迅速发展。

从80年代开始在国家政策的扶持下，我国风电产业发展势头迅猛。进入80年代中期以后，中国先后从丹麦、比利时、瑞典、美国、德国引进一批中、大型风力发电机组，在新疆、内蒙古的风口及山东、浙江、福建、广东的岛屿建立了8座示范性风力发电场。新疆达坂城的风力发电场装机容量已达3300kW，是全国目前最大的风力发电场。

我国政府将风力发电作为改善能源结构、应对气候变化和能源安全问题的主要替代能源技术之一，尤其近年，给予了越来越多的重视和有力的扶持。从 2003 年以来，国家颁布了《可再生能源法》等相关法律法规，完善了支持包括风电在内的可再生能源发展。同时，通过组织风电特许权招标、出台专门的财税支持政策等一系列激励措施，以市场拉动产业发展，大大促进了风电开发和风电设备制造产业的快速发展。

七、生物质能

（一）概述

生物质是指通过光合作用而形成的各种有机体，包括所有的动植物和微生物。而所谓生物质能，就是太阳能以化学能形式贮存在生物质中的能量形式，即以生物质为载体的能量。一般来说，绿色植物只吸收了照射到地球表面的辐射能的 0.5% ~ 3.5%。即使如此，全部绿色植物每年所吸收的二氧化碳约 7×10^{11} 吨，合成有机物约 5×10^{11} 吨。因此生物质能是一种极为丰富的能量资源，也是太阳能的最好贮存方式。它直接或间接地来源于绿色植物的光合作用，可转化为常规的固态、液态和气态燃料，取之不尽、用之不竭，是一种可再生能源，同时也是唯一一种可再生的碳源。依据来源的不同，可以将适合于能源利用的生物质分为林业资源、农业资源、生活污水和工业有机废水、城市固体废物和畜禽粪便等六大类。

稻草、劈柴、秸秆等生物质直接燃烧时，热量利用率很低，仅 15% 左右，即便使用节柴灶，热量利用率最多也只能达到 25% 左右，并且对环境有较大的污染。目前把生物质能作为新能源来考虑，并不是再去烧固态的柴草，而是要将它们转化为可燃的液态或气态化合物，即把生物质能转化为化学能，然后再利用燃烧放热。

生物质能的合理开发和综合利用必将对提高人类生活水平、改善全球生态平衡和人类生存环境做出更积极的贡献。

（二）生物质能特点

1. 可再生性

生物质属可再生资源，与风能、太阳能等同属可再生能源，资源丰富，可保证能源的永续利用。

2. 低污染性

生物质的硫、氮含量低，燃烧过程中生成的 SO_x、NO_x 较少；生物质作为燃料时，由于它在生长时需要的二氧化碳相当于它排放的二氧化碳的量，因而对大气的二氧化碳净排放量近似于零，可有效地减轻温室效应。

3. 广泛分布性

缺乏煤炭的地域，可充分利用生物质能。

4. 总量十分丰富

生物质能是世界第四大能源，仅次于煤炭、石油和天然气。根据生物学家估算，地球陆地每年生产 1000 亿 ~ 1250 亿吨生物质，海洋每年生产 500 亿吨生物质。生物质能源分布广，储量丰富，全球每年通过光合作用储存于植物的能量远远超过全世界总能源需求量，相当于目前世界总能耗的 10 倍。我国可开发为能源的生物质资源 2010 年约为 3 亿吨。随着农林业的发展，特别是炭薪林的推广，生物质资源还将越来越多。

（三）生物质能应用

生物质能一直是人类赖以生存的重要能源，在整个能源系统中占有重要地位。它占全球一次性能源需求量的14%。生物质能资源极为丰富，是一种洁净环保的能源。有关专家估计，生物质能极有可能成为未来可持续能源系统的组成部分，到21世纪中叶，采用新技术生产的各种生物质替代燃料将占全球总能耗的40%以上。

直接用作燃料的有农作物的秸秆、薪柴等；间接作为燃料的有农林废弃物、动物粪便、垃圾及藻类等，它们通过微生物作用生成沼气，或采用热解法制造液体和气体燃料，也可制造生物炭。

（四）生物质能发电技术的应用

目前利用秸秆发电的途径有两种：一是秸秆气化发电，二是秸秆直接燃烧发电，用得最广泛的是秸秆直接燃烧发电。秸秆发电与常规的火力发电的不同之处主要是燃料不同引起燃烧系统的变化，重点是燃烧设备的变化，而热力系统的其余部分和电气系统与常规一般火电厂类同。秸秆燃烧的另一途径是利用已经运行电厂中的锅炉进行掺烧，这既可节约煤，又可增加秸秆利用的途径。各地电厂所配炉型不同，可以由秸秆的各种成型来满足不同炉型锅炉燃烧要求。有一种在煤粉炉中掺烧秸秆的思路是炉膛中下部稍加改造增加一块炉排烧秸秆，称之为联合燃烧。对于按要求将被关闭的小型火力发电厂，可以对其锅炉改造或重新建设锅炉装置，改造成为生物质能电厂，这也是有利于保护环境的途径。

第五节　化学电源

电池是我们生产生活中的必备之品，大到上天的神舟号宇宙飞船、下海的蛟龙号深潜器，小到数码产品、遥控器、电子手表等，都离不开电池。自从1799年伏打成功地制成了世界上第一个电池——"伏打电堆"以来，经过长期的研究、发展，电池得到了迅猛的发展，研制出了各种各样的电池。常用电池主要有干电池、蓄电池，以及体积小的微型电池。此外，还有金属-空气电池、燃料电池以及其他能量转换电池如太阳能电池、温差电池、核电池等。在这里我们主要讨论化学电池。

化学电池是借助于化学变化将化学能直接转变为电能的装置，主要部分是电解质溶液、浸在溶液中的正负电极和连接电极的导线。依据能否充电复原，化学电池分为原电池和蓄电池两种。

化学电池按工作性质可分为：一次电池（原电池）、二次电池（可充电电池）等。其中，一次电池可分为糊式锌锰电池、纸板锌锰电池、碱性锌锰电池、扣式锌银电池、扣式锂锰电池、扣式锌锰电池、锌空气电池、一次锂锰电池等。二次电池可分为镉镍电池、镍氢电池、锂离子电池、二次碱性锌锰电池等。铅酸蓄电池可分为开口式铅酸蓄电池和全密闭铅酸蓄电池。

一、一次电池

1. 锌锰电池

锌二氧化锰电池（简称锌锰电池）又称勒兰社电池。由锌（Zn）作负极，炭棒作正极，电解质溶液采用二氧化锰（MnO_2）、中性氯化铵（NH_4Cl）、氯化锌（$ZnCl_2$）的水溶液，淀粉或浆层纸作隔离层制成的电池称锌锰电池，由于其电解质溶液通常制成凝胶状或被吸附在其他载体上而呈现不流动状态，故又称锌锰干电池。按使用隔离层区分为糊式和板式电池两种，板式又按电解质液不同分铵型和锌型纸板电池两种。干电池用锌制筒形外壳作负极，位于中央的顶盖上有铜帽的石墨棒作正极，在石墨棒的周围由内向外依次是：二氧化锰粉末（黑色）——用于吸收在正极上生成的氢气，以防止产生极化现象；用饱和氯化铵和氯化锌的淀粉糊制作的电解质溶液。干电池的电压大约为 1.5V，不能充电再生。

2. 碱性锌锰电池

碱性锌锰电池是 20 世纪中期在锌锰电池基础上发展起来的，是锌锰电池的改进型。电池使用氢氧化钾（KOH）或氢氧化钠（NaOH）的水溶液作电解质液，采用了与锌锰电池相反的负极结构，负极在内为膏状胶体，用铜钉作集流体，正极在外，活性物质和导电材料压成环状与电池外壳连接，正、负极用专用隔膜隔开。

3. 扣式锌银电池

一般用不锈钢制成小圆盒形，圆盒由正极壳和负极盖组成，形似纽扣（俗称纽扣电池）。盒内正极壳一端填充由氧化银和石墨组成的正极活性材料，负极盖一端填充锌汞合金组成的负极活性材料，电解质溶液为 KOH 浓溶液。电池的电压一般为 1.59V，使用寿命较长。

二、二次电池

1. 镉镍电池

镉镍电池是指采用金属镉作负极活性物质，氢氧化镍作正极活性物质，用氢氧化钾水溶液作电解质溶液的碱性蓄电池。镉镍电池标称电压为 1.2V，有圆柱密封式（KR）、扣式（KB）、方形密封式（KC）等多种类型。具有使用温度范围宽、循环和贮存寿命长、能以较大电流放电等特点，但存在"记忆"效应，常因规律性的不正确使用造成电性能下降。

大型袋式和开口式镉镍电池主要用于铁路机车、矿山、装甲车辆、飞机发动机等作起动或应急电源。圆柱密封式镉镍电池主要用于电动工具、剃须器等便携式电器。小型扣式镉镍电池主要用于小电流、低倍率放电的无绳电话、电动玩具等。由于废弃镉镍电池对环境的污染，该系列的电池将逐渐被性能更好的金属氢化物镍电池所取代。

2. 镍氢电池

镍氢电池采用氢氧化镍作正极，以氢氧化钾或氢氧化钠的水溶液作电解质溶液，金属氢化物作负极，利用吸氢合金和释放氢反应的电化学可逆性制成。电量储备比镍镉电池多 30%，比镍镉电池更轻，使用寿命也更长，并且对环境无污染。镍氢电池的缺点是价格比镍镉电池要贵好多，性能比锂电池要差。镍氢电池作为当今迅速发展起来的一种高能绿色充电电池，凭借能量密度高、可快速充放电、循环寿命长以及无污染等优点在笔记本电脑、便携式摄像机、数码相机及电动自行车，甚至电动汽车等领域得到了广泛应用。

3. 铅酸蓄电池

铅酸蓄电池由正极板、负极板、电解液、隔板、容器（电池槽）等5个基本部分组成，是用二氧化铅作正极活性物质，铅作负极活性物质，硫酸作电解液，微孔橡胶、烧结式聚氯乙烯、玻璃纤维、聚丙烯等作隔板制成的电池。铅蓄电池可放电也可以充电，一般用硬橡胶或透明塑料制成长方形外壳（防止酸液的泄漏）；设有多层电极板，其中正极板上有一层棕褐色的二氧化铅，负极是海绵状的金属铅，正负电极之间用微孔橡胶或微孔塑料板隔开（以防止电极之间发生短路）；两极均浸入到硫酸溶液中。

铅酸蓄电池自1859年由普兰特发明以来，至今已有150多年的历史，技术十分成熟，是全球上使用最广泛的化学电源。尽管近年来镍镉电池、镍氢电池、锂离子电池等新型电池相继问世并得以应用，但铅酸蓄电池仍然凭借大电流、放电性能强、电压特性平稳、温度适用范围广、单体电池容量大、安全性高和原材料丰富、可再生利用、价格低廉等一系列优势，在绝大多数传统领域和一些新兴的应用领域，占据着牢固的地位。铅蓄电池的缺点是比能量（单位重量所蓄电能）小，其体积和质量一直无法获得有效的改善，对环境腐蚀性强。

4. 燃料电池

燃料电池是一种将存在于燃料与氧化剂中的化学能直接转化为电能的发电装置。燃料电池是一种电化学装置，其组成与一般电池相同。其单体电池是由正负两个电极（负极即燃料电极，正极即氧化剂电极）以及电解质组成。不同的是一般电池的活性物质贮存在电池内部，因此，限制了电池容量。而燃料电池的正、负极本身不包含活性物质，只是一个催化转换元件。因此燃料电池是名副其实地把化学能转化为电能的能量转换机器。电池工作时，燃料和氧化剂由外部供给，进行反应。原则上只要反应物不断输入，反应产物不断排除，燃料电池就能连续地发电。常见的燃料电池氢－氧燃料电池有以下几种。

（1）氢氧燃料电池　这是一种高效、低污染的新型电池，主要用于航天领域。其电极材料一般为活化电极，具有很强的催化活性，如铂电极、活性炭电极等。电解质溶液一般为40%的KOH溶液。

（2）熔融盐燃料电池　这是一种具有极高发电效率的大功率化学电池，在加拿大等少数发达国家已接近民用工业化水平。按其所用燃料或熔融盐的不同，有多个不同的品种，如天然气、CO、熔融碳酸盐型、熔融磷酸盐型等，一般要在一定的高温下（确保盐处于熔化状态）才能工作。

5. 新型化学电池

（1）锂电池　锂离子电池是20世纪开发成功的新型高能电池。锂离子电池研究始于20世纪80年代，90年代进入产业化阶段，并飞速发展。锂离子电池由于比能量高、体积小、无维护、环境友好而受到各行业的青睐，正逐步从手机、笔记本电脑的应用走向电动自行车、电动汽车的应用等。随着技术进步和新能源产业的发展，大容量锂离子电池技术和产业发展非常迅猛，已经成为国际上大容量电池的主流。

锂系电池分为锂电池和锂离子电池。它们很容易被混淆。锂电池是以金属锂为负极，由于其危险性大，很少应用于日常电子产品。手机和笔记本电脑使用的都是锂离子电池，根据锂离子电池所用电解质材料的不同，锂离子电池又可分为液态锂离子电池和聚合物锂离子电池锂。锂离子电池使用非水液态有机电解质。锂离子聚合物电池采用聚合物来凝胶化液态有机溶剂，或者直接用全固态电解质。

锂离子电池能量密度大，平均输出电压高。自放电小，好的电池，每月在2%以下（可恢复）。没有记忆效应。工作温度范围宽为 $-20℃ \sim 60℃$。循环性能优越、可快速充放电、充电效率高达100%，而且输出功率大。使用寿命长。不含有毒有害物质，被称为绿色电池。

其中钴酸锂是目前绝大多数锂离子电池使用的正极材料。磷酸铁锂电池由于安全性能的改善、寿命的改善、高温性能好、无记忆效应、大容量、质量轻、环保等优势，应用越来越广泛，特别适合作为动力型电池应用于电动汽车、电动自行车等。

（2）碱性氢氧燃料电池　这种电池用（30% ~ 50%）KOH溶液为电解液，在100℃以下工作。燃料是氢气，氧化剂是氧气。碱性氢氧燃料电池早已于20世纪60年代就应用于美国载人宇宙飞船上，也曾用于叉车、牵引车等作电源，但对其作为民用产品的前景还评价不一。

（3）磷酸型燃料电池　它采用磷酸为电解质，利用廉价的碳材料为骨架。它除以氢气为燃料外，现在还有可能直接利用甲醇、天然气、城市煤气等低廉燃料。与碱性氢氧燃料电池相比，最大的优点是它不需要 CO_2 处理设备。磷酸型燃料电池已成为发展最快的，也是目前最成熟的燃料电池，它代表了燃料电池的主要发展方向。近年来投入运行的100多个燃料电池发电系统中，90%是磷酸型的。磷酸型燃料电池目前有待解决的问题是：如何防止催化剂结块而导致表面积收缩和催化剂活性的降低，以及如何进一步降低设备费用。

（4）海水电池　1991年，我国科学家首创以铝-空气-海水为材料组成的新型电池，用作航海标志灯。该电池以取之不尽的海水为电解质，靠空气中的氧气使铝不断氧化而产生电流。这种电池的能量比普通干电池高20 ~ 50倍。

（5）纳米电池　用纳米材料制作的电池。目前国内技术成熟的纳米电池是纳米活性炭纤维电池。主要用于电动汽车、电动摩托、电动助力车。该种电池可充电循环1000次，连续使用达10年左右。一次充电只需20分钟左右，平路行程达400km，重量在128kg，已经超越美日等国的汽车电池水平。它们生产的镍氢电池行程300km，充电约需6 ~ 8小时。

（6）高铁电池　以高铁酸盐（如：K_2FeO_4、$BaFeO_4$）作为电池正极的一种新型化学电池。具有高能高容量、放电稳定、体积小、质量轻、寿命长、不消耗电解液、无污染等优点，特别适合需要大功率、大电流的场合，如数码相机、摄影机等电子产品，与锂电池相比，高铁电池性价比更高。

（7）核电池　核电池又叫放射性同位素电池，通过半导体换能器将同位素在衰变过程中不断地放出的具有热能的射线从热能转变为电能。核电池已成功地用作航天器的电源、心脏起搏器电源和一些特殊军事用途。2012年8月7日，美国好奇号火星车用核电池（钚-238）抵达火星。该核电池寿命可达14年。

其具有体积小、重量轻和寿命长的特点，而且其能量大小、速度不受外界环境的温度、化学反应、压力、电磁场等影响，因此，它可以在很大的温度范围和恶劣的环境中工作。

（8）光合作用电池——菠菜电池　美国的研究人员研制成一种利用光合作用原理工作的电池原型，这是第一种能借助于植物蛋白产生电能的电池。科学家们首先从菠菜的叶绿体中分离出多种蛋白质，并将这些蛋白质分子与一种肽分子混合，这种肽分子能在蛋白质分子外形成保护层，再将分子铺在一层金质薄膜上，而后在其最上方再加一层有机导电材料，做成一个类似"三明治"的装置，当光照射到这个"三明治"上时，装置内会发生光合作用，最终产生电流。

1．简述中国的能源结构、煤炭资源的分布特点及生产格局和能源发展战略。

2．何谓洁净煤技术？有哪些研究内容？

3．简述成煤条件。

4．什么是石油的有机成因学说？其主要依据是什么？

5．原油的烃组成有哪几种类型？如何表示？

6．按照馏分组成，石油可以分为哪几个馏分？其相应的温度范围是多少？各个馏分分别有什么用途？

7．石油合成产品的主要类型有哪些？

8．汽油馏分单体烃组成有哪些基本规律？

9．什么是抗爆性、辛烷值？可以采取哪些措施来提高汽油的辛烷值？

10．简述天然气的烃类组成与非烃类组成。

11．简述天然气的使用优点。

12．天然气水合物形成的物理化学条件有哪些？

13．氢气的工业制备方法有哪些？

14．氢能有什么优越性？

15．太阳能具有哪些资源特性？

16．举例说明 1～2 种太阳能技术的工作原理。

17．简述锂离子电池的组成和应用。

18．写出氢氧燃料电池的组成和电极反应式。

19．生物质能如何利用？

20．风能的利用有哪几种基本形式？

21．地热能具有哪些资源特性？

22．潮汐能产生的原因是什么？它有哪些基本形式？

23．水电有哪些优越性，对环境有什么影响？

24．核反应有哪些基本类型？

25．发展核电有什么优越性？

26．能源利用与社会发展、环境保护有什么关系？

第四章
化学与环境

人类在改造自然、创造物质财富的进程中，特别是 20 世纪以来，随着化学工业的发展，石油、天然气生产的急剧增长，环境问题日趋严重。不可否认，化学科学的研究成果和化学知识的应用为推动人类的进步做出了巨大的贡献，化学及其制品已经渗透到人类生活、生产和国民经济的各个领域。但另一方面，随着化学品的大量生产和广泛应用，生态环境遭到破坏，环境污染威胁着人们的健康，给人类赖以生存的自然环境的可持续发展带来了巨大的威胁。

虽然人们已经意识到环境与人类健康和可持续发展的密切关系，并采取了一些相应的措施，但由于人类不合理开发利用自然资源而造成的生态破坏和工农业生产、人类生活对环境造成的污染还是日趋严重，人类对大自然的破坏已经开始自食其果，红色警报已经拉响。

如何保护我们赖以生存的自然环境，已成为世界各国共同关注和思考的问题。为此，联合国特意确定每年的 6 月 5 日为世界环境日。2019 年 6 月 5 日是第 48 个世界环境日，中国被选为主办国。中国主题是"美丽中国，我是行动者"，中文口号是"蓝天保卫战，我是行动者"。

造成环境污染的因素主要有物理、化学、生物三方面，化学因素造成的污染也可以通过化学方法加以治理，因此也可以说化学为环境污染的治理提供了科学和技术的支持。

第一节　大气污染与治理

一、大气中的主要污染物及来源

大气污染是指因人类生产和生活使一些化学物质进入大气而导致大气的物理、化学、生物等方面的特性发生改变，从而影响人类的生活、工作，危害人类健康，影响或危害各类生物的生存，直接或间接地损害设备、建筑物等。大气污染物的种类很多，按其存在状态可分为两大类：气溶胶状态污染物，气体状态污染物。

1. 气溶胶状态污染物

在大气污染中，气溶胶是指沉降速度可以忽略的小固体粒子、液体粒子或它们在气体介质中的悬浮体系。从大气污染控制的角度，按照气溶胶的来源和物理性质，可将其分为如下几种。

（1）粉尘　粉尘是指悬浮于气体介质中的小固体颗粒，受重力作用能发生沉降，但在一段时间内能保持悬浮状态。它通常是由固体物质的破碎、研磨、分级、输送等机械过程，或土壤、岩石的风化等自然过程形成的。颗粒的形状往往是不规则的。颗粒的尺寸范围，一般为 $1 \sim 200\,\mu m$。属于粉尘类的大气污染物很多，如黏土粉尘、石英粉尘、煤粉、水泥粉尘、各种金属粉尘等。

（2）烟　烟一般是指由冶金过程形成的固体颗粒的气溶胶。它是由熔融物质挥发后生成的气态物质的冷凝物，在生成过程中总是伴有诸如氧化之类的化学反应。烟颗粒的尺寸很小，一般为 $0.01 \sim 1\,\mu m$。工业生产中很容易产生烟，如有色金属冶炼过程中产生的氧化铅烟、氧化锌烟，核燃料后处理厂产生的氧化钙烟等。

（3）雾　雾是气体中液滴悬浮体的总称。在气象中指造成能见度小于 1km 的小水滴悬浮体。

2. 气体状态污染物

气体状态污染物是以分子状态存在的污染物，简称气态污染物。气态污染物的种类很多，总体上可以分为五大类：以二氧化硫为主的含硫化合物，以氧化氮和二氧化氮为主的含氮化合物、碳氧化物、有机化合物及卤素化合物等。对于气态污染物，又可分为一次污染物和二次污染物。一次污染物是指直接从污染源排到大气中的原始污染物质；二次污染物是指由一次污染物与大气中已有组分或几种一次污染物之间经过一系列化学或光化学反应而生成的与一次污染物性质不同的污染物质。在大气污染控制中，受到普遍重视的一次污染物主要有硫氧化物（SO_x）、氮氧化物（NO_x）、碳氧化物及有机化合物等；二次污染物主要有硫酸烟雾和光化学烟雾。

（1）硫氧化物　硫氧化物中主要有二氧化硫（SO_2），它是目前大气污染物中数量较大、影响范围较广的一种气态污染物。大气中的 SO_2 来源很广，几乎所有工业企业都会产生。它主要来自化石燃料的燃烧过程，以及硫化物矿石的焙烧、冶炼等热过程。

（2）氮氧化物　氮和氧的化合物有很多种，可用 NO_x 表示。其中污染大气的主要是一氧化氮（NO）和二氧化氮（NO_2）。NO 毒性不太大，但进入大气后可被缓慢氧化成 NO_2，当大气中有 O_3 等强氧化剂存在时，或在催化剂作用下，其氧化速度会加快。NO_2 的毒性约为 NO 的 5 倍。人类活动产生的 NO_2，主要来自各种炉窑、机动车和柴油机的排气，其次是硝酸生产、硝化过程、炸药生产及金属表面处理等过程。NO 主要由燃料燃烧产生。

（3）碳氧化物　一氧化碳（CO）和二氧化碳（CO_2）是各种污染物中发生量最大的一类污染物，主要来自燃料燃烧和汽车尾气排放。CO 是一种窒息性气体，但进入大气后，由于大气的扩散，一般对人体没有伤害作用。

（4）硫酸烟雾　硫酸烟雾是大气中的 SO_2 等硫氧化物，在有水雾、含有重金属的悬浮颗粒物或氮氧化物存在时，发生一系列化学或光化学反应而生成的硫酸雾或硫酸盐气溶胶。硫酸烟雾引起的刺激作用和生理反应等危害，要比 SO_2 气体大得多。

（5）光化学烟雾　光化学烟雾是在阳光照射下，大气中的氮氧化物、碳氢化合物和氧化剂之间发生一系列光化学反应而生成的蓝色烟雾（有时带紫色或黄褐色）。其主要成分有臭氧、过氧乙酰硝酸酯、酮类和醛类等。光化学烟雾的刺激性和危害要比一次污染物强烈得多。

二、空气污染指数（API）和空气质量指数（AQI）

1. 空气污染指数 API

将常规监测的几种空气污染物浓度简化成单一的概念性指数值形式，并分级表征空气污染程度和空气质量状况，适用于表示城市的短期空气质量状况和变化趋势。API 指数由 PM10（直径小于 $10\,\mu m$ 的颗粒物）、二氧化硫和二氧化氮三项污染指数取最大值得来。空气污染指数划分为（0～50）、（51～100）、（101～150）、（151～200）、（201～250）、（251～300）和大于 300 七档，对应于空气质量的七个级别。指数越大，级别越高，说明污染越严重，对人体健康的影响也越明显（表 4-1）。

表 4-1　API 对人体健康的影响

空气污染指数 API	空气质量状况	对健康的影响	建议采取的措施
0～50	优	可正常活动	
51～100	良		
101～150	轻微污染	易感人群症状有轻度加剧，健康人群出现刺激症状	心脏病和呼吸系统疾病患者应减少体力消耗和户外活动
151～200	轻度污染		
201～250	中度污染	心脏病和肺病患者症状显著加剧，运动耐受力降低，健康人群中普遍出现症状	老年人和心脏病、肺病患者应停留在室内，并减少体力活动
251～300	中度污染		
＞300	严重污染	健康人运动耐受力降低，有明显强烈症状，提前出现某些疾病	老年人和病人应当留在室内，避免体力消耗，一般人群应避免户外活动

2. 空气质量指数 AQI

AQI 是报告每日空气质量的参数，描述了空气清洁或者污染的程度以及对健康的影响。AQI 的重点是评估呼吸几小时或者几天污染空气对健康的影响。污染物监测由三项增加为六项：二氧化硫、二氧化氮、PM10、PM2.5（直径小于 2.5 微米的颗粒物）、一氧化碳和臭氧。根据 2012 年我国发布的《环境空气质量指数 AQI 技术规定（试行）》，AQI 共分为六级描述，分别用绿、黄、橙、红、紫、褐红来显示。其中：0～50 为一级（优），51～100 为二级（良），101～150 为三级（轻度污染），151～200 为四级（中度污染），201～300 为五级（重度污染），300 以上为六级（严重污染）。AQI 的数值越大、级别和类别越高、表征颜色越深，说明空气污染状况越严重，对人体的健康危害也就越大（表 4-2）。

表 4-2　AQI 对人体健康的影响

AQI 数值	AQI 级别	AQI 类别及表示颜色		对健康的影响	建议采取的措施
0～50	一级	优	绿色	空气质量令人满意，基本无空气污染	各类人群可正常活动
51～100	二级	良	黄色	空气质量可接受，但某些污染物可能对极少数异常敏感人群健康有较弱影响	极少数异常敏感人群应减少户外活动
101～150	三级	轻度污染	橙色	易感人群症状有轻度加剧，健康人群出现刺激症状	儿童、老年人及心脏病、呼吸系统疾病患者应减少长时间、高强度的户外锻炼

AQI 数值	AQI 级别	AQI 类别及表示颜色		对健康的影响	建议采取的措施
151 ~ 200	四级	中度污染	红色	进一步加剧易感人群症状，可能对健康人群心脏、呼吸系统有影响	儿童、老年人及心脏病、呼吸系统疾病患者避免长时间、高强度的户外锻炼，一般人群适量减少户外运动
201 ~ 300	五级	重度污染	紫色	心脏病和肺病患者症状显著加剧，运动耐受力降低，健康人群普遍出现症状	儿童、老年人及心脏病、肺病患者应停留在室内，停止户外运动，一般人群减少户外运动
> 300	六级	严重污染	褐红色	健康人运动耐受力降低，有明显强烈症状，提前出现某些疾病	儿童、老年人和病人应当停留在室内，避免体力消耗，一般人群应避免户外活动

三、几种典型的大气污染现象

（一）雾霾

雾霾是雾和霾的组合词，是指各种污染源排放的污染物，在特定的大气条件下，经过一系列物理化学过程，形成细粒子并与水汽相互作用导致的大气消光现象。

1. 雾和霾的区别及形成原因

雾是由大量悬浮在近地面空气中的微小水滴或冰晶组成的气溶胶系统，多出现于秋冬季节，是近地面层空气中水汽凝结的产物。霾是由空气中的灰尘、硫酸、硝酸、有机碳氢化合物等粒子组成的。霾与雾的区别如下所述。

（1）存在形态的区别：雾是悬浮于空气中的水滴小颗粒。霾是悬浮于空气中的固体小颗粒，包括灰尘、硫酸、硝酸等化合物。

（2）颜色不同：雾是由小水滴构成，由于其物理特性，散射的光与波长关系不大，因此雾呈乳白色、青白色。霾是由各种化合物构成，由于其物理特性，散射波长较长的光比较多，呈黄色、橙灰色。

（3）含水量的区别：相对湿度（含水量）大于90%的是雾。相对湿度（含水量）小于80%的是霾。相对湿度介于80% ~ 90%的为雾霾混合物。

（4）分布均匀度不同：雾是近地面层空气中水汽凝结的产物，在空气中分布不均匀。霾的粒子较小，质量较轻，在空气中均匀分布。

（5）能见度不同：由于越接近地面雾密度越大，对光线的影响也越大，能见度很低，一般在1公里之内。而霾在空气中均匀分布，颗粒较小，密度较低，对光线有一定影响，但影响没有雾大，能见度较低，一般在十公里之内。

（6）垂直厚度不同：雾由于小水滴质量较大，受重力作用会贴近地面，厚度一般为几十米到两百米。霾粒子质量轻，分布较均匀，厚度一般可达1 ~ 3公里。

（7）日变化不同：雾一般最容易出现在午夜和清晨，霾的日变化特征则不明显。

（8）持续时间不同：雾随大气温度升高会越来越少，持续时间短。霾一般不分解，不沉降，消解速度慢，持续时间长。

（9）社会影响不同：雾是悬浮在空中的微小水滴，过一段时间会降落到地面，对人们生活、健康影响不大。霾是各种化合物的小微粒，对人体健康和植物都有害。

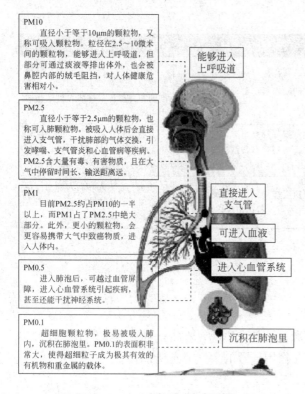

PM10
　　直径小于等于10μm的颗粒物，又称可吸入颗粒物。粒径在2.5～10微米间的颗粒物，能够进入上呼吸道，但部分可通过痰液等排出体外，也会被鼻腔内部的绒毛阻挡，对人体健康危害相对小。

PM2.5
　　直径小于等于2.5μm的颗粒物，也称可入人体后会直接进入支气管，干扰肺部的气体交换，引发哮喘、支气管炎和心血管病等疾病。PM2.5含大量有毒、有害物质，且在大气中停留时间长、输送距离远。

PM1
　　目前PM2.5约占PM10的一半以上，而PM1占了PM2.5中绝大部分。此外，更小的颗粒物，会更容易携带大气中致癌物质，进入人体内。

PM0.5
　　进入肺泡后，可越过血管屏障，进入心血管系统引起疾病，甚至还能干扰神经系统。

PM0.1
　　超细胞颗粒物，极易被吸入肺内，沉积在肺泡里。PM0.1的表面积非常大，使得超细粒子成为极其有效的有机物和重金属的载体。

能够进入上呼吸道

直接进入支气管

可进入血液

进入心血管系统

沉积在肺泡里

图4-1　PM"家族"成员及危害

一般认为二氧化硫、氮氧化物和可吸入颗粒物是雾霾的主要组成，前两者为气态污染物，最后一项颗粒物才是加重雾霾污染的罪魁祸首。这种颗粒本身既是一种污染物，又是重金属、多环芳烃等有毒物质的载体。可吸入颗粒物目前主要检测的是PM10和PM2.5。其中PM2.5细颗粒物粒径小，含大量的有毒有害物质且在大气中的停留时间长、输送距离远，对人体健康影响更大（图4-1）。

2. 中国的雾霾天气

2013年，"雾霾"成为中国年度关键词。2013年《中国环境状况公报》显示全国平均霾日数为35.9天，为1961年以来最多。中东部地区雾和霾天气多发，华北中南部至江南北部的大部分地区雾和霾日数范围为50～100天，部分地区甚至超过100天。

那么，我国雾霾产生的原因是什么呢？

（1）工业污染。随着城市人口的增长和工业发展、机动车辆猛增，污染物排放和悬浮物大量增加，直接导致了能见度降低。

（2）成品油质量低。按照我国成品油排放标准，以硫含量来看，京Ⅴ标准硫含量要求低于十万分之一，国Ⅳ标准要求低于十万分之五，国Ⅲ标准要求低于万分之1.5。

（3）气候原因。一是2013年影响我国的冷空气活动较常年偏弱，风速小，中东部大部分地区稳定类大气条件出现频率明显偏多，尤其是华北地区高达64.5%，为近10年最高，易造成污染物在近地面层积聚，从而导致雾霾天气多发；二是我国冬季气溶胶背景浓度高，有利于催生雾霾形成。

（4）地理原因。我国有世界上最大的黄土分布区，其土壤质地最易生成颗粒性扬尘微粒。我国煤资源丰富，大量燃煤也导致雾霾。

3. 雾霾的危害

我们看得见、抓不着的"雾霾"其实对身体的影响较大，尤其是对心脑血管和呼吸系统疾病高发的老年人群体危害更大。

（1）对呼吸系统的影响。霾的组成非常复杂，包括数百种大气化学颗粒物质。其中有害健康的主要是直径小于10微米的气溶胶粒子，如矿物颗粒物、海盐、硫酸盐、硝酸盐、有机气溶胶粒子、燃料和汽车废气等，它能直接进入并黏附在人体呼吸道和肺泡中。尤其是PM2.5粒子会分别沉积于上、下呼吸道和肺泡中，引起急性鼻炎和急性支气管炎等病症。对于支气管哮喘、慢性支气管炎、阻塞性肺气肿和慢性阻塞性肺疾病等慢性呼吸系统疾病患者，雾霾天气可使病情急性发作或急性加重。如果长期处于这种环境还会诱发肺癌。

（2）对心脑血管系统的影响。雾霾天气时空气中污染物多，气压低，容易诱发心血管疾病的急性发作。例如，雾大的时候，水汽含量非常高，如果人们在户外活动和运动，人体的汗就不容易排出，易造成胸闷、血压升高。加拿大的一项研究显示，PM2.5 浓度升高 $10\,\mu g/m^3$ 可导致妇女充血性心脏病患病率增加 31%，冠心病患病率增加 22%，卒中风险增加 21%。

（3）对生殖系统的影响。根据中国社科院联合中国气象局发布的《气候变化绿皮书》，雾霾天气除众所周知的会使呼吸系统及心脏系统疾病恶化外，还会影响生殖能力。

（4）对认知功能的影响。大量研究显示：婴幼儿期暴露于空气污染可能对神经发育水平、智力、语言能力、记忆力、注意力等多方面产生影响。其中最有代表性的是 1997 年至 2008 年对欧洲 6 个国家近万名儿童进行的调查，结果发现怀孕期间暴露于空气污染会显著降低儿童的神经行为发育水平。

（5）对寿命的影响。复旦大学对中国 9 个大城市死于冠心病的 13 万患者和同期空气质量进行了研究，发现当 NO_2、SO_2 及 PM2.5 在 2 天内浓度每增高 $10\,\mu g/m^3$ 时，冠心病死亡人数将增加 0.36% ~ 1.30%。美国的研究者对 545 个县的空气质量变化和人均寿命进行分析后发现：PM2.5 每下降 $10\,\mu g/m^3$，当地居民的预期寿命就会增加 0.35 年。

（6）对心理健康的影响。阴沉的雾霾天气由于光线较弱及导致的低气压，容易让人产生精神懒散、情绪低落及悲观情绪，遇到不顺心的事情甚至容易引起情绪失控。

（7）对交通安全的影响。出现霾天气时，视野能见度低，空气质量差，容易引起交通阻塞，发生交通事故。

4. 雾霾的危害预防

（1）自我对策

应对雾霾天气八大方法。

① 避免雾霾天晨练。晨练时人体需要的氧气量增加，随着呼吸的加深，雾霾中的有害物质会被吸入呼吸道，从而危害健康。可以改在太阳出来后再晨练，也可以改为室内锻炼。从太阳出来的时间推算，冬天室外锻炼比较好的时间是上午 9 时前后。

② 尽量减少外出。遇到浓雾天气，要尽量减少外出。如果不得不出门时，最好戴上口罩。戴口罩对于过敏性哮喘的人来说更重要，口罩可以防止一些尘螨等过敏源进入鼻腔，起到一定的防护作用。

③ 患者坚持服药。呼吸病患者和心脑血管病患者在雾天更要坚持按时服药，以免发病；并加强自我监察，注意身体的感受和反应，若有不适，及时就医。

④ 多喝桐桔梗茶、桐参茶和罗汉果茶。这些药茶可以防治雾天吸入污浊空气引起的咽部瘙痒，有润肺的良好功效。尤其是午后喝效果更好。因为清晨的雾气最浓，中午差不多就散去，人在上午吸入的灰尘杂质比较多，午后喝就能及时清肺。

⑤ 注意调节情绪。心理脆弱、患有心理障碍的人在这种天气里会感觉心情异常沉重，精神紧张，情绪低落（图 4-2），要注意情绪调节。

⑥ 别把窗子关得太严。家里会有厨房油烟污染、家具添加剂污染等，如不通风换气，污浊的室内空气同样会危害健康。可以选择中午阳光较充足、污染物较少的时候短时间开窗换气。

⑦ 尽量远离马路。上下班高峰期和晚上大型汽车进入市区这些时间段，污染物浓度最高。

⑧ 补钙、补维生素 D，多吃豆腐、雪梨。鱼和豆腐都是人们日常喜欢的食物，鱼是"密集型"营养物，豆腐食药兼备，益气、补虚，钙含量也相当高。鱼中丰富的维生素 D 具有一定

图 4-2　PM2.5 能影响情绪

的生物活性，可将人体对钙的吸收率提高 20 多倍。雪梨炖百合能够达到润肺抗病毒的效果，雾天可以多食。

（2）政府对策。

2011 年 11 月，中国生态环境部公布《环境空气质量标准》二次征求意见稿，在基本监控项目中增设 PM2.5 年均、日均浓度限值，并降低了 PM10 浓度限值等，这是中国首次制定 PM2.5 的国家环境质量标准。意见稿中，PM2.5 年均和日均浓度限值分别定为 35 微克 / 立方米和 75 微克 / 立方米，相当于世卫组织所设定的第一个过渡时期的目标值。

2012 年起，在北京、天津、河北和长三角、珠三角等重点区域以及直辖市和省会城市开展了 PM2.5 和臭氧监测。

2013 年国务院发布《大气污染防治行动计划》十条措施。该计划提出，经过五年努力，使全国空气质量总体改善，重污染天气较大幅度减少；京津冀、长三角、珠三角等区域空气质量明显好转。力争再用五年或更长时间，逐步消除重污染天气，全国空气质量明显改善。具体指标是：到 2017 年，全国地级及以上城市可吸入颗粒物浓度比 2012 年下降 10% 以上，优良天数逐年提高；京津冀、长三角、珠三角等区域细颗粒物浓度分别下降 25%、20%、15% 左右，其中北京市细颗粒物年均浓度控制在 60 微克 / 立方米左右。

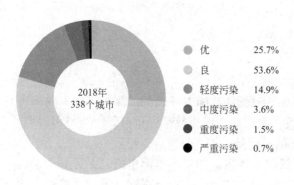

图 4-3　2018 年 338 个城市环境空气质量各级别天数比例

经过政府几年的大力整治和管控措施，中国的大气环境得到持续改善，城市 PM2.5 的浓度相比 2013 年下降了将近 40%。根据 2018 年《中国生态环境状况公报》数据显示：2018 年，全国 338 个地级及以上城市中，121 个城市环境空气质量达标，占全部城市数的 35.8%，比 2017 年上升 6.5 个百分点。338 个城市平均优良天数比例为 79.3%，比 2017 年上升 1.3 个百分点。338 个城市发生重度污染 1899 天次，比 2017 年减少 412 天；严重污染 822 天次，比 2017 年增加 20 天（图 4-3）。以 PM2.5 为首要污染物的天数占重度及以上污染天数的 60.0%，以 PM10 为首要污染物的占 37.2%。

（二）臭氧层空洞

1. 大气臭氧层及其作用

当大气层上层的氧分子受到阳光中紫外线的辐射，氧分子吸收波长小于 242 纳米的辐射后，会发生光化学反应，分解为两个氧原子。此外，水蒸气也会进行光化学反应，分解为两个氢原子和一个氧原子。在 100 千米以下的空间，氧分子和氧原子的浓度相当，相互碰撞后就形成臭氧。如此反复发生光化学反应就形成比较稳定的富臭氧层。

$$O_2 + h\nu \longrightarrow O + O$$
$$O_2 + O \longrightarrow O_3$$

臭氧是有特殊臭味的淡蓝色气体，具有极强的氧化性，能漂白和消毒杀菌。用臭氧净化城市饮用水，处理生活污水和工业污水，与用氯气、高锰酸钾等消毒剂相比，既经济又不会引起二次污染。

臭氧层主要有三个作用。

（1）保护作用。臭氧层能够吸收 99% 的太阳光中波长在 306.3 纳米以下的紫外线，主要是一部分 UV-B（波长 290 ~ 300 纳米）和全部的 UV-C（波长 ≤ 290 纳米），保护地球上的人类和动植物免遭短波紫外线的伤害。只有长波紫外线 UV-A 和少量的中波紫外线 UV-B（1% 左右）能够辐射到地面，长波紫外线对生物细胞的伤害要比中波紫外线轻微得多。

（2）加热作用。臭氧吸收太阳光中的紫外线并将其转换为热能加热大气。由于这种作用，大气温度结构在高度 50 千米左右有一个峰，地球上空 15 ~ 50 千米存在着升温层。正是由于存在着臭氧才有平流层的存在。而地球以外的星球因不存在臭氧和氧气，所以也就不存在平流层。大气的温度结构对于大气的循环具有重要的影响，这一现象的起因也来自臭氧的高度分布。

（3）温室气体作用。在对流层上部和平流层底部，即在气温很低的这一高度，臭氧的作用同样非常重要。如果这一高度的臭氧减少，则会产生使地面气温下降的动力。因此，臭氧的高度分布及变化是极其重要的。

2. 臭氧层空洞的成因

臭氧层损耗是臭氧空洞的真正成因，那么，臭氧层是如何耗损的呢？一种大量用作制冷剂、喷雾剂、发泡剂等化工制剂的氯氟烷烃或溴氟烷烃是导致臭氧减少的"罪魁祸首"。另外，寒冷也是臭氧层变薄的关键，这就是首先在地球南北极最冷地区出现臭氧空洞的原因。

消耗臭氧的物质在大气的对流层中是非常稳定的，可以停留很长时间，如 CF_2Cl_2（氟利昂）在对流层中寿命长达 120 年左右。因此，这类物质可以扩散到大气的各个部位，但是到了平流层后，就会在太阳的紫外辐射下发生光化反应，释放出活性很强的游离氯原子或溴原子，参与导致臭氧损耗的一系列化学反应：

$$CF_xCl_{4-x}+h\nu \longrightarrow \cdot CF_xCl_{3-x}+\cdot Cl$$
$$\cdot Cl+O_3 \longrightarrow \cdot ClO+O_2$$
$$\cdot ClO+O \longrightarrow O_2+\cdot Cl$$

这样的反应循环不断，每个游离氯原子或溴原子可以破坏约十万个 O_3 分子，这就是氯氟烷烃或溴氟烷烃破坏臭氧层的原因。

20 世纪 50 年代末到 70 年代开始发现臭氧浓度有减少的趋势。1985 年英国南极考察队在南纬 60° 地区观测发现臭氧层空洞，引起世界各国的极大关注（图 4-4）。臭氧层的臭氧浓度减少，使得太阳对地球表面的紫外辐射量增加，对生态环境产生破坏作用，影响人类和其他生物有机体的正常生存。2011 年 11 月 1 日，日本气象厅发布的消息说，该机构今年以来测到的南极上空臭氧层空洞面积的最大值超过去年，已相当于过去 10 年的平均水平。美、日、英、俄等国联合观测发现，北极上空臭氧层在 2011 年也减少了 20%，减少面积最大时相当于 5 个德国。在被称为是世界"第三极"的青藏高原，中国大气物理及气象学者的观测也发现，青藏高原上空的臭氧正在以每 10 年 2.7% 的速度减少，已经

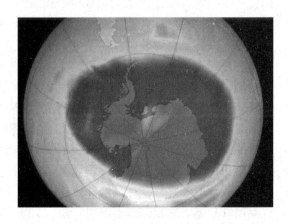

图 4-4　南极上空的臭氧层空洞

成为大气层中的第三个臭氧空洞。

《关于消耗臭氧层物质的蒙特利尔议定书》规定了 15 种氯氟烷烃、3 种哈龙、40 种含氢氯氟烷烃、34 种含氢溴氟烷烃、四氯化碳（CCl_4）、甲基氯仿（CH_3CCl_3）和甲基溴（CH_3Br）为控制使用的消耗臭氧层物质，也称受控物质。在工程和生产中作为溶剂的四氯化碳（CCl_4）和甲基氯仿（CH_3CCl_3），同样具有很大的破坏臭氧层的潜值，所以也被列为受控物质。溴氟烷烃一般用作特殊场合的灭火剂，此类物质对臭氧层最具破坏性，比氯氟烷烃高 3～10 倍。此外近年来的研究发现，核爆炸、航空器发射、超音速飞机等将大量的氮氧化物注入平流层中，也会使臭氧浓度下降。NO 对臭氧层破坏作用的机理为：

$$O_3 + NO \longrightarrow O_2 + NO_2$$
$$O + NO_2 \longrightarrow O_2 + NO$$

总反应式为：$O + O_3 \longrightarrow 2O_2$

3. 臭氧空洞的危害

臭氧层中的臭氧能吸收 200～300nm 的紫外线辐射，因此臭氧空洞可使紫外线辐射到地球表面的量大大增加，从而产生一系列严重的危害。

（1）对人类健康的影响。研究表明，长期接受过量紫外线辐射，会引起人体细胞中脱氧核糖核酸（DNA）的改变，形成腺嘧啶二聚物，从而阻止 DNA 双螺体分离，使细胞自身修复机能减弱，人体免疫机能减退。强紫外线辐射会诱发人体皮肤癌变，使眼球晶状体混浊，产生白内障以至失明。据分析，平流层臭氧减少 1%，辐射到地面的紫外线数量就会增加 1.5%～3%，全球皮肤癌发病率将增加 5%～7%，白内障发病率将增加 0.6%～0.8%。臭氧减少 2.5%，每年死于皮肤癌的人数将增加 1.5 万人，由于白内障而引起失明的人数将增加 10000～15000 人。如果不限制氯氟烃类物质的生产和消费，按臭氧层破坏速率推算，到 2075 年时，地球臭氧总量将比 1985 年再耗减 25%，全世界人口中将有皮肤癌患者 1.54 亿人，死于皮肤癌者 320 万人，眼睛患白内障者 1800 万人。紫外线辐射增加造成人体免疫机能的抑制还会使许多疾病的发病率和病情的严重程度大大增加。

（2）对生态的影响。第一，农产品减产并且品质下降。试验 200 种作物对紫外线辐射增加的敏感性，结果 2/3 有影响，尤其是大米、小麦、棉花、大豆、水果和洋白菜等人类经常食用的作物。臭氧减少 25%，大豆减产 20%。第二，减少渔业产量。紫外线辐射可杀死 10 米水深内的单细胞海洋浮游生物。实验表明，臭氧减少 10%，紫外线辐射增加 20%，将会在 15 天内杀死所有生活在 10 米水深内的鳗鱼幼鱼。第三，破坏森林。树木会受到紫外线的伤害。

（3）对环境的影响。强烈的紫外辐射会加速城市汽车尾气中氮氧化物的分解，在较高气温下产生以臭氧为主要成分的光化学烟雾。近地面大气中的臭氧是一种有害气体，它会刺激眼睛和呼吸道，引起眼睛刺痛和干咳，并深入到肺底，使鼻、喉、肺纤维失去弹性而丧失呼吸功能。1943 年美国洛杉矶光化学烟雾事件曾使数千人住院，400 多人丧生。美国环保局估计，高空臭氧层耗减 16.7%，城市光化学烟雾浓度将增加 20%～25%。臭氧层耗减 33.3% 时，城市光化学烟雾浓度将增加 30%～45%，从而使低层大气的烟雾变本加厉，更严重地威胁人类的健康。近地面臭氧还能抑制植物的光合作用，使叶片褪色，出现病斑，甚至落叶、落花、落果、坏死等。1943 年美国洛杉矶光化学烟雾后，一夜之间城郊蔬菜叶子全部由绿变黑，不能食用。此外，过量紫外线还会加速建筑物、绘画、雕塑、橡胶和塑料制品的老化过程，使其变硬、变脆，缩短使用寿命。尤其在阳光强烈、高温、干燥气候下更为严重。

（4）对气候的影响。臭氧是一种温室气体，它的存在可以使全球气候增暖。

4. 保护臭氧层的措施

1985 年，也就是 Monlina 和 Rowland 提出氯原子臭氧层损耗机制后 11 年，同时也是南极臭氧洞发现的当年，由联合国环境署发起 21 个国家的政府代表签署了《保护臭氧层维也纳公约》，首次在全球建立了共同控制臭氧层破坏的一系列原则方针。1987 年 9 月，36 个国家和 10 个国际组织的 140 名代表和观察员在加拿大蒙特利尔集会，通过了大气臭氧层保护的重要历史性文件《关于消耗臭氧层物质的蒙特利尔议定书》。在该议定书中，规定了保护臭氧层的受控物质种类和淘汰时间表，要求到 2000 年全球的氟利昂削减一半，并制定了针对氟利昂类物质生产、消耗、进口及出口等的控制措施。由于进一步的科学研究显示大气臭氧层损耗的状况更加严峻，1990 年通过了《关于消耗臭氧层物质的蒙特利尔议定书》伦敦修正案，1992 年通过了哥本哈根修正案，其中受控物质的种类再次扩充，完全淘汰的日程也一次次提前，缔约国家和地区也在增加。到目前为止，缔约方已达 165 个之多，反映了世界各国政府对保护臭氧层工作的重视和责任。不仅如此，联合国环境署还规定从 1995 年起，每年的 9 月 16 日为"国际保护臭氧层日"，以增加世界人民保护臭氧层的意识，提高参与保护臭氧层行动的积极性。

我国政府和科学家们也非常关心保护大气臭氧层这一全球性的重大环境问题。我国早在 1989 年就加入了《保护臭氧层维也纳公约》，先后积极派团参与了历次的《保护臭氧层维也纳公约》和《关于消耗臭氧层物质的蒙特利尔议定书》缔约国会议，并于 1991 年加入了修正后的《关于消耗臭氧层物质的蒙特利尔议定书》。我国还成立了保护臭氧层领导小组，编制并完成了《中国消耗臭氧层物质逐步淘汰国家方案》。根据这一方案，我国已于 1999 年 7 月 1 日冻结了氟利昂的生产，并于 2010 年前全部停止生产和使用所有消耗臭氧层的物质。

（三）酸雨

酸雨是指 pH 小于 5.6 的雨雪或其他形式的降水。5.6 这个数据来源于蒸馏水跟大气中的二氧化碳达到溶解平衡时的酸度。酸雨中含有多种无机酸和有机酸，绝大部分是硫酸和硝酸。酸雨主要是由人为地向大气中排放大量酸性物质造成的（图 4-5）。我国的酸雨主要是由大量燃烧含硫量高的煤而形成的，多为硫酸雨。此外，各种机动车排放的尾气也是形成酸雨的重要原因。我国一些地区已经成为酸雨多发区，酸雨污染的范围和程度已经引起人们的密切关注。我国三大酸雨区分别为：华中酸雨区，目前它已成为全国酸雨污染范围最大、中心强度最高的酸雨污染区；西南酸雨区，是仅次于华中酸雨区的降水污染严重区域；华东沿海酸雨区，它的污染强度低于华中、西南酸雨区。

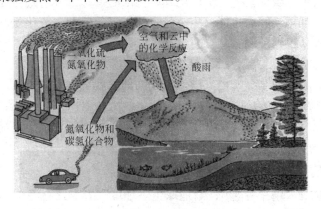

图 4-5　酸雨的形成

1. 酸雨的成因

酸雨的形成是复杂的大气物理和大气化学过程，造成酸雨现象的原因有天然的以及人为的两种。酸雨的形成与两大排放源有关。

（1）天然排放源

①海洋：海洋雾沫，它们会夹带一些硫酸到空中。

②生物：土壤中某些有机体，如动物死尸和植物败叶在细菌作用下可分解某些硫化物，继而转化为二氧化硫。

③火山爆发：喷出可观量的二氧化硫气体。

④森林火灾：雷电和干热引起的森林火灾也是一种天然硫氧化物排放源，因为树木也含有微量硫。

⑤闪电：高空雨云闪电有很强的能量，能使空气中的氮气和氧气部分化合生成一氧化氮，继而在对流层中被氧化为二氧化氮。

$$N_2+O_2 \longrightarrow 2NO$$
$$2NO+O_2 \longrightarrow 2NO_2$$
$$2NO_2+H_2O \longrightarrow HNO_3+HNO_2$$

氮氧化物即为一氧化氮和二氧化氮之和，与空气中的水蒸气反应生成硝酸。

⑥细菌分解：即使是未施过肥的土壤也含有微量的硝酸盐，土壤硝酸盐在土壤细菌的帮助下可分解出一氧化氮、二氧化氮和氮气等气体。

（2）人工排放源

①燃料燃烧：煤、石油、天然气等化石燃料中含有硫，燃烧过程中生成大量二氧化硫，通过气相或液相反应而生成硫酸。此外，煤燃烧过程中的高温使空气中的氮气和氧气化合为一氧化氮，继而转化为二氧化氮，造成酸雨。

$$气相反应：2SO_2+O_2 \longrightarrow 2SO_3$$
$$SO_3+H_2O \longrightarrow H_2SO_4$$
$$液相反应：SO_2+H_2O \longrightarrow H_2SO_3$$
$$2H_2SO_3+O_2 \longrightarrow 2H_2SO_4$$

②工业过程：金属冶炼过程中某些有色金属（如铜、铅、锌等）的矿石是硫化物，将铜、铅、锌硫化物矿石还原为金属过程中将逸出大量二氧化硫气体，部分回收为硫酸，部分进入大气。又如化工生产，特别是硫酸生产和硝酸生产可分别产生可观量的二氧化硫和二氧化氮，由于二氧化氮带有淡棕黄色，工厂尾气所排出的带有二氧化氮的废气像一条"黄龙"，在空中飘荡。再如石油炼制等，也能产生一定量的二氧化硫和二氧化氮。它们集中在某些工业城市中，也比较容易得到控制。

③交通运输：如汽车尾气。在发动机内火花塞频繁打出火花，像天空中的闪电一样把氮气变成二氧化氮。不同的车型，尾气中氮氧化物的浓度也不同，机械性能较差的或使用时间较长的汽车发动机尾气中的氮氧化物浓度要高一些。汽车停在十字路口不熄火等待通过时，要比正常行车尾气中的氮氧化物浓度高。近年来，我国各种汽车数量猛增，汽车尾气对酸雨的贡献正在逐年上升，不能掉以轻心。

2. 酸雨的危害

酸雨在国外被称为"空中死神"，给地球生态环境和人类社会经济都带来了严重的影响和破坏。研究表明，酸雨对土壤、水体、森林、建筑、名胜古迹等均带来了严重危害，不仅造成重大经济损失，更危及人类生存和发展。其潜在的危害主要表现在六个方面。

（1）对水域生物的危害。江河、湖泊等水域环境受到酸雨的污染，影响最大的是水生动物，特别是鱼类（表4–3）。主要危害表现在以下方面。

① 水域酸化可引起鱼类血液与组织失去营养盐分，导致鱼类烂腮、变形，甚至死亡。

② 水域酸化还导致水生植物死亡消失，破坏各类生物间的营养结构，造成严重的水域生态系统紊乱。

③ 酸雨杀死水中的浮游生物，减少鱼类食物来源，破坏水生生态系统。

表4-3　水域酸化对水中生物的影响

pH	影　　响
< 6	鱼类食物的基本种类相继死去
< 5.5	鱼类不能繁殖
	幼鱼很难存活
	因为缺少营养造成很多畸形的成鱼
	个别鱼类因窒息而死
< 5.0	鱼群会相继死去
< 4.0	假如有生物存活，将与之前的生物种类不同

（2）对陆生植物的危害。研究表明，酸性降水能影响树木的生长发育，降低生物产量，甚至引起森林死亡。首先，酸雨能直接侵入树叶的气孔，破坏叶面的蜡质保护层。当pH < 3时，使植物的阳离子从叶片中析出，从而破坏表皮组织，流失某些营养元素，从而使叶面腐蚀而产生斑点和坏死。其次，酸雨还阻碍植物的呼吸和光合作用等生理功能。当pH < 4时，植物的光合作用受到抑制，从而影响成熟，降低产量；引起叶片变色、皱褶、卷曲，直至枯萎。最后，酸雨落地渗入土壤后，使土壤酸化，破坏土壤的营养结构，从而间接影响树木生长。

（3）对农作物的危害。酸雨会影响农作物水稻的叶子，同时土壤中的金属元素因被酸雨溶解，造成矿物质大量流失，植物无法获得充足的养分，将枯萎、死亡。

（4）对土壤的危害。酸雨可使土壤发生物理化学性质变化。影响之一是酸雨落地渗入土壤后，使土壤酸化，破坏土壤的营养结构。酸雨使植物营养元素从土壤中淋洗出来，特别是 Ca、Mg、Fe 等阳离子迅速损失，所以长期的酸雨会使土壤中大量的营养元素流失，造成土壤中营养元素的严重不足，从而使土壤变得贫瘠，影响植物的生长和发育。影响之二是土壤中某些微量重金属可能被溶解，一方面造成土壤贫瘠化，另一方面有害金属如 Ni、Al、Hg、Cd、Pb、Cu、Zn 等被溶出，在植物体内积累或进入水体造成污染，加快重金属的迁移。特别是土壤中到处都存在铝的化合物，在 pH=5.6 时，土壤中的铝基本上是不溶解的，但 pH=4.6 时铝的溶解性约增加 1000 倍。酸雨造成森林和水生生物死亡的主要原因之一是土壤中的铝在酸雨作用下转化为可溶态，毒害了树木和鱼类。影响之三是过量酸雨的降落，造成土壤微生物分解有机物的能力下降，影响土壤微生物的氨化、硝化、固氮等作用，直接抑制由微生物参与的氮素分解、同化与固定，最终降低土壤养分供应能力，影响植物的营养代谢。酸雨对土壤的影响是积累的，土壤对酸沉降也有一定的缓冲能力，所以在若干年后才会出现土壤酸化现象。

（5）对建筑物的危害。酸雨对金属、石料、水泥、木材等建筑材料均有很强的腐蚀作用。酸雨能使非金属建筑材料（混凝土、砂浆和灰砂砖）表面硬化、水泥溶解，出现空洞和裂缝，导致强度降低，从而损坏建筑物。特别是许多以大理石和石灰石为材料的历史悠久的建筑物和艺术品，耐酸性差，容易受酸雨腐蚀和变色。建筑材料变脏、变黑，影响城市市容质量和城市景观，被人们称之为"黑壳"效应。

酸雨对金属物品的腐蚀也十分严重。因而对电线、铁轨、船舶车辆、输电线路、桥梁、房屋、机电设备等均会造成严重损害。全世界的钢铁产品，约 1/10 受酸雨腐蚀而报废。1967 年，美国连接佛罗里达州波因特普莱森特与俄亥俄州河上的一座吊桥突然坍塌，桥上许多汽车掉入河中，当场淹死 46 人。原因就是桥上钢梁和螺钉因酸雨腐蚀锈坏，导致断裂。在美国东部，约 3500 栋历史建筑和 1 万座纪念碑受到酸雨损害。

酸雨对古建筑和石雕艺术品的腐蚀十分严重。世界上许多古建筑和石雕艺术品遭酸雨腐

图 4-6　乐山大佛（左为修复后）

蚀而严重损坏，如罗马的文物遗迹、加拿大的议会大厦、我国的乐山大佛（图 4-6）等。希腊雅典一座神庙中的大理石雕像，在 20 世纪前的数百年里均完好无损。然而自 20 世纪 50 年代以来，因酸雨侵蚀，损坏严重。北京有一块 500 年前的明代石碑，40 年前碑文还清晰可见，但近些年因酸雨侵蚀，字迹已模糊难辨了。酸雨造成了这些文物的社会利用价值严重降低，并导致维修费用大大增加。

（6）对人体健康的危害。酸雨对人体健康的危害主要有两方面。①直接危害，酸雨通过它的形成物质二氧化硫和二氧化氮直接刺激皮肤。眼角膜和呼吸道黏膜对酸类十分敏感，酸雨或酸雾对这些器官有明显刺激作用，会引起呼吸方面的疾病，导致红眼病和支气管炎、咳嗽不止，甚至可诱发肺病。它的微粒还可以侵入肺的深层组织，引起肺水肿、肺硬化甚至癌变。酸雨可使儿童免疫力下降，易感染慢性咽炎和支气管哮喘，致使老人眼睛、呼吸道患病率增加。美国因酸雨而致病人数高达 5.1 万。据调查，仅在 1980 年，英国和加拿大因酸雨污染而导致死亡的就有 1500 人。②间接危害，酸雨使土壤中的有害金属被冲刷带入河流、湖泊，一方面使饮用水水源被污染；另一方面，这些有毒的重金属如汞、铅、镉会在鱼类机体中沉积，人类因食用而受害，可诱发癌症和老年痴呆。再次，农田土壤酸化，使本来固定在土壤矿化物中的有害重金属，如汞、镉、铅等再溶出，继而为粮食、蔬菜吸收和富集，人类摄取后中毒得病。据报道，很多国家由于酸雨影响，地下水中铝、铜、锌、镉的浓度已上升到正常值的 10 ~ 100 倍。

3. 酸雨的防治

酸雨的治理与防治是一项非常紧迫的任务。目前采取的措施主要有以下三点。

（1）减少 SO_2 的排放量。采用烟气脱硫技术，用石灰浆或石灰石在烟气吸收塔内脱硫。石灰石的脱硫效率是 85% ~ 90%，而石灰浆脱硫比石灰石快而完全，效率高达 95%。

$$Ca(OH)_2 + CO_2 \longrightarrow CaCO_3 \cdot H_2O + H_2O$$

$$CaCO_3 + SO_2 + \frac{1}{2}H_2O \longrightarrow CaSO_3 \cdot \frac{1}{2}H_2O + CO_2$$

$$CaSO_3 \cdot \frac{1}{2}H_2O + SO_2 + \frac{1}{2}H_2O \longrightarrow Ca(HSO_3)_2$$

$$Ca(HSO_3)_2 + O_2 + H_2O \longrightarrow CaSO_4 \cdot 2H_2O + SO_2$$

（2）汽车尾气净化。汽车尾气排放的主要污染物为一氧化碳（CO）、碳氢化合物（C_xH_y）、氮氧化物（NO_x）、铅（Pb）等。在汽车尾气系统中安装净化器可有效降低这些污染物向大气的排放。汽车尾气净化器主要是由净化管和净化蜂窝陶瓷芯组成的，也叫作陶瓷触媒转化器，是利用其中含有的贵金属产生一系列的化学反应，而它本身在反应前后是没有变化的，相当于起到化学反应的催化剂作用。其化学方程式为：

$$2NO + 2CO \longrightarrow 2CO_2 + N_2 （Pt 催化）$$

$$C_5H_{16} + 9O_2 \longrightarrow 8H_2O + 5CO_2$$

$$2CO + O_2 === 2CO_2$$

这样就将汽车尾气中的氮氧化合物转化成氮气和二氧化碳，将一氧化碳和碳氢化合物转化成二氧化碳和水。

由于含铅化合物能使催化剂中毒，所以装有尾气净化器的汽车必须使用无铅汽油。

（3）加强绿化建设。树木、花草均可调节气候、涵养水源、保持水土和吸收 SO_2 等有毒气体。因此，绿化能大面积、大范围、长时间地净化大气。有的树木还具有吸收 SO_2 的能力。如 1 公顷的柳杉每月可以吸收 SO_2 60 千克。抗二氧化硫的树种还有：夹竹桃、罗汉松、广玉兰、银杏、柑橘、棕榈、枇杷等。皂荚对二氧化硫、氯气等有害气体抗性很强，当其叶子受到危害时，能较快地萌生新叶和恢复生长。桑树对二氧化硫的抗性较强，对硫化氢有一定的抗性，在氟化物污染下，含氟量增加 2.5 倍至数十倍也不受其害。柳树对二氧化硫有抗性，具抗汞污染能力。紫薇、菊花、石榴等花卉对二氧化硫也有较强的吸收能力。

这些措施已经初见成效，根据《2018 中国生态环境状况公报》，我国酸雨区面积约 53 万平方千米，占国土面积的 5.5%，比 2017 年下降 0.9 个百分点；另据中国气象局气候变化中心发布的《中国气候变化蓝皮书（2019）》，1992 ~ 2018 年，中国酸雨总体呈减弱、减少趋势；2018 年，全国平均降水 pH 值为 5.90，全国平均酸雨和强酸雨频率均为 1992 年以来的最低值。

（四）光化学烟雾

从 1940 年初开始，洛杉矶每年从夏季至早秋，只要是晴朗的日子，城市上空就会出现一种弥漫天空的浅蓝色烟雾，使整座城市上空变得浑浊不清。这种烟雾使人眼睛发红、咽喉疼痛、呼吸憋闷、头昏、头痛。1943 年以后，烟雾更加肆虐，以致远离城市 100 千米以外的海拔 2000 米高山上的大片松林也因此枯死。仅 1950 ~ 1951 年，美国因大气污染造成的损失就达 15 亿美元。1955 年，因呼吸系统衰竭死亡的 65 岁以上的老人达 400 多人；1970 年，约有 75% 以上的市民患上了红眼病。这就是最早出现的光化学烟雾污染事件。

1971 年，日本东京发生了较严重的光化学烟雾事件，一些学生中毒昏迷。与此同时，日本的其他城市也发生了类似的事件。此后，日本的一些大城市连续不断出现光化学烟雾事件。日本环保部门对东京几个污染排放点的主要污染物进行调查后发现，汽车排放的 CO、NO_x、C_xH_y 这三种污染物占总排放量的 80%，使人们进一步认识到，汽车排放的尾气是产生光化学烟雾的罪魁祸首。

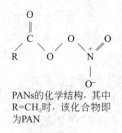

PANs的化学结构，其中 R=CH₃时，该化合物即为PAN

图 4-7 PAN 结构

随着我国城市化的飞速发展，光化学烟雾污染在兰州、广州、北京、上海等地相继出现。日益严重的光化学烟雾问题，逐渐引起人们的重视。人们对于光化学烟雾的发生源、发生条件、反应机理和模式，对生物体的毒性，以及光化学烟雾的监测和控制技术等方面进行了广泛的研究。世界卫生组织和美国、日本等许多国家已把臭氧或光化学氧化剂〔臭氧、二氧化氮（NO_2）、过氧乙酰硝酸酯（PAN）（图 4-7）及其他能使碘化钾氧化为碘的氧化剂的总称〕的水平作为判断大气环境质量的标准之一，并据此发布光化学烟雾的警报。

1. 光化学烟雾的成因

光化学烟雾是氮氧化物（NO_x）、碳氢化合物（烃类）等初级污染物经阳光中紫外线（290～400纳米）照射后发生光化学反应而形成的，是一类具有刺激性的浅蓝色烟雾，包含有臭氧、醛类、PAN（过氧乙酰硝酸酯）等强氧化剂。这些都是通过光化学反应二次生成的，所以叫作二级污染物（图 4-8）。光化学烟雾是在强日光、低湿度条件下形成的一种强氧化性和刺激性的烟雾，一般发生在相对湿度较低的夏季晴天，高峰出现在中午或刚过中午，夜间消失。光化学烟雾呈白色雾状（有时带紫色或黄褐色），使大气能见度降低且具有特殊的刺激性气味。

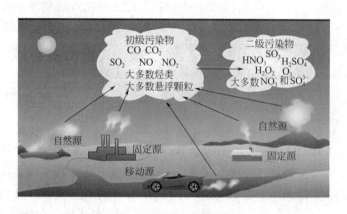

图 4-8 光化学烟雾形成机理

光化学烟雾的形成往往需要比较复杂的条件。首先，产生光化学烟雾的大气必须稳定，整个大气没有强烈的对流，也没有风的扰动；其次，大气中必须具有相对高浓度的氮氧化物；最后，必须有强烈的光照。NO_2 在紫外光的照射下光解成 NO 和氧原子，氧原子与氧分子结合生成臭氧（O_3），O_3 再光解成活性的氧原子和氧气，活性氧原子与大气中的挥发性有机污染物（VOCs）发生一系列反应，生成包括 PAN 在内的各种产物。由于 O_3 和 PAN 是光化学反应里最关键的产物，所以通常将这两种物质作为光化学烟雾的指示物质。PAN 没有天然源，只有人为污染才会产生 PAN。之前，不论是兰州、广州还是北京的光化学烟雾，都检出了相对高浓度的 O_3。在我国的空气质量标准中也规定了对 O_3 的监测，这实际上就是为了监测光化学烟雾的状况。

1951 年加利福尼亚大学哈根·斯密特博士提出了光化学烟雾的理论，他认为洛杉矶烟雾主要是由汽车排放尾气中的氮氧化物、碳氢化合物在强太阳光作用下，发生光化学反应而形成的。光化学烟雾是一个链式反应，其中关键性的反应可以简单地分成 3 步。

① NO_2 的光解导致 O_3 的生成。

② 碳氢化合物氧化生成了具有活性的自由基，如 HO、HO_2、RO_2 等。

③ 通过以上途径生成的 HO_2、RO_2、$[RC(O)O_2]$ 均可将 NO 氧化成 NO_2。

2. 光化学烟雾的危害

（1）对人类健康的危害。光化学烟雾在不利于扩散的气象条件时，烟雾会积聚不散，使人眼和呼吸道受刺激或诱发各种呼吸道炎症，危害人体健康。对人体最突出的危害是刺激眼睛和上呼吸道黏膜，引起眼睛红肿和喉炎，这与醛类等二次污染物有关。它的另一些危害与臭氧有关。当大气中臭氧浓度达到 200 ~ 300 克/立方米时，会引发哮喘发作，导致上呼吸道疾患恶化，使视觉敏感度和视力降低；浓度在 400 ~ 1600 克/立方米时，只要接触两小时就会出现气管刺激症状，引起胸骨下疼痛和肺通透性降低，使肌体缺氧；浓度再升高，就会出现头痛，并使肺部气道变窄，出现肺气肿等。

（2）对大气及交通的影响。光化学烟雾的另一重要特征是使大气的能见度降低，视程缩短。这主要是由污染物质在大气中形成的光化学烟雾气溶胶所引起的。这种气溶胶颗粒大小多在 0.3 ~ 1.0 微米范围内，不易因重力作用而沉降，能较长时间悬浮于空气中长距离迁移，它们与人视觉能力的光波波长相一致，且能散射太阳光，从而明显地降低了大气的能见度，因此妨碍了汽车与飞机等交通工具的安全运行，导致交通事故增多。

（3）对植物的危害。植物受害程度是判断光化学烟雾污染程度的最敏感的指标之一。植物受害现象是人体健康受到影响的先兆。光化学烟雾对植物的损害是十分严重的，主要表现是大片树林枯死，农作物严重减产。对光化学烟雾敏感的植物包括许多农作物（如棉花、烟草、甜菜、莴苣、番茄和菠菜等），以及某些饲料作物、观赏植物（如菊花、蔷薇、兰花和牵牛花等）和许多种树木。

（4）对材料、建筑物等的危害。臭氧、PAN 等还能造成橡胶制品的老化、脆裂、寿命缩短，使染料、绘画褪色，并损害油漆涂料、纺织纤维和塑料制品等。另外，光化学烟雾还会促成酸雨的形成，使建筑物和机器设备受腐蚀等。

3. 光化学烟雾的防治

预防和治理光化学烟雾最根本的做法是控制污染源。就目前来说，已经采取的措施有以下几种。

（1）改进燃料的结构和成分。改进燃料设备，使燃烧过程完全，尽量减少污染物的排放。例如，用煤、石油作为燃料时，对煤、石油进行脱硫处理，使煤液化、气化后使用，减少污染。

（2）改进汽车设备结构，降低汽车尾气氮氧化物、硫氢化合物的排放量。汽车尾气是氮氧化物和硫氢化合物最主要的排放源，控制汽车尾气是避免光化学烟雾的形成、保证环境空气质量的有效措施。汽车尾气污染的防治，除提高汽油燃烧质量外，关键在于改进发动机的燃烧设计。此外，还可以以立法的形式限制汽车尾气的排放，以电车代替公共汽车，使用氢能、太阳能和风能等清洁能源替代化石燃料，安装尾气净化装置等。

（3）加强监测，及时报警，采取预防措施。光化学烟雾是有前兆的，可通过监测发出警报，采取措施加以避免。当氧化剂浓度达到 0.5 微克/升时，接近危险水平，应禁止垃圾燃烧，减少其他燃烧，减少汽车行驶；当氧化剂浓度达到 1.0 微克/升时，已经达到危害健康的水平，应严格禁止汽车行驶，其余措施同上；当氧化剂浓度达到 1.5 微克/升时，达到严重危害健康的水平，除完全采取上述措施外，还应采取其他紧急措施，如关停有关工厂等。

（4）大面积植树造林。绿色植物是二氧化碳的消耗者，氧气的天然加工厂，在调节大气中的氧气和二氧化碳的平衡上起着无可替代的作用。不同的植物对二氧化硫、氟化氢、氯气、氨气、氯化氢、光化学烟雾、放射线等有不同的吸收能力，从而达到净化空气的效果。

4. 光化学烟雾和雾霾的关系

从物质形态看，光化学烟雾与雾霾似乎没有什么关系。光化学烟雾主要为气态污染物，而雾霾则是大气颗粒物。但是，光化学烟雾最终生成大量的臭氧，增加了大气的氧化性，这导致大气中的 SO_2、NO_2、VOCs 被氧化并逐渐凝结成颗粒物，从而增加了 PM2.5 的浓度。也就是说，光化学烟雾可能成为雾霾的来源之一。

第二节　水体污染与防治

2019 年最新版《中华人民共和国水污染防治法》中为"水污染"下了明确的定义，即水体因某种物质的介入，而导致其化学、物理、生物或者放射性等方面特征的改变，从而影响水的有效利用，危害人体健康或者破坏生态环境，造成水质恶化的现象称为水污染。水污染主要是因为人类排放的各种外源性物质（包括自然界中原先没有的）进入水体后，超出了水体本身自净作用（就是江河湖海可以通过各种物理、化学、生物方法来消除外源性物质）所能承受的范围。

一、水污染物的来源

水污染主要是由人类活动产生的污染物造成的，它包括工业污染源、农业污染源和生活污染源三大部分。

图 4-9　工业污染是水体污染的重要源头

（1）工业污水是水体的重要污染源，具有量大、面积广、成分复杂、毒性大、不易净化、难处理等特点（图 4-9）。2017 年全国废水排放量约 771 亿吨，其中工业废水排放量约为 181.6 亿吨，占比 23.55%。工业生产过程的各个环节都会产生废水。影响较大的工业废水主要来自冶金、电镀、造纸、印染、制革等企业。

（2）农业污染源包括牲畜粪便、农药、化肥等。农业污水中，一是有机质、植物营养物及病原微生物含量高；二是农药、化肥含量高。据相关资料显示，1 亿公顷耕地和 220 万公顷草原上，每年使用农药达 110.49 万吨。我国还是世界上水土流失最严重的国家之一，每年流失量约 50 亿吨，致使大量农药、化肥随之流入江河湖库，随之流失的氮、磷、钾营养元素使 2/3 的湖泊受到不同程度富营养化污染的危害，造成藻类以及其他生物异常繁殖，引起水体透明度和溶解氧的变化，从而致使水质恶化。

（3）生活污染源，主要是城市生活中使用的各种洗涤剂和污水、垃圾、粪便等，多为无毒的无机盐类，生活污水中含氮、磷、硫较多，致病细菌多。2015 年我国城镇生活污水排放量为 545 亿吨，同比增长 6%，占全年污水排放总量的 71.4%。

二、水体污染的危害

世界卫生组织的调查表明，全世界约有 10 亿多人由于饮用水被污染而受到疾病传染的威胁，每年至少有 500 万人死于水污染引起的疾病，人类疾病的 80% 与水有关。联合国提供的材料表明，如果不能设法提供干净安全的饮用水，到 2025 年，世界上无法获得安全饮用水的人数将增加到 23 亿，而由饮用水不卫生致死的人数将大大超过目前的人数。世界各城市每天产生的 200 万吨人类粪便，只有不到 20% 经过处理，其余都直接排入水域。我国约有 1/3 以上的工业废水和 9/10 以上的生活污水未经处理就直接排入水域。

水体中主要污染物及其对人体的危害如下。

（一）有机物

城市生活污水和食品、造纸等工业污水中含有大量的碳氢化合物、蛋白质、脂肪等。它们在水中的好氧微生物（指生存时需要氧气的微生物）的参与下，与氧作用分解（也叫降解）为结构简单的物质时需要消耗水中溶解的氧，因此常被称为耗氧有机物。其主要降解反应如下：

$$碳氢化合物 +O_2 \longrightarrow CO_2+H_2O$$
$$含有机硫化合物 +O_2 \longrightarrow CO_2+H_2O+SO_4^{2-}$$
$$含有机氮化合物 +O_2 \longrightarrow CO_2+H_2O+NO_3^-$$

天然水体中溶解氧一般为 5 ~ 10 毫克 / 升。水中含有大量耗氧有机物时，水中溶解的氧会急剧下降，以致大多数水生生物不能生存，鱼类及其他生物大量死亡。若水中含氧量降得太低，这些有机物又会在厌氧微生物的参与下，与水作用产生甲烷、硫化氢、氨等物质，使水变质发臭。这类反应可简单表示如下：

$$含有机氮和硫化合物 +O_2 \longrightarrow CO_2+H_2S+CH_4+NH_3$$

（二）重金属

1. 汞（Hg）

1953 年在日本南部沿海城市熊本县水俣湾附近的小渔村，发生了一件奇闻。有一个人起初口齿不清，全身麻木。到 1971 年又有 121 人得了同样的病，其中 46 人死亡。因为该病发生在日本熊本县水俣湾，故此病被称为水俣病。后来证明水俣病是由甲基汞中毒引起的，是由于人和宠物摄入了富集甲基汞的水产品，导致的中枢神经系统疾病。日本前后 3 次发生水俣病事件，受害人数达 2 万多人，严重中毒者 1000 人，其中有 50 多人因医治无效而死亡。水俣湾的甲基汞是从哪里来的？原来，在盲目发展化学工业的水俣湾地区有多个生产乙醚和氯乙烯的化工厂，这些工厂均以汞作为催化剂，这些工厂的污水未经处理就直接排入水俣湾，作为催化剂的无机汞在水体的淤泥中转化为甲基汞，然后通过食物链富集在鱼、贝类体内。

无机汞中毒主要影响肾脏，引起尿毒症。急性无机汞中毒的早期症状是胃肠不适、腹痛、恶心、呕吐和血性腹泻。甲基汞为有机汞，中毒主要影响神经系统和生殖系统。对"水俣病"患者的观察显示，这种疾病的早期症状包括协调性丧失、言语模糊、视觉缩小（也叫管视）和听力消失，后期症状包括失明、耳聋和智力减退。

另外，甲基汞能够通过胎盘屏障，进入胎儿脑中。所以怀孕的妇女摄入甲基汞，可引起出生婴儿的智力迟钝和脑瘫。因而，即使母亲尚未出现中毒的临床表现，胎儿已经发生中毒。水俣病结束后四年间出生的胎儿先天性痴呆和畸形的发生率都有明显的增加。

人体内汞含量超标，会引起心脏功能、肝功能、神经功能等多方面的疾病，其中大脑是最主要的受害器官，尤其是大脑和小脑的皮质部分受损，表现为视野缩小、听力下降、全身麻痹；严重者神经紊乱，以至疯狂痉挛而死。常温下，如果一支普通的体温计被打破，尽量收集散落的汞，实在收集不起来的要在有汞溅落的地方撒上硫粉，使其与汞反应生成无毒的HgS。

2. 镉（Cd）

镉也是一种有毒的金属元素，当含量达到一定程度，将引起高血压、嗅觉减退、关节疼痛、脱发、皮肤干燥等慢性疾病。

人体内的镉主要来自污染的环境。新生儿的体内几乎不含有镉。人体中的镉几乎全部是出生后从环境中蓄积的，主要是来自被污染的水、食物、空气，通过消化道与呼吸道摄入体内，造成镉的大量蓄积，造成镉中毒。

镉在体内积聚可产生不同程度的中毒症状：第一，可取代重要的矿物质锌在肝、肾内的储藏，因此，毫无疑问，体内镉含量增高将导致锌的不足；第二，会破坏人体的钙吸收，致使骨头变形，骨质疏松，腰背酸痛，关节痛及全身刺痛。

日本的公害病之一"痛痛病"就是慢性镉中毒最典型的例子。1931 年起在神通川两岸相继发生许多原因不明的地方病例。患者最初感到关节疼痛，数年后出现全身骨痛和神经痛，延续几年不能行动，连呼吸都有困难，甚至有的患者一咳嗽，就会震裂胸骨。最后，骨骼软化萎缩，即使轻微碰撞和敲打也会发生骨折。由于严重的骨萎缩，患者死亡时身高仅有正常人的 1/3。孕妇、哺乳妇女和老人等钙缺乏者最易患此病。因该病患者终日喊痛，曾被非正式地定名为"痛痛病"或"骨痛病"。调查发现，该病是由神通川上游主要生产铅和锌的神通矿场排出含有高浓度镉的污水污染了河水引起的。下游农田用河水灌溉，污染了土壤，农作物吸收镉，产生了"镉米"，人们长期食用含镉稻米，在一定条件下就引起慢性镉中毒，经 20～30 年发展成为骨痛病患者。当时该地该病患者达 280 人，死亡 34 人。

镉中毒是慢性过程，潜伏期最短为 2～8 年，一般为 15～20 年。根据摄入镉的量、持续时间和机体机能状况，病程大致分潜伏期、警戒期、疼痛期、骨骼变期和骨折期。

人体内如果长时间有一定量的镉，就会形成镉硫蛋白，通过血液流到全身，并且在肾脏积聚起来，破坏肾脏、肝脏中酶系统的正常活动，还会损伤肾小管，使人体出现糖尿、蛋白尿等症状。含镉气体通过呼吸道会引起呼吸道刺激症状，出现肺水肿、肺炎等。镉从口腔进入人体，还会出现呕吐、胃肠痉挛、腹痛、腹泻等症状，甚至可引起肝肾综合征而死亡。镉的危害还包括导致精神错乱、寿命缩短和引起肿瘤生长。

镉污染主要是工业污染造成的，采矿、冶炼、合金制造、电镀、油漆和颜料制造等工业部门向环境排放的镉污染了大气、水、土壤。人从环境摄取镉的途径及比例大致为：食品约占 50%，饮用水约占 1%，空气约占 1%，香烟约占 46%。

3. 铅（Pb）

铅进入人体后，除部分通过粪便、汗液排泄外，其余在数小时后溶入血液中，阻碍血液的合成，导致人体贫血，出现头痛、眩晕、乏力、困倦、便秘和肢体酸痛等；某些口中有金属味、动脉硬化、消化道溃疡和眼底出血等症状也与铅污染有关。小孩铅中毒则出现发育迟缓、食欲缺乏、行走不便和便秘、失眠；若是小学生，还伴有多动、听觉障碍、注意力不集中、智力低下等现象。这是因为铅进入人体后通过血液侵入大脑神经组织，使营养物质和氧气供应不足，造成脑组织损伤所致，严重者可能导致终身残疾。特别是儿童处于生长发育阶段，对铅比成年人更敏感，进入体内的铅对神经系统危害很大。铅进入孕妇体内则会通过胎盘屏障，影响胎儿发育，造成畸形等。

铅及其化合物的侵入途径主要是经呼吸道，其次是经消化道，完整的皮肤不能吸收。儿童体内有 80% ~ 90% 的铅是从消化道摄入的。水体中的铅主要来自人为排放源，如采矿、冶炼、电镀、油漆、涂料、废旧电池等。

世卫组织（WHO）在 2013 年的 10 月 20 日至 26 日，发起了预防铅中毒国际行动周，旨在提高人们对铅中毒的意识，强调指出各个国家和合作伙伴为预防儿童铅中毒所作的努力，敦促开展消除含铅涂料的进一步行动。

4. 铬（Cr）

由于铬及其化合物广泛应用于化工、电镀、印染等工业，它常以粉尘、蒸气、污水形式污染空气、水源和农作物，因此过量铬对人类的危害也不可忽视。铬对人体的危害主要是由六价铬化合物所致。可溶性六价铬氧化物的水溶液——铬酸和铬酸盐的毒性较大，并具有刺激性和腐蚀性。铬可经皮肤吸收，铬在体内可影响氧化、还原和水解过程，过多的铬可使蛋白质变性、核酸和核蛋白沉淀、酶系统受干扰。铬也是一种较常见的致敏物质。铬酸和铬酸盐引起中毒的症状为吞咽困难、上腹部烧灼感、腹泻、血水样便，严重者出现休克、青紫、呼吸困难，婴儿可出现中枢神经系统症状。动物实验证明，铬酸铅、铬酸锌、重铬酸钠等有致癌性。

（三）无机物

1. 砷（As）

砷有灰、黄和黑三种同素异形体，质脆而硬，具有金属性；单质砷毒性很低，但砷化合物均有毒性，三价砷化合物比五价砷化合物毒性高。As_2S_5、As_2S_3 溶解度小、毒性低，砷的氧化物和盐类大部分属高毒性。急性中毒主要为误服三氧化二砷（砒霜）及其他可溶性的砷化合物所致，职业中毒少见。某些无机砷化合物可引起皮肤癌和肺癌。

砷与细胞中含巯基（—SH）的酶结合成稳定的络合物，使酶失去活性，阻碍细胞呼吸作用，引起细胞死亡。中毒症状常常在摄入半小时到一小时后发作，中毒者表现为消化系统症状：腹痛、腹泻、恶心、呕吐，继而尿量减少、尿闭、循环衰竭，严重者出现神经系统麻痹、昏迷、死亡。

水体污染引起的砷中毒多是蓄积性慢性中毒，表现为神经衰竭、多发性神经炎、肝痛、肝大、皮肤色素沉着和皮肤的角质化以及血管疾病。现代流行病学研究证实，砷中毒与皮肤病、肝癌、肺癌、肾癌等有密切关系。此外砷化合物对胚胎发育也有一定的影响，可致畸胎。

预防砷中毒应改善生产条件，提高自动化、机械化和密闭化程度，加强个人防护；对各种含砷的废气、污水与废渣应予回收和净化处理，严防污染环境；作业工人应每年定期检查身体，监测尿砷；有严重肝脏、神经系统、造血系统和皮肤疾患的人员，不宜从事砷作业。

2. 氮（N）、磷（P）

水中氮的存在形式有氨氮、有机氮（蛋白质、尿素、氨基酸、胺类、氰化物、硝基化合物等）、硝酸盐氮、亚硝酸盐氮，在一定条件下，四种形式之间可以相互转化。饮用水中，硝酸盐氮是主要存在形式。

　　水中氨氮主要来源于生活污水、农田灌溉的排水、工业污水（如合成氨污水）、焦化污水等。清洁的地下水硝酸盐氮含量不高，但是深层地下水、受污染的水体含氮量较高。亚硝酸盐氮属于氮循环的中间产物，可与仲胺类物质反应生成致癌的亚硝胺类物质。亚硝酸盐不稳定，一般天然水体中含量低于 0.1 毫克 / 升。

　　水源水和饮用水中三氮（氨氮、硝酸盐氮、亚硝酸盐氮）含量过高，对人体和水体水生物都有毒害作用。例如，水中氨氮超过 1 毫克 / 升，会使水生生物血液结合氧的能力降低，超过 3 毫克 / 升，鱼类会死亡。亚硝酸盐氮可使人体正常的血红蛋白氧化成高铁血红蛋白，失去输送氧的能力。亚硝酸盐氮还会与仲胺类反应生成致癌性的亚硝胺类物质。硝酸盐氮含量过高，可使血液中变性血红蛋白增加，还可经肠道微生物作用转变为亚硝酸盐而出现毒性作用。水源水中如存在氨氮，会造成供水处理中的加氯量大为增加，氨氮过高会导致其他消毒副产物增加，危害人体健康。

　　水体中磷的主要来源有化肥、人畜粪便、水土流失和含磷洗涤剂。在城市生活污水中，含磷洗涤剂中的磷是水体中磷的主要来源。20 世纪 60 年代以来，随着世界上人口密集的大湖泊区受到氮、磷等有机物的污染，许多发达国家和地区开始了世界范围的禁磷、限磷运动。

　　天然水体中由于过量营养物质（主要是指氮、磷等）的排入，引起各种水生生物异常繁殖和生长，这种现象称作水体富营养化。一般来说，无机氮和总磷分别超过 300 毫克 / 升和 20 毫克 / 升就认为水体处于富营养化状态。

三、中国水污染现状

　　中国有 82% 的人饮用浅井和江河水，其中水质污染严重、细菌超过卫生标准的占 75%，饮用受到有机物污染的水的人口约 1.6 亿。从自来水的饮用标准看，中国尚处于较低水平，自来水仅能采用沉淀、过滤、加氯消毒等方法，将江河水或地下水简单加工成可饮用水。自来水加氯可有效杀除病菌，同时也会产生较多的卤代烃化合物。

　　综合考虑中国地表水资源质量现状，符合《地面水环境质量标准》的 I、II 类标准的只占 32.2%（河段统计），符合 III 类标准的占 28.9%，属于 IV、V 类标准的占 38.9%，如果将 III 类标准也作为污染统计，则中国河流长度有 67.8% 被污染，约占监测河流长度的 2/3，可见中国地表水资源污染非常严重。

　　中国地表水资源污染严重，地下水资源污染也不容乐观。

　　中国北方五省区和海河流域地下水资源，无论是农村（包括牧区）还是城市，浅层水或深层水均遭到不同程度的污染，局部地区（主要是城市周围、排污河两侧及污水灌区）和部分城市的地下水污染比较严重，污染呈上升趋势。

四、污水处理方法

　　污水处理可分为物理处理法、化学处理法、物理化学处理法和生物处理法四类。

1. 物理处理法

　　通过物理作用分离、回收废水中不溶解的呈悬浮状态的污染物（包括油膜和油珠）的废水处理法，可分为重力分离法、离心分离法和筛滤截留法等。属于重力分离法的处理单元有：沉淀、上浮（气浮）等，相应使用的处理设备是沉砂池、沉淀池、隔油池、气浮池及其附属装置等。离心分离法本身就是一种处理单元，使用的处理装置有离心分离机和水旋分离器等。筛滤截留法有栅筛截留和过滤两种处理单元，前者使用的处理设备是格栅、筛网，后者使用的是砂滤池和微孔滤机等。以热交换原理为基础的处理法也属于物理处理法，其处理单元有蒸发、结晶等。

2. 化学处理法

包括：中和法，如酸碱中和法、投药中和法、过滤中和法等；化学混凝法，如无机混凝法、有机混凝法和高分子混凝法等，利用混凝法处理污水主要是用于污水处理的预处理、中间处理和深度处理的各个阶段；化学沉淀法，如中和沉淀法、硫化物沉淀法、钡盐沉淀法、铁氧体沉淀法等；氧化还原法和电化学法。

3. 物理化学处理法和生物处理法

物理化学处理法主要包括：吸附、离子交换、浮选、气提吹脱等。

生物处理法简称生化法。该法的处理过程是使污水与微生物混合接触，利用微生物在自然环境中的代谢作用，即微生物体内的生物化学作用分解污水中的有机物和某些无机毒物。

下面主要介绍化学处理法。

（一）酸碱污水的中和处理

1. 酸性污水中和处理

（1）投药中和法。药剂有石灰乳、苛性钠、石灰石、大理石、白云石等。优点是可处理任何浓度、任何性质的酸性污水。污水中允许有较多的悬浮物，对水质水量的适用性强，中和剂利用率高，过程容易调节。缺点是劳动条件差、设备多、投资大、泥渣多且脱水难。

（2）天然水体及土壤碱度中和法。采用时要慎重，应从长远利益出发，允许排入水体的酸性污水量应根据水体或土体的中和能力来确定。

（3）碱性污水和废渣中和法。

2. 碱性污水中和处理

（1）投药中和法。药剂有硫酸、盐酸及压缩二氧化碳（用 CO_2 作中和剂，由于 pH 低于6，因此不需要 pH 控制装置）。

（2）酸性污水及废气中和法。烟道气中有高达 24% 的 CO_2，可用来中和碱性污水。其优点是可把污水处理与烟道气除尘结合起来，缺点是处理后的污水中硫化物、色度和耗氧量均有显著增加。

（二）含重金属污水的化学处理

含重金属污水的主要来源为工业污水和酸性矿水。

1. 化学沉淀法

（1）工艺过程

①投加化学沉淀剂与污水中的重金属离子反应，生成难溶性沉淀物析出。

②通过凝聚、沉降、上浮、过滤、离心等操作进行固液分离。

③泥渣的处理和回收利用。

（2）按所用药剂分类

① 氢氧化物沉淀法。最常用的沉淀剂是石灰。石灰沉淀法的优点是去除污染物范围广，药剂来源广，价格低，操作简便，处理可靠且不产生二次污染。缺点是劳动卫生条件差，管道易堵塞，泥渣体积大，脱水困难。

② 硫化物沉淀法。沉淀剂有 H_2S、Na_2S、$(NH_4)_2S$ 等。

无机汞的去除可用此法，S^{2-} 浓度的提高利于硫化汞的析出，在反应过程中要补投 $FeSO_4$ 溶液以除去过量的 S^{2-}，也有利于沉淀分离。

③ 硫酸盐沉淀法。

2. 氧化还原法

氧化剂有空气、臭氧、氯气、次氯酸钠及漂白粉，可去除 Fe^{2+}、Mn^{2+} 等离子。

还原剂有硫酸亚铁、亚硫酸钠、硼氢化钠、铁屑等，可去除 Hg^{2+}、Cd^{2+}、Cu^{2+}、Ag^+、Ni^{2+}、Cr^{6+} 等。

第三节 土壤污染与治理

土壤污染主要是指土壤中收容的有机废弃物或含毒废弃物过多，影响或超过了土壤的自净能力，从而引起土壤质量恶化，引起土壤的组成、结构和功能发生变化，微生物活动受到抑制，有害物质或其分解产物在土壤中逐渐积累，导致生产能力退化，并通过"土壤→植物→人体"，或通过"土壤→水→人体"间接被人体吸收，最终对生态安全和人类生命健康构成威胁。

土壤污染物主要来自大气沉降、工业废水和生活污水排放、农药施用、工业固废和生活垃圾堆放、矿产资源开发和炼制等。土壤污染物大致可分为无机污染物和有机污染物两大类。无机污染物主要包括酸、碱、重金属、盐类，放射性元素铯、锶的化合物，含砷、硒、氟的化合物等；有机污染物主要包括有机农药、酚类、氰化物、石油、合成洗涤剂、3,4–苯并芘以及由城市污水、污泥及厩肥带来的有害微生物等。

滥施农药　　污水灌溉

污染的土壤

污染的大气降雨　　垃圾、矿渣、煤渣等

图 4–10　造成土壤污染的原因

一、土壤污染原因

造成土壤污染的原因如图 4–10 所示。土壤污染源主要是人为造成的污染源，如"三废"（废气、废渣、废水）的排放，其次还有过量使用的农药、化肥、重金属、微生物、化学药品等。

1. "三废"的排放

大气中的二氧化硫、氮氧化合物等随着雨水降落到地面上，引起土壤的酸化；生活污水或工业废水用于灌溉，使土壤受到重金属、无机物和病原体的污染；固体废物的堆放，除占用土地外，还恶化周围环境，污染地面水和地下水，传染疾病。

2. 农药对土壤的污染

农药对土壤的污染可分为直接污染和间接污染。前者是由在作物收获期前较短的时间内施用残效期较长的农药引起的，一部分直接污染了粮食、水果和蔬菜等作物，另一部分污染的是土壤、空气和水。

3. 化肥对土壤的污染

随着生产的发展，化肥的使用量在不断增加。增施化肥作为现代农业增加作物产量的途径之一，在带来作物丰产的同时，过量施用化肥也会造成土壤污染，给作物的食用安全带来一系列问题。人们已注意到随之带来的还有环境问题，特别令人担忧的是硝酸盐的累积问题。

4. 污泥对土壤的污染

城市污水处理厂处理工业废水、生活污水时，会产生大量的污泥，一般占污水量的1%左右。污泥中含有丰富的氮、磷、钾等植物营养元素，常被用作肥料。但由于污泥的来源不同，一些有工业废水的污泥中，常含有某些有害物质，如大量使用或利用不当，会造成土壤污染，使作物中的有害成分增加。

5. 重金属对土壤的污染

进入土壤的重金属污染物以可溶性与不溶性颗粒存在，如镉、汞、铬、铜、锌、铅、镍等。汽油中添加的防爆剂四乙基铅随废气排出污染土壤，使行车频率高的公路两侧常形成明显的铅污染带。汞主要来自厂矿排放的含汞废水。土壤与汞化合物之间有很强的相互作用，积累在土壤中的金属汞、无机汞盐、有机络合态或离子吸附态汞能在土壤中长期存在。镉污染主要来自冶炼排放和汽车尾气沉降，磷肥中有时也含有镉。

6. 微生物对土壤的污染

不合格的畜禽类粪便肥料也是造成土壤污染的因素之一。由于畜禽饲料中添加铜、铅等元素和动物生长激素，使得许多未被畜禽吸收的微量元素和有机污染物随粪便排出体外，污染土壤环境。

7. 化学药品污染

弃漏的化学药品，如硝酸盐、硫酸盐、氧化物，还有多环芳烃、多氯联苯、酚等也是常见的污染物。这些污染物很难降解，多数是致癌物质，易造成长期潜在的危险。

8. 放射性物质污染

土壤辐射污染的来源有铀矿和钍矿开采、铀矿浓缩、核废料处理、核武器爆炸、核试验、燃煤发电厂、磷酸盐矿开采加工等。大气层核试验的散落物可造成土壤的放射性污染，放射性散落物中，^{90}Sr、^{137}Cs 的半衰期较长，易被土壤吸附，滞留时间也较长。

二、土壤污染的特点及危害

1. 土壤污染的特点

土壤污染具有隐蔽性、潜伏性和长期性，其严重后果通过食物链给动物和人类健康造成危害，不易被人们察觉；土壤污染具有累积性，污染物质在土壤中不容易迁移、扩散和稀释，容易在土壤中不断积累而超标，同时也使土壤污染具有很强的地域性；土壤污染具有不可逆转性，重金属对土壤的污染基本上是一个不可逆转的过程，许多有机化学物质的污染也需要较长的时间才能降解；土壤污染很难治理，积累在污染土壤中的难降解污染物，很难靠稀释作用和自净化作用来消除。因此，治理污染土壤通常成本较高，治理周期较长。

2. 土壤污染的危害

① 土壤污染导致农作物产量和品质不断下降，造成巨大经济损失　因工业污染和农田施用化肥，大多数城市近郊土壤都受到不同程度的污染，许多地方粮食、蔬菜、水果等食物中镉、砷、铬、铅等重金属含量超标或接近临界值。每年转化成为污染物而进入环境的氮素

达1000万吨，农产品中的硝酸盐和亚硝酸盐污染严重。农用塑料薄膜污染土壤面积超过780万公顷，残存的农用塑料薄膜对土壤毛细管水起阻流作用，恶化土壤物理性状，影响土壤通气透水（图4-11），严重影响农作物产量和农产品品质。

② 土壤污染危害人体健康　土壤污染会使污染物在植物体内积累，并通过食物链富集到人体和动物体中，危害人体健康，引发癌症和其他疾病。

③ 土壤污染导致其他环境问题　土壤受到污染后，含重金属浓度较高的污染土壤容易在风力和水力作用下分别进入大气和水体中，导致大

图4-11　土壤性状恶化

气污染、地表水污染、地下水污染和生态系统退化等其他生态环境问题。

三、土壤污染防治

土壤污染防治是防止土壤遭受污染和对已污染土壤进行改良、治理的活动。土壤保护应以预防为主。预防的重点应放在对各种污染源排放进行浓度和总量控制；对农业用水应进行经常性监测、监督，使之符合农田灌溉水质标准；合理施用化肥、农药，慎重使用污泥、河泥、塘泥；利用城市污水灌溉，必须进行净化处理；推广病虫草害的生物防治和综合防治，以及整治矿山、防止矿毒污染等。改良治理方面，重金属污染者可采用排土、客土改良或使用化学改良剂等方法，以及改变土壤的氧化还原条件使重金属转变为难溶物质，降低其活性；对有机污染物如三氯乙醛可采用松土、施加碱性肥料、翻耕晒垡、灌水冲洗等措施加以治理。

加强环境立法和管理，如日本根据土壤污染立法，对特定有害物如镉、铜、砷，凡符合下列条件的，即定为治理区，需由当地政府采取治理措施：糙米中镉浓度超过或可能超过1毫克/千克的地区；水田中铜浓度用0.1摩尔/升的盐酸提取、测定，超过125毫克/千克的地区；水田中砷浓度（0.1摩尔/升的盐酸提取）在10～20毫克/千克以上的地区。

（一）土壤污染的预防措施

1. 科学地利用污水灌溉农田

废水种类繁多，成分复杂，有些工业废水可能是无毒的，但与其他废水混合后，可能就变成了有毒废水。因此，利用污水灌溉农田时，必须符合《不同灌溉水质标准》，否则必须对废水进行处理，符合标准后方可用于灌溉农田。

2. 合理使用农药，积极发展高效、低残留农药

合理使用农药包括：严格按《农药管理条例》的各项规定进行保存、运输和使用。使用农药的工作人员必须了解农药的有关知识，以合理选择不同农药的使用范围、喷施次

数、施药时间以及用量等，尽可能减轻农药对土壤的污染。禁止使用残留时间长的农药，如六六六、滴滴涕等有机氯农药。发展高效、低残留农药，如拟除虫菊酯类农药，将有利于减轻农药对土壤的污染。

3. 积极推广生物方法防治病虫害

为了有效地防治农业病虫害，减轻化学农药对土壤的污染，需要积极推广生物防治方法，利用益鸟、益虫和某些病原微生物来防治农林病虫害。例如，保护各种以虫为食的益鸟；利用赤眼蜂、七星瓢虫、蜘蛛等益虫来防治各种粮食、棉花、蔬菜、油料作物以及林业病虫害；利用杀螟杆菌、青虫菌等微生物来防治玉米螟、松毛虫等。利用生物方法防止农林病虫害具有经济、安全、有效和无污染的特点。

4. 提高公众的土壤保护意识

在开发和利用土壤的时候，应进一步加强舆论宣传工作，让农民和基层干部充分了解当前严峻的土壤形势，提高公众的土壤保护意识。

（二）土壤污染的治理措施

1. 污染土壤的生物修复方法

土壤污染物质可以通过生物降解或植物吸收而被净化，如蚯蚓是一种能提高土壤自净能力的动物，利用它还能处理城市垃圾和工业废弃物以及农药、重金属等有害物质。积极推广使用农药污染的微生物降解菌剂，以减少农药残留量。严重污染的土壤可改种某些非食用的植物如花卉、林木、纤维作物等，也可种植一些非食用的吸收重金属能力强的植物，如羊齿类铁角蕨属植物对土壤重金属有较强的吸收聚集能力，对镉的吸收率可达到10%，连续种植多年能有效降低土壤含镉量。

2. 污染土壤治理的化学方法

对于重金属轻度污染的土壤，使用化学改良剂可使重金属转化为难溶性物质，减少植物对它们的吸收。酸性土壤施用石灰，可提高土壤 pH，使镉、锌、铜、汞等形成氢氧化物沉淀，从而降低它们在土壤中的浓度，减少对植物的危害。对于硝态氮积累过多并已流入地下水体的土壤，需要大幅度减少氮肥施用量，并且配施脲酶抑制剂、硝化抑制剂等化学抑制剂，以控制硝酸盐和亚硝酸盐的大量累积。

3. 增施有机肥料

增施有机肥料可增加土壤有机质和养分含量，既能改善土壤理化性质特别是土壤胶体性质，又能增大土壤吸附容量，提高土壤净化能力。例如，受到重金属和农药污染的土壤，增施有机肥料可增加土壤胶体的吸附能力，同时土壤腐殖质可络合污染物质，显著提高土壤钝化污染物的能力，从而减弱其对植物的毒害。

4. 调控土壤氧化还原条件

调节土壤氧化还原状况在很大程度上影响重金属变价元素在土壤中的行为，能使某些重金属污染物转化为难溶态沉淀物，控制其迁移和转化，从而降低污染物危害程度。调节土壤氧化还原电位值，在生产实践中往往通过土壤水分管理和耕作措施来实施，如水田淹灌，电位值降至160毫伏时，许多重金属都可生成难溶性的硫化物而降低其毒性。

5. 改变轮作制度

改变轮作制度会引起土壤条件的变化，可消除某些污染物的毒害。据研究，实行水旱轮作是减轻和消除农药污染的有效措施。如DDT、六六六农药在棉田中的降解速度很慢，残留量大，而棉田改水田后，可大大加速DDT和六六六的降解。

6. 换土和翻土

对于轻度污染的土壤，可采取深翻土或换无污染的客土的方法。对于污染严重的土壤，可采取铲除表土或换客土的方法。这些方法的优点是改良较彻底，适用于小面积改良。但对于大面积污染土壤的改良，此法非常费事，难以推行。

7. 实施针对性措施

对于重金属污染土壤的治理，主要通过生物修复、使用石灰、增施有机肥、灌水调节土壤氧化还原电位、换客土等措施，降低或消除污染。对于有机污染物的防治，通过增施有机肥料、使用微生物降解菌剂、调控土壤pH和氧化还原电位等措施，加速污染物的降解，从而消除污染。

总之，按照"预防为主"的环保方针，防治土壤污染的首要任务是控制和消除土壤污染源，防止新的土壤污染；对已污染的土壤，要采取一切有效措施，清除土壤中的污染物，改良土壤，防止污染物在土壤中的迁移转化。

第四节　室内环境污染及防治

室内主要指居室内，广义上也可泛指各种建筑物内，如办公楼、会议厅、医院、教室、旅馆、图书馆、展览厅、影剧院、体育馆、健身房、商场、地下铁道、候车室、候机厅等各种室内公共场所和公众事务场所内。

工业革命以后，人们的室内活动时间变多，室内空气质量与人体健康的关系就显得更加密切。虽然，室内污染物的浓度往往较低，但由于接触时间很长，故其累积接触量很高。尤其是老、幼、病、残等体弱人群户外活动机会更少，因此，室内空气质量的好坏对他们的健康的影响更为重要。

一、室内空气污染成因及特点

室内引入能释放有害物质的污染源或室内环境通风不佳，导致室内空气中有害物质不断增加，并引起人的一系列不适症状的现象，即室内空气受到了污染。就环境污染对人体健康的影响而言，由于人们生活工作在室内环境的时间长、室内通风状况不良、不利于污染物稀释扩散自净等原因，室内环境质量比室外环境质量显得更为重要。室内空气污染具有如下特征。

（1）累积性　室内环境是相对封闭的空间，其污染形成的特征之一是累积性。从污染物进入室内导致浓度升高，到排出室外浓度渐趋于零，大都需要经过较长的时间。室内的各种物品，包括建筑装饰材料、家具、地毯等都可能释放出一定的化学物质，它们将在室内逐渐积累，导致污染物浓度增大，构成对人体的危害。

（2）长期性　由于大多数人处于室内环境的时间很长，即使浓度很低的污染物，在长期作用于人体后，也会影响人体健康。

（3）多样性　室内空气污染物有生物性污染物，如细菌；化学性污染物，如甲醛、氨气、苯、一氧化碳、二氧化碳、氮氧化物、二氧化硫等；还有放射性污染物，如氡等。

二、室内主要污染物来源及危害

《室内空气质量标准》和《民用建筑室内环境污染控制规定》的控制项目不仅有化学性污染（包括人们熟悉的甲醛、苯、氨、氡等污染物质，以及可吸入颗粒物、二氧化碳、二氧化硫等13项化学性污染物质），还有物理性、生物性和放射性污染。主要分为无机气体污染物、挥发性有机污染物、可吸入颗粒物、生物性污染物及放射性气体污染物。

（一）无机气体污染物

室内无机气体污染物包括 CO、CO_2、NO_2、SO_2、NH_3、O_3 等，主要来自燃料的燃烧和建筑装修材料的释放。主要无机气体污染物及其主要来源见表4-4。

表4-4　主要无机气体污染物及其主要来源

无机气体污染物	污染源
CO	燃料燃烧、吸烟
CO_2	燃料燃烧、呼吸代谢、植物呼吸作用
NO_2	燃料燃烧、吸烟
SO_2	燃料燃烧
NH_3	建筑水泥
O_3	打印机、大气光化学反应

氨化学式为 NH_3，是一种无色且具有强烈刺激性臭味的气体，比空气轻（相对密度为0.5）。氨是一种碱性物质，溶解度极高。主要对动物或人体的上呼吸道有刺激和腐蚀作用，减弱人体对疾病的抵抗力。据统计，部分人长期接触氨可能会出现皮肤色素沉积或手指溃疡等症状；短期内吸入大量氨后可出现流泪、咽痛、声音嘶哑、咳嗽、痰带血丝、胸闷、呼吸困难，可伴有头晕、头痛、恶心、呕吐、乏力等症状，严重者可发生肺水肿、成人呼吸窘迫综合征，同时可能发生呼吸道刺激症状。

室内氨污染主要来自三个方面：

（1）水泥里加入了含尿素的混凝土防冻剂，里面含有大量氨类物质（包括尿素和氨水），随着温度、湿度等环境因素的变化，被还原成氨从墙体中缓慢释放出来。

（2）室内装饰材料中的添加剂和增白剂。

（3）厕所臭气也是氨气的重要来源，也往往是我们忽视的地方。

（二）挥发性有机污染物（VOCs）

挥发性有机物是指在空气中存在的蒸气压大于133.32Pa的有机物，如苯、甲苯、二氯乙烷等。VOCs的沸点为 50 ~ 250℃，在常温下能以蒸气的形式存在于空气中，它的毒性、刺激性、致癌性和特殊的气味性，会影响皮肤和黏膜，对人体产生急性损害。挥发性有机物

图 4-12 室内挥发性有机物的来源

在居室中普遍存在，主要来自燃料的燃烧、烹调、采暖、吸烟等产生的烟雾，建筑和装饰材料、家具、清洁剂和家用电器等的缓慢释放，另外，人体自身也会排放一定量的VOCs。目前认为，VOCs能引起机体免疫水平失调，影响中枢神经系统功能，出现头晕、头痛、嗜睡、无力、胸闷等症状，还可能影响消化系统，出现食欲缺乏、恶心等，严重时可损伤肝脏和造血系统，出现变态反应等。几种室内挥发性有机物的来源如图4-12及表4-5所示。

表 4-5　几种室内 VOCs 的主要污染源

化合物	主要污染源
芳香烃	涂料、烹饪、吸烟、燃料燃烧
脂肪烃	木制家具、家庭日常用品
含氧有机物	黏合剂、建筑装潢材料、家庭日用品
卤代烃	日化用品、黏合剂
萜烯	植物释放、木制家具、胶黏剂

1. 甲醛

化学分子式为HCHO，是近年来国内消费者及媒体最为关注的室内空气污染物。空气中游离的甲醛是无色、具有刺激性且易溶于水、醇、醚的气体，其40%的水溶液称为"福尔马林"，是一种防腐剂。而正是由于它的防腐（防虫）作用，甲醛被广泛应用于各种建筑装饰材料之中。甲醛的熔点、沸点很低，因而很容易从装修材料中挥发出来。当室内空气中的甲醛含量超过0.06毫克/立方米时就有异味和不适感，造成刺眼流泪、咽喉不适或疼痛、恶心呕吐、咳嗽胸闷、气喘甚至肺水肿；达到30毫克/立方米，会立即致人死亡。而长期接触低剂量甲醛可引起慢性呼吸道疾病，引起鼻咽癌、结肠癌、脑瘤、月经紊乱、细胞核的基因突变，引起新生儿染色体异常、白血病、青少年智力下降等。建筑装修材料中的甲醛的释放期一般长达3～15年，产生慢性毒性。

室内甲醛来源大致可以分为以下几类（图4-13）。

（1）用作室内装饰的胶合板、细木工板、中密度纤维板和刨花板等人造板材的生产中使用的胶黏剂以脲醛树脂或酚醛树脂为主，板材中残留的和未参与反应的甲醛会逐渐向周围环境释放。

（2）一些不法厂商无视国家有关规定在家具中使用劣质胶水，这些胶水中含有甲醛等成分，会在使用过程中逐步散发出来危害

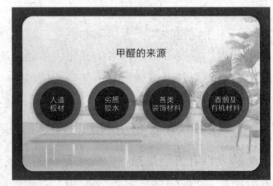

图 4-13　室内甲醛的来源

人体健康。

（3）含有甲醛成分并有可能向外界散发的其他各类装饰材料，如贴墙布、贴墙纸、化纤地毯、泡沫塑料、油漆和涂料等。

（4）燃烧后会散发甲醛的某些材料，如香烟及一些有机材料。

（5）服装。服装在使用树脂整理的过程中要涉及甲醛的使用。服装的面料生产中为了达到防皱、防缩、阻燃等作用，或为了保持印花、染色的耐久性，或为了改善手感，都需在助剂中添加甲醛。甲醛往往比较容易溶解于水中，为防止甲醛污染的新服装特别是童装和内衣接触皮肤，最好用清水充分漂洗后再穿。

2. 苯（苯系物）

苯系物也是为人们所关注的室内空气污染物，包括苯（C_6H_6）、甲苯（C_7H_8）、二甲苯（C_8H_{10}），大多为无色透明油状液体，具有强烈芳香的气体，易挥发为蒸气，易燃有毒。苯系物在工业上用途很广，涉及的行业主要有染料工业，可作为农药生产和香料制作的原料，也可作为溶剂和黏合剂用于油漆、涂料、防水材料等。

苯已被国际癌症研究中心确认为高毒致癌物质，对皮肤和黏膜有局部刺激作用，吸入或经皮肤吸收可引起中毒，严重者可发生再生障碍性贫血或白血病。甲苯对皮肤和黏膜刺激性大，对神经系统作用比苯强，长期接触有引起膀胱癌的可能。二甲苯存在三种异构体，其熔、沸点较高，毒性与苯和甲苯相比较小，皮肤接触二甲苯会产生干燥、皲裂和红肿，神经系统会受到损害，还会使肾和肝受到暂时性损伤。

苯系物的来源主要分为三大类。

（1）室内装修过程中使用的各类有机溶剂，如油漆、涂料、填缝胶、黏合剂等。

（2）居室建造过程中使用的建筑材料，如人造板、隔热板、塑料板材等。

（3）装修过程中的装饰材料，如壁纸、地板革、地毯、化纤窗帘等。

3. 苯并芘

苯并芘是一种多环芳烃类化合物，主要来自吸烟烟雾和多次使用的高温植物油、煮焦的食物和油炸过的食品。苯并芘可以通过呼吸道、消化道和皮肤而被吸收，是一种高活性致癌剂，对机体脏器如肺、肝、食道、胃肠等都有强烈的致癌性。

（三）可吸入颗粒物

可吸入颗粒物是指空气动力学直径不大于10微米的颗粒物，即PM10和PM2.5，可以到达呼吸道深处而对人体健康造成严重损害。人类活动、燃料燃烧、吸烟等是室内可吸入颗粒物的主要来源。

防火、绝缘和保温材料，保护避免摩擦材料，水泥管强化剂，棚顶或地板材料等建筑装潢材料中广泛使用石棉。石棉是各种天然的纤维状的硅酸盐类矿物的总称，这些矿物质在不同程度上都会表现出高抗张力性、高耐热性和耐化学腐蚀的特征。使用的石棉绝大多数是温石棉，其纤维可以分裂成极细的原纤维，原纤维的直径一般为0.5微米，长度在5微米以下，在大气和水中能悬浮数周到数月之久，并持续造成污染。原纤维可以到达呼吸道深处并沉积在肺部，造成肺部疾病。石棉具有致癌性，可以引发肺癌、肠胃癌、间皮癌等。

（四）生物性污染物

在通风不良、人员拥挤的情况下，病原微生物通过空气传播，使易感人群致病，导致呼吸道和皮肤过敏症状。生物性污染是由一些活性有机物造成的，包括细菌、病毒、真菌、芽孢、霉菌、螨、动物身上掉下的角质层和皮屑等。生物性污染能引起咳嗽、发烧、哮喘、发烧等症状，如高敏感性肺炎和增湿热等。

（五）放射性气体污染物

氡是一种具有放射性的室内空气污染物，被世界卫生组织列为使人致癌的19种主要物质之一，也是我国规范控制的对人体健康影响较大的5种室内污染物之一，是仅次于吸烟的第二大致癌诱因。氡进入人体后会破坏血液循环系统，如使白细胞和血小板减少，导致白血病，还会影响人的神经系统、生殖系统和消化系统。人体吸入氡后，衰变产生的氡子体呈微粒状，会吸入呼吸系统堆积在肺部，沉淀到一定程度后，这些微粒会损坏肺泡，进而导致肺癌。

室内氡的来源主要分为四类。

（1）房基土壤或岩石中析出的氡，氡通过泥土地面、墙体裂缝、建筑材料缝隙渗透进入房间。

（2）建筑装饰材料如水泥、石材、沥青等，这些材料本身含有微量放射性元素而源源不断地释放出氡气。

（3）户外空气中进入室内的氡。

（4）供水及天然气中释放的氡。

三、室内环境污染防治措施

（一）污染源的控制

1. 使用空气净化技术

对于室内颗粒状污染物，净化方法主要有静电除尘、扩散除尘、筛分除尘等。净化装置主要有机械式除尘器、过滤式除尘器、荷电式除尘器、湿式除尘器等。从经济的角度考虑首选过滤式除尘器；从高效洁净的角度考虑首选荷电式除尘器。对于室内细菌、病毒的污染，净化方法是低温等离子体净化技术。配套装置是低温等离子体净化装置。对于室内异味、臭气的清除，净化方法是选用0.2 ~ 5.6微米的玻璃纤维丝编织成的多功能高效微粒滤芯，这种滤芯滤除颗粒物的效率相当高。对室内空气中的污染物，如苯系物、卤代烷烃、醛、酸、酮等的降解，采用光催化降解法非常有效，如利用太阳光、卤钨灯、汞灯等作为紫外光源，使用锐态矿型纳米 TiO_2 作为催化剂。

2. 合理布局及分配室内外的污染源

为了减少室外大气污染对室内空气质量的影响，对城区内各污染源进行合理布局是很有必要的。居民生活区等人口密集的地方应安置在远离污染源的地区，同时应将污染源安置在远离居民区的下风口方向，避免居民住宅与工厂混杂的问题。卫生和环保部门应加强对居民生活区和人口密集的地方进行跟踪检测和评价。

3. 加强室内通风换气的次数

对于室内甲醛、放射性氡等物质，应加强通风换气次数。其中对甲醛的污染治理，方法有三种：一是使用活性炭或某些绿色植物；二是通风透气；三是使用化学药剂。室内放射性氡的浓度，在通风时其浓度会下降；而一旦不通风，浓度又继续回升，它不会因通风次数频繁而降低氡子体的浓度，唯一的方法是去除放射源。

除重视科研与监测、加强队伍建设、制定行业标准、加强立法与宣传外，还要加大经费的投入，采用高新技术，研制新的高效率室内污染净化装置，消除室内空气污染，保障人们身体健康，这是十分迫切而必要的。

（二）污染治理技术

1. 室内污染治理方法

随着人们对室内污染的逐步重视，室内污染治理技术应用得到逐步推广，室内污染治理方法也越来越多，目前国内主要有以下 3 种方法。

（1）物理净化：坚持打开门窗换气，使挥发出的有害气体不滞留在室内。新装修的房间每天通气换气至少 3 ~ 5 小时，如此保持通风 3 个月后再入住；在室内摆放有吸附作用的植物，如芦荟、吊兰、常青藤等；还可选用空气净化装置。

（2）化学净化：采用离子交换和光触媒技术让有害气体分解。

（3）生物净化：使用特种酶让有害气体进行生物氧化。

2. 室内污染治理方法的选择

由于目前国家对室内污染治理产品并无规范化的技术标准，用户在选择室内污染治理技术及产品时应注意以下几点。

（1）应根据室内污染实际情况选择有针对性的治理方法及产品。

（2）选择的治理产品应有产品质检报告，证明治理产品有明显治理效果，而且无其他毒副作用，不会产生二次污染。

（3）选择的治理产品应有多家实际应用合格的检测报告。

（4）针对室内污染物容易发生反弹，尤其是甲醛的挥发期达 3 ~ 15 年（根据使用材料的优劣），选择的治理产品还应有长期稳定的治理效果。

由于室内污染物具有复杂多样、持续时间较长的特点，而且国内现有室内污染治理技术并不是太成熟，若出现污染严重超标危害身体健康，且治理产品无法解决问题的情况，应考虑拆除。

四、居室绿化与健康

在自然环境的碳循环中，植物、花草起着非常重要的作用。绿色植物利用光合作用将人等生物体排放到大气中的二氧化碳吸收，放出氧气，维持了环境中碳的总平衡。除此以外，植物的各个器官和组织都对环境中的毒物有储存作用。因为有些毒物（如硫、氯等）是树木不可缺少的微量元素。当它们从叶子的气孔或根部进入植物体内以后，经过一系列转化使其毒性缓解变为有机化合物，构成植物体的组成部分。这种吸收和储存称为植物的富集作用。植物的富集能力很强，能使某些元素比原来植物组织中的含量高几十倍，百倍甚至千倍。

植物进行光合作用时，叶子表面的气孔张开，空气中的有毒物质随二氧化碳进入叶组织，在光合作用过程中，植物又释放出大量不含有害物质的气体，证明植物已将毒物滤掉，因此称植物为毒物的滤毒器。

室内摆放几盆花草，不仅美化了环境，也有利于身心健康，还可以净化空气，调整室内微气候。在绿化较好的室内，起生态作用的花木还可以调整温度、湿度以及调节人的生理作用的功能。植物还具有良好的吸音作用，靠近门窗布置的花草能有效阻隔室外的噪声。

五、健康居室的建立

"健康住宅"就是能使居住者在身体上、精神上、社会上完全处于良好状态的住宅，实现健康住宅的原则有和谐自然的原则、节能高效的原则、资源再生的原则和健康无毒的原则。

专家从日照、采光、室内净高、微小气候及空气净度5个方面对现代住宅提出以下标准。

（1）日照时间每天必须在2h以上。阳光可以杀灭空气中的微生物，提高机体的免疫力。

（2）采光。指住宅内能够得到的自然光线，一般窗户的有效面积和房间地面面积之比应大于1：15。

（3）室内净高不得低于2.8m。实验表明，当居室净高低于2.8m时，室内二氧化碳浓度较高，对室内空气质量有明显影响。

（4）微小气候。要使居室卫生保持良好的状况，一般要求冬天室温不低于12℃，夏天不高于30℃；室内相对湿度不大于65%；夏天风速不少于0.15m/s、冬天不大于0.3m/s。

（5）空气净度。居屋内空气中某些有害气体、代谢物质、飘尘和细菌总数不能超过一定的含量，这些有害气体主要有二氧化碳、二氧化硫、氯气、甲醛、挥发性苯等。

除上述5个基本标准外，室内卫生标准还包括如照明、隔离、防潮、防止射线等方面的要求。

建立健康的居室应从改善居住条件入手，在选择住房时，首先应当考虑的是整套居室的位置。大工厂附近、闹市地区，室内污染物种类多、浓度高。一般住宅区应位于工业污染源的上风侧，应与工厂有一定的卫生防护距离。其次是对采光和通风的要求，良好的采光和通风条件对于居室健康是十分必要的。充分利用阳光，不仅可增加室内亮度，更可净化空气，居室每天至少受日照2h以上，充分利用太阳辐射杀灭室内致病菌。室内家具、家用电器的放置合理，空调器、加湿器等的调节要符合人体健康的标准。控制室内温度在17～27℃，控制室内湿度在40%～70%，减少室内污染源，保持室内空气清新，减少污染，保障健康。

思考题

1. 什么是霾？其特点是什么？
2. 什么是雾？雾与霾有区别吗？
3. 什么是光化学烟雾？其特点是什么？有何危害？与霾有何关系？
4. 污染环境的因素有哪些？化学在环境污染和环境保护中扮演怎样的角色？
5. 什么是臭氧层空洞？氟利昂是怎样破坏臭氧层的？简述其化学过程。
6. 酸雨是怎么形成的？有什么危害？如何防治？
7. 什么是水污染？水污染物的来源有哪些？
8. 简述我国的水污染现状及污水处理方法。
9. 水体中的主要污染物是什么？对人体各有什么危害？
10. 什么是水体富营养化？如何产生？如何防治？
11. 土壤污染的成因是什么？有哪些危害？应该如何防治？

12. 室内环境污染有什么特点？主要污染物有哪些？简述这些污染物的来源和危害。
13. 为什么说室内污染严重性超过室外污染？
14. 健康居室的基本条件是什么？如何建立健康的居室？

第五章
化学与材料

第一节　概述

　　材料是指人类用于制造物品、器件、构件、机器或其他产品的物质。材料是人类赖以生存和发展的物质基础，是人类进步的重要里程碑。

　　从人们的衣食住行到太空世界的探究，都离不开材料。材料的应用和发展与人类文明的进步紧密相关。当代人类社会已经进入了一个材料技术和应用迅猛发展的崭新时代。人们对材料的认识、制造和使用，经历了从天然材料到人工合成材料，再到为特定需求设计材料的发展过程。材料是人们利用化合物的某些功能来制作物件时用的化学物质。化学是材料发展的基础，而材料又为化学发展开辟了新的空间。化学与材料保持着相互依存、相互促进的关系。材料技术和应用的每一次重大进步，都与化学等科学的发展密不可分。

一、材料发展的历史

　　一般可以根据代表性的材料将人类社会划分为石器时代、青铜器时代、铁器时代、聚合物时代和信息时代。

1. 石器时代

　　100 万年以前，原始人采用天然的石、木、竹、骨等材料作为狩猎工具，称为旧石器时代；1 万年以前，人类对石器进行加工，使之成为器皿和精致的工具，从而进入新石器时代。新石器时代后期（约公元前 6000 年），人类发明了火，掌握了钻木取火技术，用以烧制陶器（图 5-1）。

图 5-1　石器时代制造的物品

2. 青铜器时代

人类在寻找石器过程中认识了矿石，并在烧陶生产中发展了冶铜术，开创了冶金技术。公元前5000年，人类进入青铜器时代。青铜是人类社会最先使用的金属材料［青铜主要为铜（Cu）、锡（Sn）的合金］。中国历史上曾有过灿烂的青铜文化，著名青铜器有商周时期青铜器的代表作司母戊方鼎、商朝晚期的四羊方尊、西周时期的大克鼎、西周晚期的毛公鼎等（图5-2）。

图5-2 著名青铜器

3. 铁器时代

公元前1200年，人类开始使用铸铁，进入了铁器时代。用铁作为材料来制造农具，比青铜工具更耐用。铁在农业和军事上的广泛应用（图5-3），推动了以农业为中心的科学技术日益进步。随着技术的进步，又发展了钢的制造技术。18世纪，钢铁工业的发展，成为产业革命的重要内容和物质基础。19世纪中叶，现代平炉和转炉炼钢技术的出现，使人类真正进入了钢铁时代。与此同时，铜、铅、锌也大量得到应用，铝、镁、钛等金属相继问世并得到应用。直到20世纪中叶，金属材料在材料工业中一直占有主导地位。

图5-3 古代的铁制农具和兵器

4. 聚合物时代

二战后各国致力于恢复经济，发展工农业生产，对材料提出了质量轻、强度高、价格低等一系列要求。具有优良性能的工程塑料部分地代替了金属材料。合成高分子材料的问世是材料发展的重大突破。

首先是人工合成高分子材料问世，并得到广泛应用。先后出现了尼龙、聚乙烯、聚丙烯、聚四氟乙烯等塑料，以及维尼纶、合成橡胶、新型工程塑料、高分子合金和功能高分子材料等。仅半个世纪时间，高分子材料已与有上千年历史的金属材料并驾齐驱，且其年产量已超过了钢，成为国民经济、国防尖端科学和高科技领域不可缺少的材料。

其次是陶瓷材料的发展。20世纪50年代，合成化工原料和特殊制备工艺的发展，使陶瓷材料产生了一个飞跃，出现了从传统陶瓷向先进陶瓷的转变，许多新型功能陶瓷形成了产业，满足了电力、电子技术和航天技术的需要。

从此以金属材料、陶瓷材料、高分子材料为主体，建立了完整的材料体系，形成了材料科学。

5. 信息时代

结构材料的发展，推动了功能材料的进步。20世纪初，人们开始对半导体材料进行研究。20世纪50年代，制备出锗单晶，后又制备出硅单晶和化合物半导体等，使电子技术领域由电子管发展到晶体管、集成电路、大规模和超大规模集成电路。半导体材料的应用和发展，使人类社会进入了信息时代。

20世纪80年代以来，在世界范围内高新技术（生物技术、信息技术、空间技术、能源技术、海洋技术）迅猛发展，国际上展开激烈的竞争。发展高新技术的关键往往与材料有关，即根据需要来设计具有特定功能的新材料。

能源、信息和材料已被公认为当今社会发展的三大支柱产业。

二、材料的分类

1. 按材料的用途分类

材料按用途可分为结构材料和功能材料。结构材料主要利用材料的力学和理化性质，广泛用于机械制造、工程建设、交通运输和能源等；功能材料则利用材料的热、光、电、磁等性能，用于电子、激光、通信、能源和生物工程等。功能材料的最新发展是智能材料，它具有环境判断功能、自我修复功能和时间轴功能。

2. 按材料的成分和特性分类

材料按成本和特性可分为金属材料、陶瓷材料、高分子材料和复合材料。复合材料是由金属材料、陶瓷材料、高分子材料组成的。复合材料的强度、刚度和耐腐蚀性能比单一材料更为优越，是一类有更为广阔发展前景的新型材料。

3. 材料也可分为传统材料和新型材料

传统材料是指生产工艺已经成熟，并投入工业生产的材料。新型材料是指新发展或正在发展的具有特殊功能的材料，如高温超导材料、工种材料、功能高分子材料。

新型材料的特点如下。

（1）新型材料具有特殊的性能，能满足尖端技术和设备制造的需要。例如，能在接近极限条件下使用的超高温、超高压、极低压、耐腐蚀、耐摩擦等材料。

（2）新型材料是多学科综合研究成果。它要求以先进的科学技术为基础，往往涉及物理、化学、冶金等多个学科。

（3）新型材料从设计到生产，需要专门的、复杂的设备和技术。

第二节　家居材料

家是我们生活中最重要的场所，为了生活的方便和家居的美化，会用到各类不同的物品。随着科技的发展，各种新颖的家居物品也不断进入我们的生活空间。这些家居物品的性能、外观等都和它们所选用的材料有密切关系。接下来让我们来了解一下，家中常见物品都是由什么材料制成的。首先，我们来到厨房，这里是各种材料最集中的地方。厨房中锅、碗、瓢、盆和各种厨房电器就已经涵盖了多种类型材料。

一、金属材料

厨房里有各种各样的锅（图5-4）：煮饭锅、炒菜锅、蒸锅、高压锅、平底锅等。从制造的原料来看，一般有铜锅、铁锅、铝锅、不锈钢锅、不粘锅、陶瓷锅和砂锅等。由于锅需要具有耐高温、耐磨、传热性好等特点，所以主要还是以金属材料为主。

金属是指具有良好的导电性和导热性，有一定的强度和塑性并具有光泽的物质，如铜、锌和铁等。而金属材料则是指由金属元素或以金属元素为主组成的具有金属特性的工程材料，它包括纯金属和合金。

图5-4　各种锅

1. 金属材料的分类

金属材料通常分为黑色金属、有色金属和特种金属材料。

（1）黑色金属又称钢铁材料，包括含铁90%以上的工业纯铁，含碳2%~4%的铸铁，含碳小于2%的碳钢，以及各种用途的结构钢、不锈钢、耐热钢、高温合金、精密合金等。广义的黑色金属还包括铬、锰及其合金。

（2）有色金属是指除铁、铬、锰以外的所有金属及其合金，通常分为轻金属、重金属、贵金属、半金属、稀有金属和稀土金属等。有色合金的强度和硬度高、电阻大、电阻温度系数小。其中重金属的密度较大，一般在5.0克/立方厘米以上；轻金属的密度都在5.0克/立方厘米以下，且化学性质活泼；而贵金属的共同特点则是化学性质稳定，密度大（10.0~22.0克/立方厘米），熔点较高。

（3）特种金属材料包括不同用途的结构金属材料和功能金属材料。其中有通过快速冷凝工艺获得的非晶态金属材料，以及准晶、微晶、纳米晶金属材料等；还有隐身、抗氢、超导、形状记忆、耐磨、减振阻尼等特殊功能合金以及金属基复合材料等。

2. 常见的金属材料

（1）钢铁　钢铁是铁与C（碳）、Si（硅）、Mn（锰）、P（磷）、S（硫）以及少量的其他元素所组成的合金，也称为铁碳合金。其中除Fe（铁）外，C的含量对钢铁的机械性能起着主要作用。它是工程技术中最重要、用量最大的金属材料。

含碳量2%~4.3%的铁碳合金称为铸铁。铸铁硬而脆，但耐压耐磨。根据铸铁中碳存在的形态不同又可分为白口铁、灰口铁和球墨铸铁。白口铁中碳以Fe_3C形态分布，断口呈银白色，质硬而脆，不能进行机械加工，是炼钢的原料，故又称为炼钢生铁。碳以片状石墨形态分布的称为灰口铁，断口呈银灰色，易切削，易铸，耐磨。若碳以球状石墨分布则称为球墨铸铁，其机械性能、加工性能接近于钢。

含碳量为0.03%~2%的铁碳合金称为钢，按化学成分可分为碳素钢和合金钢。碳素钢（碳钢）是最常用的普通钢，冶炼方便、加工容易、价格低廉，而且在多数情况下能满足使用要求，所以应用十分普遍。按含碳量不同可分为低碳钢、中碳钢和高碳钢。随含碳量升高，碳钢的硬度增加、韧性下降。合金钢又叫特种钢，在碳钢的基础上加入一种或多种合金元素，使钢的组织结构和性能发生变化，从而具有一些特殊性能，如高硬度、高耐磨性、高韧性、耐腐蚀性等。经常加入钢中的合金元素有 Si、W、Mn、Cr、Ni、Mo、V、Ti 等。例如，锰钢具有很强的耐磨性，可用于制造拖拉机履带和车轴、齿轮，坦克的装甲材料等；钨钢耐高温，是制造金属切削工具的好材料；硅钢具有良好的电磁性能，许多电器都离不开它。

钢铁材料一般分类的体系如下：

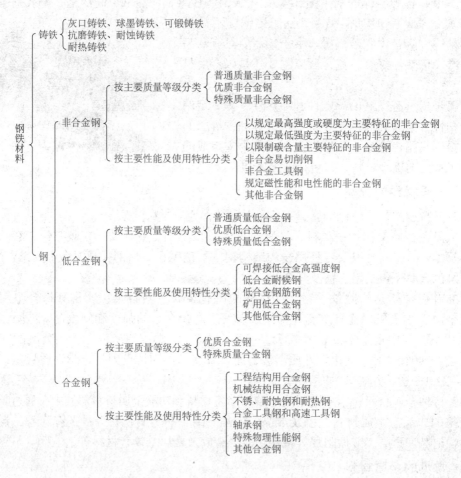

（2）铝　铝是一种银白色轻金属，在自然界中主要以铝矾土矿形式存在，它是一种含有杂质的水合氧化铝矿。铝元素在地壳中的含量高于7%，仅次于氧和硅，在全部金属元素中占第一位，它比铁几乎多了一倍，是铜的近千倍。铝在生产、生活中应用广泛。

1825年，丹麦化学家和矿物学家厄斯泰德用钾汞齐还原液态卤化铝，第一个制备出不纯净的金属铝。

1827年，德国化学家维勒用金属钾还原无水氯化铝，制备出较纯的铝，并用它发现了铝的许多性质。

由于维勒制取铝的方法不可能应用于大量生产，在这以后的一段很长时间里，铝是珠宝店里的商品、帝王贵族的珍宝。直到1886年两位青年化学家21岁的美国大学生霍尔和21岁法国大学生埃罗分别独立地用电解法制铝获得成功，使铝成为普通商品，竟然经历了60多年的时间。他们的工作奠定了今天电解铝的方法。

虽然铝是比较活泼的金属元素，但纯铝在大气中有优良抗蚀性，在铝的表面能生成一层薄而致密并与基体金属牢固结合的氧化膜，阻止向金属内部扩散而起到保护作用。铝及其合金也易进行阳极氧化处理，表面形成一层坚固的、各种色彩的、美观的保护膜，可起到装饰与保护作用。

纯铝的密度小（$\rho=2.7g/cm^3$），大约是铁的 1/3，熔点低（660℃），具有很高的塑性和良好的延展性，易于加工，可制成各种型材、板材，也可拉成细丝，轧成箔片。铝具有良好的导电能力，广泛用作电线。铝具有良好的导热能力，可用作炊具。铝粉具银白色金属光泽，可与其他物质混合用作涂料。制造工业中，铝粉和氧化铁粉混合，引发后发生剧烈反应，放出大量的热，用于焊接。铝也用作炼钢工业中的脱氧剂、高质量的反射镜、聚光碗等。

但是纯铝的强度很低，不宜作为结构材料。通过长期的生产实践和科学实验，人们逐渐以加入合金元素及运用热处理等方法来强化铝，这就得到了一系列的铝合金。主要合金元素有铜、硅、镁、锌、锰，次要合金元素有镍、铁、钛、铬、锂等。添加一定元素形成的合金在保持纯铝质轻等优点的同时还能具有较高的强度。铝合金是工业中应用最广泛的一类有色金属结构材料，在航空、航天、汽车、机械制造、船舶及化学工业中已大量应用，使用量仅次于钢。

铝合金在我们的生活中十分常见，我们的门窗、床铺、炊具、餐具、自行车、汽车，甚至笔记本电脑和数码相机等，都包含有铝合金。

（3）金　俗称黄金，是一种金黄色的稀有金属，具有良好的导电导热性能、高度的延展性、稳定的化学性质及数量稀少等特点，不仅是用于储备和投资的特殊通货，又是首饰业、电子业、现代通信、航天航空业等部门的重要材料。例如，利用金箔对红外线有强烈的反射作用，并能防止紫外线的通过，被广泛用于红外线干燥设备、红外线探测仪和宇航员的防护面罩、宇宙飞船的密封舱上。由于金的导电性好、熔点高，不会被氧化，被用作飞机、人造卫星和宇航设备内某些控制仪表和电器开关的接触点材料。

小知识：黄金饰品

我们日常生活中最常见的黄金就是黄金首饰。黄金首饰从其含金量上可分为纯金和 K 金两类。纯金首饰的含金量在 99% 以上，最高可达 99.99%，故又有"九九金""十足金""赤金"之称。K 金首饰是在其黄金材料中加入了其他的金属（如银、铜金属）制造而成的首饰，又称为"开金""成色金"。由于其他金属的加入量有多有少，便形成了 K 金首饰的不同 K 数。黄金首饰以含金量的多少分为：24K（含金量 99% 以上）、22K（含金量 91.7%）、18K（含金量 75%）、14K（含金量 58.33%）、12K（含金量 50%）等。

（4）银　银是一种银白色的稀有金属，是人类最早发现的金属之一。银在自然界中很少量以游离态单质存在，主要以含银化合物矿石存在。银的化学性质稳定，活跃性低，价格贵，其反光率极高，可达 99% 以上。纯银具有良好的导电性和传热性，在所有的金属中都是最高的。还具有很高的延展性，因此可以碾压成只有 0.00003 厘米厚的透明箔，1 克重的银粒就可以拉成约两公里长的细丝。

在古代，人类就对银有了认识。银和黄金一样，是一种应用历史悠久的贵金属，至今已有 4000 多年的历史。由于银独有的优良特性，人们曾赋予它货币和装饰双重价值，英镑和新中国成立前用的银圆，就是以银为主的银铜合金。银有很强的杀菌能力，在水中能分解出极微量的银离子，吸附水中的微生物，使微生物赖以呼吸的酶失去作用，从而杀死微生物。银离子的这种杀菌能力十分惊人，十亿分之几毫克的银就能净化 1 千克水。

银在现代生活中也是被广泛应用。电子电器材料是用银使用量最大的领域。摄影胶卷、相纸、X-光胶片等卤化银感光材料也是用银量最大的领域之一。不过由于电子成像、数字化成像技术的发展，使卤化银感光材料用量有所减少，但卤化银感光材料的应用在某些方面尚不可替代，仍有很大的市场空间。另外在化学化工材料和工艺饰品领域银的使用也是比较多的。

（5）铜　铜是一种人类广泛使用的金属元素，属于重金属。铜也是人类最早使用的金属之一。早在史前时代，人们就开始采掘露天铜矿，并用获取的铜制造武器、式具和其他器皿，铜的使用对早期人类文明的进步影响深远。铜是一种存在于地壳和海洋中的金属。铜在地壳中的含量约为 0.01%，在个别铜矿床中，铜的含量可以达到 3% ~ 5%。

铜是与人类关系非常密切的有色金属，被广泛地应用于轻工、机械制造、建筑工业、国防工业等领域，在中国有色金属材料的消费中仅次于铝。

（6）锡　锡是一种银白色金属，硬度较低，展性较好，延性较差。锡有一种特别的性质——"锡疫"，即锡在一般温度下很稳定，但在高温和低温下特别"娇气"，温度 161℃时，锡一碰就脆；温度为 -13.2℃时能逐渐变成一种煤灰色的粉末；温度低于 -33℃时，转变过程大大加快，锡制品迅速毁坏。

锡常用来制造镀锡铁皮，即"马口铁"。锡的化合物二硫化锡呈金黄色，用于仿造镀金和制颜料等。

（7）锂　锂是一种银白色的轻金属，是自然界最轻的金属，密度小（0.53 克/立方厘米），质量轻，化学性质活泼，应存放在凡士林或石蜡中。金属锂可溶于液氨。

锂和锂的化合物被广泛应用，如锂基润滑剂不怕高温、不怕水，在低温环境中也能保持良好性能，用于汽车维护；锂能与氧、氮、氯、硫等物质剧烈反应，工业上用作脱氧剂和脱硫剂；铜冶炼过程中，加入十万分之一的锂，能改善铜内部结构，使之致密，提高导电性；1 千克锂通过热核反应放出的能量相当于两万多吨优质煤燃烧放出的能量，锂在原子能工业上的独特性能，举世瞩目；锂电池具有比能量高、放电平衡等优点，广泛应用于各种领域，是很有前途的动力电池，现在聚合物锂电池广泛用于手机、电脑等电子信息产品中。

（8）钛　钛在地壳中的含量位于第 10 位。含钛矿物多达 70 多种，海水中钛的含量也非常丰富。继铜、铁、铝之后，金属钛将是 21 世纪冶金工业中最重要的产品之一。

钛具有银灰色光泽、强度大、密度小（4.51 克/立方厘米）、硬度大、熔点高（1675℃）等特性，广泛应用于飞机、火箭、导弹、人造卫星、宇宙飞船、舰艇、军工、轻工、化工、纺织、医疗及石油化工等领域。例如，极细的钛粉是火箭的好燃料；钛的抗腐蚀能力比不锈钢强 15 倍，用作洗印设备的齿轮；外科医疗手术上钛被称为"亲生物金属"，可用于制造"人造骨骼"，起到支撑和加固作用；炼钢工业中，少量的钛是良好的脱氧、除氧及除硫剂。

3. 几种具有特殊功能的新型金属材料

为了得到某些特殊功能，人们常将两种或两种以上的金属元素或以金属为基添加其他非金属元素通过合金化工艺（熔炼、机械合金化、烧结、气相沉积等）来制备出具有金属特性的材料，这些材料称为合金。下面介绍几种具有特殊功能的新型金属材料。

（1）具有记忆能力的合金——形状记忆合金。记忆合金是一种新型的功能金属材料，能在一定条件下重新恢复到原来的形状。记忆合金一般可分为：镍-钛合金；铜基合金，如铜-锌-铝、铜-铝-镍；铁基合金。记忆合金被广泛应用于航空、卫星、医疗、生物工程、能源和自动化等方面。

（2）能贮存氢气的合金——贮氢合金。利用金属合金或金属与氢气发生反应，形成金属合金氢化物或金属氢化物，使氢气以固体的形式贮存起来，稍微改变条件，金属合金氢化物或金属氢化物就会放出氢气并重新变成金属合金或金属。

（3）能软能硬的合金——超塑性合金。超塑性合金在加工时能像口香糖那样柔软可塑，一旦成形后又能像钢铁那样坚固耐用。高强度超塑性合金在航天工业作用很大。例如，采用超塑性钛合金来制造飞机骨架与采用普通钛或钛合金相比，不仅使锻压、轧制、弯曲等加工过程变得更加容易，而且每生产 500 架飞机，可节省 120 万 ~ 150 万美元。超塑性合金在民用方面的应用价值也是十分显著的。对一些形状复杂的电子仪器零件、汽车外壳等的制造，若采用超塑性合金可一次完成，不仅简化了工序，而且大大降低了成本。

（4）没有电阻的金属——超导金属。高温超导材料如 Y-Ba-Cu-O 的临界温度 T_c 高达 90K，Ti-Ba-Ca-Cu-O 和 Bi-Sr-Ca-Cu-O 的 T_c 高达 120K。这些超导材料在液氮温度（77K）下就可发挥出它们的超导性，因而具有实用价值。

超导体在临界温度 T_c 时，具有零电阻和抗磁性。超导材料在电力输送、超导发电机、大型电子计算机、磁悬浮高速列车，以及核聚变反应控制等高科技领域中得到应用。

（5）颗粒超细的金属——纳米金属。纳米材料是指组成材料颗粒的粒径大小为 1 ~ 100 纳米的一类材料，纳米金属是纳米材料的一种。

二、陶瓷材料

厨房里碗是必备之物，根据用途和主人喜好可以采用各种不同的材料制成各种不同的大小和形状的碗。制碗的材料有陶瓷、木材、玉石、玻璃、琉璃、金属等，其中最常用的材料是陶瓷。瓷器的出现成为中华民族文化的象征之一，对世界文化产生过深远的影响。

最早的瓷碗是出现于商周至春秋战国时期的原始青瓷制品，基本形状为大口深腹平底。以后随着制瓷工艺的逐步改善以及人们的审美和实用要求的提高，碗的形状、纹饰、质量也越来越精巧，使用分工也越来越具体多样，如饭碗、汤碗、菜碗、茶碗等。经过唐、宋、元、明等多代的发展，碗的制作工艺、装饰技法丰富多样，不断完善，如图 5-5 为苏州虎丘塔出土的五代秘色瓷莲花碗。到清代，碗无论在哪一方面均胜过前朝，形状、釉色、纹饰更为丰富多样，工艺制作更为精巧细腻，素三彩、五彩、粉彩装饰的宫廷皇家用碗更让人叹为观止。瓷器形状、釉色、纹饰丰富多样，工艺制作精巧细腻，耐高温、耐磨，不易变形。所以，至今人们仍然使用瓷碗居多。

图 5-5　五代秘色瓷莲花碗

1. 陶瓷的概念

陶瓷是一类应用广泛的材料，包括水泥、玻璃、搪瓷、陶瓷、耐火材料、砖、瓦等。这是一个广义上的概念，在狭义上陶瓷就是指普通陶瓷和新型陶瓷。

2. 陶瓷的分类

陶瓷有多种不同的分类方法，既可以从概念上可分为普通陶瓷和新型陶瓷，也可以按陶瓷的用途或按材料和致密程度分类。

（1）陶瓷按用途分类

①日用陶瓷：如餐具、茶具、缸、坛、盆、罐等。

② 艺术（工艺）陶瓷：如花瓶、雕塑品、园林陶瓷、器皿、陈设品等。

③ 工业陶瓷：指应用于各种工业的陶瓷制品。还可以分为几个方面：建筑卫生陶瓷、化学（化工）陶瓷、电瓷和特种陶瓷等。

（2）陶瓷按材料和致密程度分类

陶瓷按材料和致密程度分为粗陶、普通陶、细陶、炻、细炻、普通瓷和细瓷，如表5-1所示。

表5-1　日用陶、瓷器的分类

种类	粗陶	普通陶	细陶	炻	细炻	普通瓷	细瓷
吸水率/%	11～20	6～14	4～12	3～7	＜1	＜1	＜0.5
烧结温度/℃	～800	1100～1200	1250～1280	—	1200～1300	1250～1400	1250～1400

3. 普通陶瓷

普通陶瓷即传统陶瓷，是以天然黏土以及各种天然矿物为主要原料经过粉碎混炼、成型和煅烧制得的材料的各种制品。用陶土烧制的器皿叫陶器，用瓷土烧制的器皿叫瓷器。陶和瓷的重要区别之一是坯体的孔隙度，即吸水率，取决于原料和烧结温度。它们之间有一个过渡产品，叫炻器。陶瓷则是陶器、炻器和瓷器的总称。凡是用陶土和瓷土这两种不同性质的黏土为原料，经过配料、成型、干燥、焙烧等工艺流程制成的器物都可以叫陶瓷。由粗陶到精细的精陶和瓷器都属于它的范围。

日常生活中遇到的陶瓷器主要是普通陶瓷。

4. 新型陶瓷

新型陶瓷是随着航空、原子能、冶金、机械、化学等工业以及电子计算机、空间技术、新能源开发等尖端科学技术的飞跃发展而发展起来的。新型陶瓷又称精细陶瓷，采用人工合成的高纯度无机化合物为原料，在严格控制的条件下经成型、烧结和其他处理而制成具有微细结晶组织的无机材料，具有一系列优越性能（表5-2）。

表5-2　传统陶瓷与新型陶瓷的差异

	传统陶瓷	新型陶瓷
主要组分	二氧化硅等氧化物	氧化物、氮化物、碳化物、硅化物和硼化物等
主要产品	玻璃、水泥、砖瓦、耐火材料、搪瓷和各种陶瓷器等烧结制品	烧结制品，如单晶、纤维、薄膜、粉末等
性能优势	产品的性能稳定、熔点较高和难溶于水	强度高、耐腐蚀、耐高温，在光、电、磁和声等方面有特殊功能

新型陶瓷按其应用功能分类，大体可分为高强度、耐高温和复合结构陶瓷及电工电子功能陶瓷。在陶瓷坯料中加入特殊配方的无机材料，经过1360℃左右高温烧结成型，获得稳定可靠的防静电性能，成为一种新型特种陶瓷，通常具有一种或多种功能，如电、磁、光、热、声、化学、生物等功能，以及耦合功能，如压电、热电、电光、声光、磁光等功能。

常见的新型陶瓷如下。

（1）能植入人体的陶瓷——生物陶瓷。如图5-6所示，生物陶瓷是用于人体器官和组织修复的一种功能陶瓷，具有良好的生物相容性，对机体无免疫排异反应；对血液的相容性也

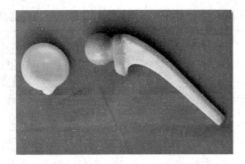

(a) 陶瓷膝关节假体　　　　　　　　(b) 陶瓷髋关节假体

图 5-6　陶瓷

好，无溶血和凝血反应；对人体无毒害，不会引起代谢作用发生异常现象，也不会致癌。

生物陶瓷按组成分类：纯氧化物，如氧化铝和氧化锆等；复合氧化物，如羟基磷灰石和磷酸钙等；生物玻璃。

按其与人体修复部位的关系分类：生物惰性陶瓷，如主要用于修复牙齿和骨骼等硬组织的氧化铝和用来制人体中最重要的承重关节的氧化锆；生物活性陶瓷，主要有用来制假牙和中耳道植入件的羟基磷酸盐陶瓷和可以制成金属股骨涂层的生物玻璃；可吸收性生物陶瓷，如与人体骨骼的组成相似的磷酸三钙和羟基磷灰石，植入人体后可以逐渐被降解，最后转化成人体骨骼组织。

（2）像玻璃一样透明的陶瓷——透明陶瓷。透明陶瓷不仅透明，而且机械强度高、耐高温，熔点一般都高于 2000℃。

透明陶瓷有两个系列：氧化物系列和非氧化物系列。

获得透明陶瓷的条件：原料的纯度必须很高；原料的结构必须是光学异向性较小的晶体；生产工艺必须使光的散射减少到最小。

透明陶瓷的主要用途有：在玻璃的高温禁区代替玻璃，如做成防核爆炸闪光致盲护镜、焊接和炼钢工人用的眼睛防护用具、防弹汽车的窗、坦克的观察窗、轰炸机的瞄准器、高级防护眼镜等；军事上常用来制导弹头部的红外探测器。

（3）能进行能量转换的陶瓷——压电陶瓷。这是使电能和机械能之间发生相互转换的一种特殊陶瓷材料。

主要成分是铅、钛和锆的氧化物，它是由许许多多粒径为几个微米的小晶粒组成的，如钛酸钡、锆钛酸铅、锆钛酸铅镧等。

压电陶瓷可以把机械能转换成电能，制成高压电源，用于点火、触发和引爆等，如煤气灶的自动点火装置。也可以把电能转换成机械能，制成儿童的电子玩具上的蜂鸣器。还可以作为振子使用，制成滤波器、振动器、变形器和延迟换能器等电子元件，用于电视、通信和计算机等。

（4）能以不同方式导电的陶瓷——导电陶瓷。

① 电子导电陶瓷。加热或其他方法激活后，产生自由电子，在外加电场作用下能进行导电的一类陶瓷材料。

导电陶瓷可以在超高温度下使用，表 5-3 是一些导电材料的最高使用温度。

② 离子导体材料。像电解质溶液或电解质熔融体那样，具有高离子导电性的固体陶瓷又称快离子导体或超离子导体。

表 5-3 常用导电材料的最高使用温度

导电材料	金属电热材料		常用电子导电陶瓷		新型电子导电陶瓷		
	镍铬丝	铂丝、铑丝	碳化硅	二硅化钼	氧化锆	氧化钍	铬酸镧
最高使用温度	1100℃	1600℃	1450℃	1650℃	2000℃	2500℃	1800℃

固体状态的离子导电陶瓷的结构中存在大量缺陷、空洞和通道等，它们可以允许一种离子迁移，从而起到搬运电荷的作用。例如，氧化铝和氧化锆陶瓷，可以用来制新型化学电源；利用单离子迁移的特性，可以制成离子选择电极的选择膜，即离子浓度传感器，从而快速、准确地测定被测离子的浓度；可用来提纯金属等。

③ 半导体陶瓷。这是具有半导体性能的一类陶瓷，主要有钛酸铁陶瓷和氧化锌陶瓷，可以用来检测各类气体，包括氧化性气体、还原性气体和可燃性气体和其他特殊气体，还可做成各种电器元件。

三、塑料材料

1. 塑料的定义

塑胶原料（简称塑料）是一种以合成的或天然的高分子化合物为主要成分，可任意加工成各种形状，最后能保持形状不变的材料。它的主要成分往往是合成树脂，并辅以填料、增塑剂、稳定剂、润滑剂、色料等添加剂。现树脂往往是指尚未和各种添加剂混合的高聚物。树脂约占塑料总质量的 40% ~ 100%。塑料的基本性能主要决定于树脂的本性，但添加剂也起着重要作用。

塑料和树脂这两个名词也常混用。

2. 塑料的分类

塑料按用途可分为通用塑料、工程塑料和特种塑料。通用塑料有聚乙烯、聚丙烯、聚苯乙烯、聚氯乙烯、酚醛塑料、氨基塑料等。工程塑料有聚酰胺、聚甲醛、有机玻璃、聚碳酸酯、ABS 塑料、聚苯醚、聚砜等。特种塑料有含氟塑料、有机硅树脂、特种环氧树脂、离子交换树脂等。

塑料按受热时的表现可分为：热塑性塑料和热固性塑料。前者可重复利用，后者无法重新塑造使用。

高分子的结构基本有两种类型：第一种是线型结构，第二种是体型结构。所以按高分子的分子结构，塑料的结构可分为线型结构、线型结构（带有支链）、网状结构（分子链间少量交联）、体型结构（分子链间大量交联）。

3. 塑料的特性

大多数塑料质轻，化学性稳定，不会锈蚀，耐冲击性好，具有较好的透明性和耐磨耗性，绝缘性好，导热性低，一般成型性、着色性好，加工成本低。但大部分塑料耐热性差，热膨胀率大，易燃烧，尺寸稳定性差，容易变形，耐低温性差，低温下易变脆，容易老化，某些塑料易溶于溶剂。

4. 常用塑料简介

我们一般称 PP、HDPE、LDPE、PVC 及 PS 为五大通用塑料。

塑料是重要的有机合成高分子材料，应用非常广泛，但是废弃塑料带来的"白色污染"

也越来越严重。如果我们能详细了解塑料的分类，不仅能帮助我们科学地使用塑料制品，也有利于塑料的分类回收，并有效控制和减少"白色污染"。你知道我们常用的各种塑料瓶子、盒子、盆等底部号码的意思吗？

"1号"，聚对苯二甲酸乙二醇酯（聚酯），简称"PET"，常用于矿泉水瓶、碳酸饮料瓶等。

它只能耐热至70℃，易变形。只适合装常温饮或冷饮，装高温液体或加热则易变形，并放出对人体有害的物质。科学家还发现，1号塑料品使用了10个月后，可能释放出致癌物DEHP，对睾丸具有毒性。

要注意1号饮料瓶不可循环使用或装热水，不能放在汽车内晒太阳，不要装酒、油等物质。因此，饮料瓶等用完后不要再用来作为水杯，或者用来作储物容器盛装其他物品，以免引发健康问题，得不偿失。

"2号"，高密度聚乙烯，简称"HDPE"，常用于清洁用品、沐浴产品的包装。

此类容器可在小心清洁后重复使用，但这些容器通常不好清洗，残留原有的清洁用品，变成细菌的温床，最好不要循环使用，不要用来作储物容器装其他物品。

"3号"，聚氯乙烯，简称"PVC"，常用于制作雨衣、建材、塑料膜、塑料盒等。

PVC是国内外最大塑料品种之一。突出优点是耐化学腐蚀、具不燃性、成本低、加工容易，广泛用来制造薄膜、导线、电缆、板材、管材、化工防腐设备、隔音绝热泡沫塑料、包装材料和日常生活用品等。缺点是耐热性差，只能耐热81℃，高温时容易产生有害物质，甚至在制造的过程中都会释放有毒物。若随食物进入人体，可能引起乳癌、新生儿先天缺陷等疾病。3号塑料难清洗、易残留，不要循环使用。特别注意3号塑料不可用于食品的包装。

"4号"，低密度聚乙烯，简称"LDPE"，常用于保鲜膜、塑料膜等。

LDPE耐热性不强，通常合格的PE保鲜膜在遇温度超过110℃时会出现热熔现象，会在食品上留下一些人体无法分解的塑料制剂。食物中的油脂也很容易将保鲜膜中的有害物质溶解出来。因此，食物放入微波炉，先要取下包裹着的保鲜膜。LDPE高温时产生有害物质，有毒物随食物进入人体后，可能引起乳腺癌、新生儿先天缺陷等疾病。

"5号"，聚丙烯，简称"PP"，常用于微波炉餐盒、豆浆瓶、优酪乳瓶、果汁饮料瓶，熔点高达167℃，是唯一可以安全放进微波炉的塑料盒，可在小心清洁后重复使用。需要注意，有些微波炉餐盒，盒体以5号PP制造，但盒盖却以1号PET制造，由于PET不能抵受高温，故不能与盒体一并放进微波炉。所以此类餐盒放入微波炉时，要把盖子取下。

"6号"，聚苯乙烯，简称"PS"，常用于泡面盒、快餐盒。

聚苯乙烯具有良好的高频绝缘性，透明无毒，有很好的加工性能，用于制薄膜、玩具、发泡材料、电容器绝缘层和电器零件等。

聚苯乙烯既耐热又抗寒，但不能放进微波炉中，以免因温度过高而释放出化学物；并且不能用于盛装强酸性（如柳橙汁）、强碱性物质，因为会分解出对人体有害的苯乙烯，容易致癌。因此，要尽量避免用快餐盒打包滚烫的食物。注意别用微波炉煮碗装方便面。

"7号"，其他类PC，常用于水壶、水杯、奶瓶。百货公司常用这样材质的水杯当赠品。这种杯子很容易释放出有毒的物质双酚A，对人体有害，使用时不要加热，不要在阳光下直晒。

5. 新型塑料——可降解塑料

一般塑料的化学性质十分稳定，埋在地下上百年也不会腐烂，这是导致"白色污染"的根本原因。所谓可降解塑料，是指在一定条件下会自行分解的塑料。把包装食品的塑料袋、泡沫塑料饭盒等改用可降解的塑料是消除"白色污染"的必要途径。可降解塑料主要有以下几种。

（1）生物降解塑料。这是一种能被土壤中的微生物和酶分解掉的塑料，它是像有机植物那样能在土壤中腐败的一类物质。普通塑料变成生物降解塑料的办法：①在塑料中添加淀粉。②在塑料中加入 40% ~ 50% 的凝胶状淀粉，或者加入经有机硅偶联剂处理过的淀粉和少量玉米油不饱和脂肪酸。③使塑料成分中含有淀粉和聚己内酰胺。降低成本是可降解塑料能否推广应用的一个重要因素。因此，目前一些化学家积极设法采用谷壳和木浆等来制取生物降解塑料，以降低成本。

（2）化学降解塑料。这是含有一种特殊包装物的塑料。这种包装物是用淀粉包裹的易被氧化物质，如能促进聚合物降解的玉米油等。当这种塑料被埋在土里时，淀粉首先被细菌吃掉，剩下千疮百孔的网状外壳，随后藏在外壳内的易被氧化物质与土壤中的盐和水发生化学反应，生成氧化物，并破坏塑料分子中的碳碳键，从而达到降解的目的。

化学降解塑料的特点是成本低，降解效果好。在理想的情况下，一般 6 个月就可以把塑料变成粉末，几年后全部降解。

（3）光照降解塑料。这是一种在光照下能降解的塑料，降解效果与化学降解塑料差不多，在降解过程中先留下一堆残渣，经过好几年后才能完全降解。光照降解塑料目前主要制成一些食品包装袋和瓶罐等。

四、荧光材料、光电材料

灯是家中必不可少的一种电器，如厨房日光灯、客厅大吊灯、房间吸顶灯、书房台灯和卫生间镜前灯等各样各样不同类型、造型的灯。

常见的灯有白炽灯、荧光灯和 LED 灯等。

1. 荧光材料

荧光灯分传统型荧光灯和无极荧光灯。传统型荧光灯即低压汞灯，是利用低气压的汞蒸气在放电过程中辐射紫外线，从而使荧光粉发出可见光的原理发光，因此它属于低气压弧光放电光源。日光灯是老百姓对直条式荧光灯的称呼，是荧光灯的一种。荧光灯的发光效率远比白炽灯和卤钨灯高，是目前节能的电光源。

无极荧光灯即无极灯，它取消了传统荧光灯的灯丝和电极，由高频发生器、耦合器和灯泡三部分组成，利用电磁耦合的原理，使汞原子从原始状态激发成激发态，其发光原理和传统荧光灯相似，是现今最新型的节能光源。无极荧光灯具有高辉度、高效率、低耗电、无频闪、体积小、寿命长的优点。可在 0.1 秒内瞬间启动。三波长白色光色的色度可满足不同需求。现在我们生活中用到的节能灯的正式名称就是稀土三基色紧凑型荧光灯。

2. 光电材料

LED 灯是近几年才进入家庭的新颖灯源。LED 照明较节能灯更加环保、节能，在产品性能上更加具有优势。刚开始 LED 灯因其价格较高，在民用照明方面范围较小。但随着技术的更新，LED 灯的价格每年以较快的速度下降，现在 LED 灯已经普及到千家万户。

LED 是英文 Light Emitting Diode（发光二极管）的缩写，是一种能够将电能转化为可见光的固态的半导体器件，它可以直接把电转化为光。照明需用的白色光 LED 是在 2000 年以后才发展起来。LED 光源和传统的光源相比有很多显著的特点。

（1）新型绿色环保光源。LED 为冷光源，眩光小，无辐射，使用中不产生有害物质。

LED 的工作电压低，采用直流驱动方式，超低功耗（单管 0.03 ～ 0.06 瓦特），电光功率转换接近 100%，在相同照明效果下比传统光源节能 80% 以上。LED 的环保效益更佳，光谱中没有紫外线和红外线，而且废弃物可回收，没有污染，不含汞元素，可以安全触摸，属于典型的绿色照明光源。

（2）寿命长。LED 为固体冷光源，环氧树脂封装，抗震动，灯体内也没有松动的部分，不存在灯丝发光易烧、热沉积、光衰等缺点，使用寿命可达 6 万 ～ 10 万小时，是传统光源使用寿命的 10 倍以上。LED 性能稳定，可在 –30℃ ～ +50℃ 环境下正常工作。

（3）多变换。LED 光源可利用红、绿、蓝三基色原理，在计算机技术控制下使三种颜色具有 256 级灰度并任意混合，即可产生 256 × 256 × 256（即 16777216）种颜色，形成不同光色的组合。LED 组合的光色变化多端，可实现丰富多彩的动态变化效果及各种图像。

（4）高新技术。与传统光源的发光效果相比，LED 光源是低压微电子产品，成功地融合了计算机技术、网络通信技术、图像处理技术和嵌入式控制技术等。传统 LED 灯中使用的芯片尺寸为 0.25 毫米 × 0.25 毫米，而照明用 LED 的尺寸一般都要在 1.0 毫米 × 1.0 毫米以上。LED 裸片成型的工作台式结构、倒金字塔结构和倒装芯片设计能够改善其发光效率，从而发出更多的光。LED 封装设计方面的革新包括高传导率金属块基底、倒装芯片设计和裸盘浇铸式引线框等，采用这些方法都能设计出高功率、低热阻的器件，而且这些器件的照度比传统 LED 产品的照度更大。

LED 光源的应用非常灵活，可以做成点、线、面各种形式的轻薄、短小产品；LED 的控制极为方便，只要调整电流，就可以随意调光；不同光色的组合变化多端，利用时序控制电路，更能达到丰富多彩的动态变化效果。LED 已经被广泛应用于各种照明设备中，如电池供电的闪光灯、微型声控灯、安全照明灯、室外道路和室内楼梯照明灯以及建筑物与标记连续照明灯。

五、液晶显示材料、等离子材料、有机电致发光体材料

来到客厅，电视机绝对是个主角，现在电视机基本是每个家庭必备的电器之一了。电视机的常见类型有阴极射线管（CRT）电视机（即传统的显像管电视机）、液晶（LCD）电视机、等离子体（PDP）电视机、有机电激发光体（OLED）电视机等。

1. 液晶显示材料

液晶电视机就是用液晶屏作显像器件的电视机，目前，主流液晶电视的尺寸为 81 ～ 140 厘米（32 ～ 55 英寸）。液晶电视机最大的优点是能够做得很薄，可以像画板一样挂在墙上使用。另外，液晶电视机还有耗电省、亮度高等优点。早期液晶电视机的画质跟 CRT 电视相比有一段距离，主要是难以再现足够深沉的黑色，观看视角小，反应速度也稍慢，液晶电视机的价格也比较高。不过现在液晶显示技术发展很快，在性能上已经接近或超过 CRT 电视机。随着近年来液晶电视机的价格的不断下降，已经替代了 CRT 电视机，成为市场的主流。

普通物质有三种形态：固态、液态和气态。有些有机物质在固态和液态之间存在另一种形态——液晶态。液晶态物质既具有液体的流动性和连续性，又保留了晶体的有序排列性，物理上呈现各向异性。液晶这种中间态的物质外观是流动性的混浊液体，同时又有光、电各向异性和双折射特性。

（1）液晶材料的结构与分类。液晶材料主要是脂肪族、芳香族、硬脂酸等有机物。液晶也存在于生物结构中，日常适当浓度的肥皂水溶液就是一种液晶。液晶的种类很多，通常按液晶分子的中心桥键和环的特征进行分类。由有机物合成的液晶材料已有 1 万多种，其中常

用的液晶显示材料有上千种，主要有联苯液晶、苯基环己烷液晶及酯类液晶等。

从分子形态上看，液晶分子基本上都具有长形或饼形外观，即具有一定长径比。按形成条件不同可分为热致液晶和溶致液晶。液晶的光电效应受温度条件控制的液晶称为热致液晶；溶致液晶则受控于浓度条件。显示用液晶一般是低分子热致液晶。此外，特殊类别的液晶还包括高分子液晶、铁电液晶以及新型高性能的氟取代液晶等。

（2）液晶材料的优点。液晶显示材料具有明显的优点：驱动电压低、功耗微小、可靠性高、显示信息量大、彩色显示、无闪烁、对人体无危害、生产过程自动化、成本低廉、可以制成各种规格和类型的液晶显示器、便于携带等。由于这些优点，用液晶材料制成的计算机终端和电视可以大幅度减小体积等。液晶显示技术对显示、显像产品结构产生了深刻影响，促进了微电子技术和光电信息技术的发展。

（3）液晶显示材料的用途。液晶显示材料最常见的用途是电子表和计算器的显示板、液晶电视机以及电脑、手机等电子产品的显示器等。液晶为什么会显示数字和图像呢？原来这种液态光电显示材料，可利用液晶的电光效应把电信号转换成字符、图像等可见信号。液晶在正常情况下，其分子排列很有秩序，显得清澈透明，一旦加上直流电场后，分子的排列被打乱，一部分液晶变得不透明，颜色加深，因而能显示数字和图像。

根据液晶会变色的特点，人们利用它来指示温度、报警毒气等。例如，液晶能随着温度的变化，颜色从红变绿、蓝。这样可以指示出某个实验中的温度。液晶遇上氯化氢、氢氰酸等有毒气体也会变色，可用于毒气泄漏的报警。

2. 等离子体显示器

等离子体是继物质三态（固态、液态、气态）后发现的第四态，由数量密度都近似的正、负离子组成。

等离子体显示器（PDP）的工作原理与一般日光灯原理相似，它在显示平面上安装数以十万计的等离子管作为发光体（像素）。每个发光管有两个玻璃电极，内部充满氦、氖等惰性气体，其中一个玻璃电极上涂有三原色荧光粉。当两个电极间加上高电压时，引发惰性气体放电，产生等离子体。等离子体产生的紫外线激发涂有荧光粉的电极而发出由三原色混合的可见光。每个等离子体发光管就是我们所说的等离子体显示器的像素，我们看到的画面就是由这些等离子体发光管形成的"光点"汇集而成的。

由于PDP各个发光单元的结构完全相同，因此不会出现显像管常见的图像几何畸变。PDP屏幕的亮度十分均匀，且不会受磁场的影响，具有更好的环境适应能力。另外，PDP屏幕不存在聚焦的问题，不会产生显像管的色彩漂移现象，表面平直使大屏幕边角处的失真和色纯度变化得到彻底改善。PDP显示有亮度高、色彩还原性好、灰度丰富、对迅速变化的画面响应速度快等优点，可以在明亮的环境之下欣赏大画面电视节目。

3. 有机电激发光二极管

有机电激发光二极管（Organic Light-Emitting Diode），简称OLED，又称有机EL显示屏。有机发光显示技术由非常薄的有机材料涂层和玻璃基板构成。当有电荷通过时这些有机材料就会发光。OLED发光的颜色取决于有机发光层的材料，有源阵列有机发光显示屏具有内置的电子电路系统，因此每个像素都由一个对应的电路独立驱动。同时具备自发光、不需备光源、对比度高、厚度薄、视角广、反应速度快、可用于挠曲性面板、使用温度范围广、构造及制程较简单等优异的特性，被业界公认是下一代革命性显示技术。

OLED适应性广，采用玻璃衬底可实现大面积平板显示；如用柔性材料做衬底，能制成可折叠的显示器。由于 OLED 是全固态、非真空器件，具有抗震荡、耐低温（-40℃）等特性，在军事方面也有十分重要的应用，如用作坦克、飞机等现代化武器的显示终端。在商业领域 OLED 显示屏可以用于 POS 机和 ATM 机、复印机、游戏机等；在通信领域可用于手机、移动网络终端等领域；在计算机领域可大量应用在 PDA、商用 PC 和家用 PC、笔记本电脑上；在消费类电子产品领域可用于彩色电视机、音响设备、数码相机、便携式 DVD；在工业应用领域可用于仪器仪表等；在交通领域则用在 GPS、飞机仪表上等。

六、纳米材料

2003 年以来，全球经历了多次重大病毒疫情，人们现在最关注的莫过于健康了，就连洗衣机也开始与健康结缘。其实洗衣机业对健康概念的提出由来已久，早在 20 世纪 90 年代末就有洗衣机厂家提出了纳米洗衣机等健康洗衣的概念。

洗衣机的内、外桶，由于其结构的原因不能随意清洗，每次洗涤完衣物后，就会有一些污垢黏附在桶的表面，再加上适宜的温度和湿度就成为细菌滋生的温床。如果这些细菌不能被及时杀死，就会黏附在洗涤后的衣物上，形成二次污染，危害人体健康。所谓纳米洗衣机就是应用纳米技术来制造洗衣机，是指把纳米材料添加在内、外桶材料或内、外桶的表面涂敷材料中，而纳米材料具有很强的抗菌杀菌作用，能使细菌体内的蛋白酶丧失活力，导致细菌死亡，从而防止细菌在桶壁上滋生，达到抗菌目的。

1. 纳米材料概述

纳米材料是当今材料科学中研究的热点，纳米材料是指在三维空间中至少有一维处于纳米尺度范围（1～100 纳米）或由它们作为基本单元构成的材料。这些尺寸在 1～100 纳米间，所含原子或分子数为 10^2～10^5 的材料是一种介于宏观与微观原子或分子间的过渡亚稳态物质。根据 2011 年 10 月 18 日欧盟委员会通过的纳米材料的定义，纳米材料是一种由基本颗粒组成的粉状或团块状天然或人工材料，这一基本颗粒的一个或多个三维尺寸为 1～100 纳米，并且这一基本颗粒的总数量在整个材料的所有颗粒总数中占 50% 以上。

2. 纳米材料的分类

按材质，纳米材料可分为纳米金属材料、纳米非金属材料、纳米高分子材料和纳米复合材料。其中纳米非金属材料又可分为纳米陶瓷材料、纳米氧化物材料和其他非金属纳米材料。

按纳米的尺度在空间的表达特征，如图 5-7 所示，纳米材料可分为零维纳米材料即纳米颗粒材料、一维纳米材料（如纳米线、棒、丝、管和纤维等）、二维纳米材料（如纳米膜、纳米盘、超晶格等）、纳米结构材料即纳米空间材料（如介孔材料等）。

按形态，纳米材料可分为纳米粉末材料、纳米纤维材料、纳米膜材料、纳米块体材料以及纳米液体材料（如磁性液体纳米材料和纳米溶胶等）。

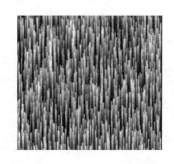

图 5-7　纳米线的电镜照片

按功能，纳米材料可分为纳米生物材料、纳米磁性材料、纳米药物材料、纳米催化材料、纳米智能材料、纳米吸波材料、纳米热敏材料、纳米环保材料等。

3. 纳米材料的特性

（1）表面与界面效应。表面与界面效应指纳米粒子表面原子数与总原子数之比随粒径变小而急剧增大后所引起的性质上的变化。随粒径减小，表面原子数迅速增加。另外，随着粒径的减小，纳米粒子的表面积、表面能都迅速增加。这主要是因为粒径越小，处于表面的原子数越多。表面原子的晶体场环境和结合能与内部原子不同。表面原子周围缺少相邻的原子，有许多悬空键，具有不饱和性质，易与其他原子相结合而稳定下来，因而表现出很大的化学和催化活性。

（2）小尺寸效应。当纳米微粒尺寸与光波波长、传导电子的德布罗意波长及超导态的相干长度、透射深度等物理特征尺寸相当或更小时，它的周期性边界被破坏，从而使其声、光、电、磁、热力学等性能呈现出"新奇"的现象。随着颗粒尺寸的量变，在一定条件下会引起颗粒性质的质变。由于颗粒尺寸变小所引起的宏观物理性质的变化称为小尺寸效应。对超微颗粒而言，尺寸变小，其比表面积显著增加，从而产生特殊的光学性质、热学性质、磁学性质和力学性质。

超微颗粒的小尺寸效应还表现在超导电性、介电性能、声学特性以及化学性能等方面。

（3）量子尺寸效应。当粒子的尺寸达到纳米量级时，会出现纳米材料的量子效应，从而使其磁、光、声、热、电、超导电等性能发生变化。

（4）宏观量子隧道效应。微观粒子具有贯穿势垒的能力称为隧道效应。纳米粒子的磁化强度等也有隧道效应，它们可以穿过宏观系统的势垒而产生变化，这种能力称为纳米粒子的宏观量子隧道效应。而量子尺寸效应和隧道效应将会是未来微电子器件的基础，当微电子器件进一步细微化时就必须考虑上述的量子条件。

表面与界面效应、小尺寸效应、量子尺寸效应和宏观量子隧道效应是纳米材料的基本特征，这一系列效应导致了纳米材料在熔点、蒸气压、光学性质、化学反应性、磁性、超导及塑性形变等许多物理和化学方面都显示出特殊的性能。

4. 纳米材料的应用

20 世纪 80 年代中期研制成功纳米金属材料后，相继有纳米半导体薄膜、纳米陶瓷、纳米瓷性材料和纳米生物医学材料等问世，这使得纳米材料的应用越来越广泛。

（1）纳米材料在大自然中的应用

海龟在美国佛罗里达州的海边产卵，但出生后的幼小海龟为了寻找食物，却要游到英国附近的海域，才能得以生存和长大。最后，长大的海龟还要再回到佛罗里达州的海边产卵。如此来回约需 5 ~ 6 年。为什么海龟能够进行几万千米的长途跋涉呢？它们依靠的是头部内的纳米材料的特殊磁学性质，为它们准确无误地导航。

另外，研究鸽子、海豚、蝴蝶、蜜蜂等生物为什么从来不会迷失方向时，发现它们体内同样存在着天然纳米磁性材料为它们导航。

（2）纳米材料在生活中的应用

一张信用卡大小的纳米冰箱卫生卡，只要放入冰箱，不仅可以清除异味，还有保鲜的功效。

应用纳米技术制成的衣服、领带等，由于纳米材料的加入能使衣物防水、防污、免清洗，而且透气性好。

采用纳米光催化技术生产的瓷砖，本身就可以自动分解油渍，还可以除臭、杀菌和自清洁。

在合成纤维树脂中添加纳米 SiO_2、纳米 ZnO、纳米 Fe_2O_3 或纳米 Ag 等复配粉体材料，经抽丝、织布，可制成杀菌、防霉、除臭和抗紫外线辐射的内衣和服装，可用于制造抗菌内衣、床上用品及绒毛织品等，也可制得满足国防工业要求的抗紫外线辐射的功能纤维。

用纳米材料制成的纳米多功能塑料，具有抗菌、除味、防腐、抗老化、抗紫外线等作用，可用为洗衣机、电冰箱、空调外壳里的抗菌除味塑料。

纳米材料做成内胆的热水器，能快速、有效地杀死水中细菌，同时能耐酸、耐碱且具有更强的韧性。

汽车挡风玻璃被雾气遮挡会影响行车安全，该问题被采用纳米技术的光催化抗雾玻璃解决了，这种玻璃不仅具有抗雾、灭菌功能，而且可以长时间保持洁净，该玻璃还适合用于窗户、镜面和外墙玻璃。

（3）纳米材料在工业中的应用

由于纳米材料的各种特殊性质，在工业生产中得到了广泛的应用。

① 纳米磁性材料具有特殊磁学性质，纳米粒子尺寸小，具有单磁畴结构和矫顽力很高的特性，用它制成的磁记录材料不仅音质、图像和信噪比好，而且记录密度比 γ-Fe_2O_3 高几十倍。超顺磁的强磁性纳米颗粒还可制成磁性液体，用于电声器件、阻尼器件、旋转密封及润滑和选矿等领域。

② 传统的陶瓷材料中晶粒不易滑动，材料质脆，烧结温度高。纳米陶瓷的晶粒尺寸小，晶粒容易在其他晶粒上运动，因此，纳米陶瓷材料具有极高的强度和高韧性以及良好的延展性，这些特性使纳米陶瓷材料可在常温或次高温下进行冷加工。如果在次高温下将纳米陶瓷颗粒加工成型，然后做表面退火处理，就可以使纳米材料成为一种表面保持常规陶瓷材料的硬度和化学稳定性，而内部仍具有纳米材料的延展性的高性能陶瓷。

③ 纳米二氧化锆、氧化镍、二氧化钛等陶瓷对温度变化、红外线以及汽车尾气都十分敏感。因此，可以用它们制作温度传感器、红外线检测仪和汽车尾气检测仪，检测灵敏度比普通的同类陶瓷传感器高得多。

④ 在航天用的氢氧发动机中，燃烧室的内表面需要耐高温，其外表面要与冷却剂接触。因此，内表面要用陶瓷制作，外表面则要用导热性良好的金属制作。但块状陶瓷和金属很难结合在一起。如果制作时在金属和陶瓷之间使其成分逐渐地连续变化，让金属和陶瓷"你中有我、我中有你"，最终便能结合在一起形成倾斜功能材料。这种材料结合部分的成分变化像一个倾斜的梯子。当用金属和陶瓷纳米颗粒按其含量逐渐变化的要求混合后烧结成形时，就能达到燃烧室内侧耐高温、外侧有良好导热性的要求。

⑤ 将硅、砷化镓等半导体材料制成纳米材料，具有许多优异性能。例如，纳米半导体中的量子隧道效应使某些半导体材料的电子输运反常、导电率降低，电导率也随颗粒尺寸的减小而下降，甚至出现负值。这些特性在大规模集成电路器件、光电器件等领域发挥重要的作用。

利用半导体纳米粒子可以制备出光电转化效率高，即使在阴雨天也能正常工作的新型太阳能电池。由于纳米半导体粒子受光照射时产生的电子和空穴具有较强的还原和氧化能力，因而能氧化有毒的无机物，降解大多数有机物，最终生成无毒、无味的二氧化碳、水等。所以，可以借助半导体纳米粒子利用太阳能催化分解无机物和有机物。

⑥ 纳米粒子是一种极好的催化剂，纳米粒子尺寸小、表面的体积分数较大、表面的化学键状态和电子态与颗粒内部不同、表面原子配位不全，导致表面的活性位置增加，使它具备了作为催化剂的基本条件。

如纳米铂黑催化剂可以使乙烯的氧化反应的温度从 600℃ 降低到室温。镍或铜锌化合物的纳米粒子对某些有机物的氢化反应是极好的催化剂，可替代昂贵的铂或钯催化剂。

⑦ 采用纳米材料技术对机械关键部件进行金属表面纳米粉涂层处理，可以提高机械设

备的耐磨性、硬度和使用寿命。

（4）纳米材料在医疗上的应用

血液中红细胞的大小为 6000 ～ 9000 纳米，而纳米粒子只有几个纳米大小，实际上比红细胞小得多，因此它可以在血液中自由活动。如果把各种有治疗作用的纳米粒子注入人体各个部位，便可以检查病变和进行治疗，其作用要比传统的打针、吃药的效果好。

碳材料的血液相溶性非常好，现在的人工心瓣都是在材料基底上沉积一层热解碳或类金刚石碳。但是这种沉积工艺比较复杂，而且一般只适用于制备硬材料。介入性气囊和导管一般是用高弹性的聚氨酯材料制备的，通过把具有高长径比和纯碳原子组成的碳纳米管材料引入到高弹性的聚氨酯中，我们可以使这种聚合物材料一方面保持其优异的力学性质和容易加工成型的特性，一方面获得更好的血液相溶性。实验结果显示，这种纳米复合材料引起血液溶血的程度会降低，激活血小板的程度也会降低。

使用纳米技术能使药品生产过程越来越精细，并在纳米材料的尺度上直接利用原子、分子的排布制造具有特定功能的药品。纳米材料粒子将使药物在人体内的传输更为方便，用数层纳米粒子包裹的智能药物进入人体后可主动搜索并攻击癌细胞或修补损伤组织。使用纳米技术的新型诊断仪器只需检测少量血液，就能通过其中的蛋白质和 DNA 诊断出各种疾病。通过纳米粒子的特殊性能在纳米粒子表面进行修饰形成一些具有靶向、可控释放、便于检测的药物传输载体，为身体的局部病变的治疗提供新的方法，为药物开发开辟了新的方向。

（5）纳米材料在环境保护上的应用

环境科学领域将出现功能独特的纳米膜。这种膜能够探测到由化学和生物制剂造成的污染，并对这些制剂进行过滤，从而消除污染。

第三节　穿戴材料

穿戴用品主要指穿着于人身体上的服装鞋帽，以及其他的一些附属制品等，它们兼有生理功能及社会功能，主要包括纺织品、皮革、橡胶、橡胶制品和一些特殊制品。

本节主要介绍与穿戴品有关的纤维材料、皮革材料、橡胶材料和其他相关材料的性质及应用。

一、纤维材料

（一）纤维的种类和特征

纤维是天然或人工合成的细丝状物质，纺织纤维则是指用来加工成各种纺织品的纤维。

纺织纤维具有一定的长度（且长度直径比达到 100 以上）、细度、弹性等良好物理性能，还具有较好的化学稳定性。例如，棉花、毛、丝、麻等天然纤维是理想的纺织纤维。纺织纤维按其来源可分为天然纤维和化学纤维两大类。

1. 天然纤维

天然纤维包括植物纤维、动物纤维和矿物纤维。

（1）植物纤维主要有棉、麻两类以及最近几年才用于纺织品的竹纤维。其主要成分是纤维素，即由 β-葡萄糖（$C_6H_{12}O_6$）缩合而成的聚合物。

在显微镜下看到棉纤维呈细长略扁的椭圆形管状、空心结构，具有较好吸湿（吸汗）性、透气性、保暖性，但易缩、易皱，穿着时须熨烫。棉纤维多用来制作时装、休闲装、内衣和衬衫。

麻纤维是实心棒状的长纤维，不卷曲，强度极高，吸湿、导热、透气性甚佳，洗后仍挺括，但穿着不甚舒适，外观较为粗糙，生硬。适于做夏季衣裳、蚊帐。棉麻纤维不耐酸、碱的腐蚀，当强酸（如硫酸、硝酸或盐酸）或强碱（如氢氧化钠）滴落在棉或麻织品上时，就会严重损伤。弱碱性物质（如普通洗衣皂）对它们的损伤很小。

近几年市场上开始流行竹纤维制品。竹纤维是从竹子中提取的一种纤维素纤维，是继棉、麻、毛、丝之后的第五大天然纤维。竹纤维具有良好的透气性、瞬间吸水性、较强的耐磨性和良好的染色性，同时又具有天然抗菌、抑菌、除螨、防臭和抗紫外线功能。

（2）动物纤维常用的有丝、毛两类，如羊毛、兔毛、蚕丝等，主成分为蛋白质（角蛋白），因为不被消化酶作用，故无营养价值；均呈空心管结构。

蚕丝纤维细长，由蚕分泌汁液在空气中固化而成，吸湿、透气、强度高、有丝光，适用酸性及直接染料。适合做夏季服装，是一种高级服装材料。

毛纤维包括各种兽毛，以羊毛为主，纤维比丝纤维粗短。构成羊毛的蛋白质有两种，一种含硫较多，称为细胞间质蛋白，另一种含硫较少，叫作纤维质蛋白。后者排列成条，前者则像楼梯的横档使纤维角蛋白连接，两者构成羊毛纤维的骨架，有很好的耐磨和保暖功能，具有柔软、蓬松、保暖、舒适、容易卷曲等优点，吸湿性能、弹性、穿着性能均好，但不耐虫蛀，适宜做外衣和水兵服。现在在羊毛织物内添加了防止虫蛀成分，使羊毛织物更加受人喜爱。

（3）矿物纤维是从纤维状结构的矿物岩石中获得的纤维，主要组成物质为各种氧化物，如二氧化硅、氧化铝、氧化镁等，其主要来源为各类石棉，如温石棉、青石棉等。矿物纤维可用作保温隔热材料。

2. 化学纤维

化学纤维是经过化学处理加工而制成的纤维。可分为人造纤维（再生纤维）、合成纤维和无机纤维。

（1）人造纤维　人造纤维是利用自然界的天然高分子化合物——纤维素或蛋白质作原料（如木材、棉籽绒、稻草、甘蔗渣等纤维或牛奶、大豆、花生等蛋白质及其他失去纺织加工价值的纤维原料），经过一系列的化学处理与机械加工而制成的类似棉花、羊毛、蚕丝等能够用来纺织的纤维。根据人造纤维的形状和用途，分为人造丝、人造棉和人造毛三种。

① 人造棉　1891 年把含木质纤维素（单体为戊糖或木糖，$C_6H_{10}O_5$）的木材，除去木质素后和二硫化碳及氢氧化钠作用，生成纤维素黄原酸盐，经进一步处理而得，主要有粘胶纤维和富强纤维两种。

② 人造毛　主要有人造羊毛和氰乙基纤维两种。

③ 人造丝　主要有普通人造丝、铜氨纤维和醋酸纤维。

（2）合成纤维　合成纤维是化学纤维的一种，其化学组成和天然纤维完全不同，是用合成高分子化合物作为原料而制得的丝状化学纤维的统称。它是以小分子的有机化合物为原料，经加聚反应或缩聚反应合成的线型有机高分子化合物，如聚丙烯腈、聚酯、聚酰胺等。

合成纤维有优异的化学性能和机械强度，在生活中应用极广。合成纤维与人造纤维的主要区别在于，它的抽丝原料不再是天然的高聚物，而是合成高聚物。现在世界上合成纤维的产量已超过发展历史比较长的人造纤维和天然纤维的产量，排名第一。我国已成为世界上合成纤维的第一大产地。合成纤维的品种也已超过任何其他纤维。

常见的合成纤维主要有氯纶、氨纶、锦纶、维纶、腈纶、涤纶、丙纶。它们各自的主要特点如下。

① 氯纶（耐腐易干） 即聚氯乙烯纤维的商品名，国外叫天美纶、罗维尔等。氯纶纤维具有较好的耐化学腐蚀性、保暖性、难燃性、耐晒性、耐磨性和弹性，缺点是吸湿性小、易产生静电、耐热性差、沸水收缩率大和难以染色等，适宜做棉毛衫、裤。

② 氨纶（弹性纤维） 是聚氨基甲酸酯纤维的简称，商品名称有莱克拉、莱卡、尼奥纶和多拉斯坦等。氨纶纤维具有优异的延伸性和弹性回复性能。在合成纤维里弹性最好，强度最差，吸湿差，有较好的耐光、耐酸、耐碱、耐磨性。利用它的特性被广泛地使用于内衣、女性用内衣裤、休闲服、运动服、短袜、连裤袜、绷带等为主的纺织领域及医疗领域等。氨纶是追求动感及便利的高性能衣料所必需的高弹性纤维。氨纶可伸长 5 ~ 7 倍，穿着舒适、手感柔软、并且不起皱，可始终保持原来的轮廓。

③ 锦纶（结实耐磨） 是聚酰胺纤维的商品名称，国外叫尼龙、耐纶、卡普隆等。锦纶是合成纤维中性能优良、用途广泛的品种。它最突出的优点是耐磨性高于其他一切纤维，比棉花高 10 倍，比羊毛高 20 倍。还有强度高、弹性好、比重小、耐腐蚀、拒霉烂和不怕虫蛀、着色性好、鲜艳夺目等特点，适宜制袜、裙。缺点是耐光性、保型性较差，表面光滑而有蜡状手感。

④ 维纶（水溶吸湿） 是聚乙烯醇缩醛纤维的商品名，国外商品名有维尼纶等。其性能接近棉花，有"合成棉花"之称，是现有合成纤维中吸湿性最大的品种。原料易得，性能优良，用途广泛。耐磨、吸湿、透气性均佳，耐化学腐蚀、耐虫蛀霉烂、耐日晒等性能也很好，适宜做内衣和床单。缺点是弹性、染色性较差，耐热水性不够好，不宜在沸水中洗涤。

⑤ 腈纶（膨松耐晒） 是聚丙烯腈纤维的商品名，国外叫奥纶、开司米，俗称合成羊毛。除吸湿性、染色性不如羊毛外，其他性能都优于羊毛。其耐气候、耐日晒的本领几乎超过一切天然纤维和化学纤维。它蓬松、温和、柔软、软化点高（160℃），宜做毛绒、毛毯或加工成膨体纱（将腈纶或尼龙经膨化加工使其含气率高而得），保暖性好。腈纶正在朝着合成蚕丝方向发展，不仅成为轻薄华丽的绸缎的良好材料，而且成为耐高温纤维——碳素纤维和石墨纤维的重要原料。

⑥ 涤纶（挺括不皱） 聚对苯二甲酸乙二酯的商品名，俗称的确良，由乙二醇和对苯二甲酸二甲酯缩聚而得。涤纶纺织品的特性是强度高、弹性好、耐蚀耐磨、挺括不皱、免烫快干，还有良好的电绝缘性，但吸湿及透气性不好，适宜做外衣及工作服。耐热性优于锦纶，耐磨性仅次于锦纶。

⑦ 丙纶（质轻保暖） 是聚丙烯纤维的商品名，国外叫梅克丽纶、帕纶等。是相对密度最小（0.91，只有棉花的 3/5）的合成纤维新秀，坚牢、耐磨、耐蚀，又有较高的蓬松性和保暖性。丙纶可与棉、毛、黏胶纤维混纺用于衣料。工业上用作飞机用物、宇航服、蚊帐、降落伞等军用品。缺点是耐光性、耐热性、染色性、吸湿性和手感较差。

在合成纤维的基础上，为改善纺织品的功能，将多种纤维混合即得各种混纺制品。如 25% 锦纶与 75% 黏丝混纺华达呢简称黏锦华达呢；50% 黏胶、40% 羊毛、10% 锦纶混纺凡立丁简称黏毛锦花呢或三合一；涤纶 50% ~ 65% 和黏胶 35% ~ 50% 混纺称快巴的确良，可做内衣；涤纶与蚕丝混纺而成的涤绢绸，轻盈细洁，多做夏衣；用涤纶长丝纤维做轴芯，外面均匀包卷上一层棉纤维的包芯纤，透气性、吸湿性、耐磨性均佳。还有毛线，除纯羊毛（保暖性好）、氯纶（便宜，易起静电）、腈纶（蓬松）毛线外，还有腈－毛、棉－毛及毛－黏混纺毛线，除保持毛的优良保暖性外，还增加了耐磨性强度。

（3）无机纤维　无机纤维是以天然无机物或含碳高聚物纤维为原料，经人工抽丝或直接碳化制成的，包括玻璃纤维、金属纤维和碳纤维。

3. 新型纤维材料

随着科技的发展，近些年来不断的研制出新型的纤维材料，并广泛地应用于我们的生活中。常见的新型纤维材料如下。

（1）天然彩棉　我国于1994年开始对彩棉引进与种植，目前已拥有棕、绿、紫、灰、橙等色泽品种，通常用来与白棉、合成纤维混纺，后工序不经染色，是真正意义的环保绿色纤维，其长度与强度略逊于白棉。

（2）除鳞防缩羊毛　羊毛的鳞片使羊毛具有缩绒性，这给洗涤和使用带来了诸多问题，所以剥除和破坏羊毛鳞片是最直接也是最根本的一种防缩方法，经氯化处理后不仅使羊毛获得了永久性的防缩效果，而且使羊毛纤维细度变细，纤维表面变得光滑，富有光泽，染色变得容易，制品更加柔软、滑糯，具有抗起球，可机洗等特点，无刺痒感，使羊毛织物具有更好的品质和更广的应用范围。这种处理方法称之为"羊毛表面变性处理"，也有人称之为"羊毛丝光处理"。

（3）新型绿色纤维素纤维——Lyocell（莱塞尔）　我国多引用英国的商品名（Jencel），译为坦赛尔或天丝。Lyocell纤维集天然纤维与合成纤维的优点于一身，具有纤维素纤维吸湿性好、透气、舒适等优点，穿着舒适性远优于涤纶，光泽优美，手感柔软，飘逸性好，同时又具有合成纤维强度高的优点，其强度高于棉和普通的黏胶，具有良好的水洗尺寸稳定性和较好的性价比，其混纺性能好，可与其他天然纤维、合成纤维混纺，下表是Lyocell纤维和其他纤维的性能比较。

（4）超细纤维　其制品手感柔软、细腻、滑爽，光泽柔和，超细纤维的比表面积大，表面吸附作用强，具有很高的清洁能力，可作为高吸水材料（如毛巾、纸巾）。超细纤维可用于制作仿真丝面料、高密防水透气织物、桃皮绒织物、仿鹿皮面料等。

（5）凉爽纤维（Coolmax）　拥有优异的湿气处理功能（透气、透湿），增强了穿着者的舒适感，同时具有极佳的可染性和抗沾污性，适用于衬衣、户外及运动服面料。

（6）阻燃纤维　纤维的阻燃性一般用极限氧指数（LOI，即能维持燃烧的最低氧含量的百分率）表示。空气中的氧含量约为21%。若纤维的LOI值大于21%，离开火焰后，在空气中就不能继续燃烧。LOI大于26%的纤维就可认为是阻燃纤维。阻燃腈氯纶纤维是我国生产阻燃织物的主要纤维品种。LOI值在26%以上，有良好的阻燃性，且尺寸稳定性好，耐日光性类似于腈纶，手感舒适，悬垂性好，弹性好，染色容易，色牢度好。

另外，在成纤高聚物的大分子链中，引入芳环或芳杂环，增加分子链的刚性，增加大分子的密集度和内聚力，从而提高热稳定性，如芳纶1313（Nomex）也是一种具有良好阻燃性的阻燃纤维。

（7）大豆蛋白纤维　大豆蛋白纤维由我国科技工作者自主开发，并在国际上率先实现了工业化生产，也是迄今我国获得的唯一完全知识产权的纤维发明，是通过提取大豆中的蛋白质及多种对人体有益的微量元素，利用生物工程高新技术制成的新型再生植物蛋白纤维。

大豆面料手感柔、滑、软，吸湿导湿，透气性好，保暖性好，拥有蚕丝般的光泽和羊绒般的手感，与棉、毛、丝、腈纶、涤纶、天丝等都有良好的混纺效果。是绒衫、内衣、睡衣等的理想面料。

（8）玉米纤维（聚乳酸纤维）　玉米纤维具有丝光泽、手感好、透明度高、强度弹性比棉麻好等优点。玉米纤维制成的纺织品可以烫，可以洗，但最好不要用高温（＜120℃）洗烫。此外，其染色性也不错。玉米纤维主要用在衣着类纺织品、填充棉、非织造布、地毯及家饰用品等五大方向；丢弃后，12年即会溶掉，在生物降解方面获得极高评价。玉米纤维具有极好的悬垂性、滑爽性、吸湿透气性、耐热性和抗紫外线功能，并富有光泽和弹性，可做内衣、运动衣、时装等。

（二）纤维织品的性能

纤维很多，但要用于纺织还必须有良好的服用（穿着）性能和机械强度，而这些均由其化学结构决定。

（1）柔弹性　即织物没有硬感。纤维分子呈链状，可缠绕，因而柔顺。例如，聚酯及蛋白质纤维（涤纶、羊毛）分子较整齐，规整性好，抗变形能力强，故织物弹性优异、挺括。

（2）耐磨性　取决于化学链的强度，也与柔弹性有关。酰胺基组成的纤维分子主链共价键结合力大，链间距离小，从而使锦纶成为耐磨和强度冠军。

（3）精致性　即纤维要足够细。就人造纤维和合成纤维而言，与喷丝孔径有关，通常孔径为0.04毫米，长度与直径比为1000。

（4）缩水性　各类纤维的缩水率：丝绸、黏胶为10%（亲水性强），棉、麻、维纶为3%～5%，锦纶为2%～4%，涤纶、丙纶为0.5%～1%（疏水性强），混纺品为1%（经树脂整理）。

（5）熨烫　高温下化纤制品会熔融和收缩。熨烫温度一般应比软化温度低80℃～100℃。各类纤维的软化温度为：黏胶260℃～300℃，涤纶240℃，维纶220℃，腈纶190℃～230℃，锦纶180℃，丙纶140℃～150℃，氯纶60℃～90℃。混纺制品，以最低熨烫温度的物料为准。天然纤维不耐高温，150℃以上就开始分解，变成焦黄色。除氯纶不宜熨烫以外，其他通常用水汽熨烫较合适，温度太低起不到应有作用，太高则会烫坏纤维。

（6）洗涤　洗涤条件也取决于纤维的化学特征。黏胶纤维、腈纶、蚕丝、羊毛（及其与化纤混纺品）不耐碱，宜用中性洗涤剂，温度应在40℃以下。由于湿态时强度低，切忌搓揉拧绞，应自然沥干。涤、锦、维、丙"四大纶"，洗水不应超过50℃，可用碱性洗衣粉，因耐光性差，洗后宜阴干。氯纶可用碱性洗涤剂，切忌热揉。棉制品可用热水（70℃）。麻织品宜中温（50～60℃）。

（三）纤维和织品的鉴别

纤维和织品的鉴别有感官鉴别法、燃烧法和溶解法三种方法。其中燃烧法和溶解法都属于化学法。

1. 感官鉴别法（手感目测法）

感官鉴别就是用手触摸，眼睛观察，凭经验来判断纤维的类别（表5-4）。除对面料进行触摸和观察外，还可从面料边缘拆下纱线进行鉴别。

表 5-4　常用纺织纤维的感官鉴别

感官内容	感官特征
手感	棉、麻手感较硬，羊毛很软，蚕丝、黏胶纤维、锦纶则手感软硬适中。用手拉断时，感到蚕丝、麻、棉、合成纤维很强，毛、黏胶纤维、醋酯纤维较弱。拉伸纤维时感到棉、麻的伸长度较小；毛、醋酯纤维的伸长度较大；蚕丝、黏胶纤维、大部分合成纤维的伸长度适中
光泽	涤棉光亮，黏胶纤维色艳，维棉色暗，丝织品有丝光
重量	棉、麻、黏胶纤维比蚕丝重；锦纶、腈纶、丙纶比蚕丝轻；羊毛、涤纶、维纶、醋酯纤维与蚕丝重量相近
挺括	用手攥紧布迅速松开，毛纤混纺品一般无皱折且毛感强。涤棉皱褶少，复原快。纯棉和黏棉皱褶多，恢复慢。维棉则不易复原且留下折痕
长度	可抽开丝观看，并在润湿后试验。黏胶湿处易拉断，蚕丝干处断，棉丝或涤丝干、湿处都不断。短丝则为羊毛或棉花；粗的为毛，细的为棉。如较长且均匀，则为合成短纤维

2. 燃烧法

利用常用纺织品纤维的燃烧特征，如近焰时、在焰中、离焰以后的燃烧方式、火焰颜色、气味、灰烬形状等现象来判别纤维的品种（表 5-5）。

表 5-5　常用纺织纤维的燃烧法鉴别

纤维种类	燃烧情况	产生的气味	灰烬颜色、状态
棉	燃烧很快，产生黄色火焰及黄烟	有烧纸气味	灰末细软，呈浅灰色
麻	燃烧快，产生黄色火焰及黄烟	有烧枯草气味	灰烬少，呈浅灰或白色
丝	燃烧慢，烧时缩成一团	有烧毛发的臭味	灰烬为黑褐色小球，用手指一压即碎
羊毛	不延烧，一面燃烧，一面冒烟起泡	有烧毛发的臭味	灰烬多，为有光泽的黑色脆块，用手指一压即碎
黏胶纤维	燃烧快，产生黄色火焰	有烧纸气味	灰烬少，呈浅灰或灰白色
醋酸纤维	燃烧缓慢，一面熔化，一面燃烧，并滴下深褐色胶状液滴	有刺鼻的醋酸味	灰烬为黑色有光泽的块状，可用手指压碎
涤纶	燃烧时纤维卷缩，一面熔化，一面冒烟燃烧，产生黄白色火焰	有芳香气味	灰烬为黑褐色硬块，用手指可以压碎
锦纶	一面熔化，一面缓慢燃烧，火焰很小，呈蓝色，无烟或略带白烟	有芹菜香味	灰烬为浅褐色硬块，不易压碎
腈纶	一面熔化，一面缓慢燃烧，产生明亮的白色火焰，有时略有黑烟	有鱼腥气味	灰烬为黑色圆球状，易压碎
维纶	烧时纤维迅速收缩，发生熔融，燃烧缓慢，有浓烟，火焰较小，呈红色	有特殊气味	灰烬为褐黑色硬块，可用手压碎
丙纶	靠近火焰迅速卷缩，边熔化、边燃烧，火焰明亮，呈蓝色	有燃蜡气味	灰烬为硬块，能用手压碎
氯纶	难燃，接近火焰时收缩，离火即熄灭	有氯气的刺鼻气味	灰烬为不规则黑色硬块

3. 溶解法

不同纤维的溶解特征取决于形成纤维的单体的化学结构（表 5-6），有的机制尚不清楚。

表 5-6　常见纤维的溶解特征

纤维品种	溶解特征
棉、黏胶纤维	易溶于浓硫酸（脱水及酯化作用）、铜氨溶液（羟基及醛基的配合及还原作用）
麻	易溶于铜氨溶液
丝	易溶于酸、碱（氨基酸的两性）、铜氨溶液
羊毛	易溶于氢氧化钠（脂层破坏后进攻蛋白质）
涤纶	易溶于苯酚（缩合）
锦纶	易溶于苯酚及各种酸（酰胺的碱性）
腈纶	易溶于硫氰化钾溶液、二甲基甲酰胺
丙纶	易溶于氯苯
维纶	易溶于酸
氯纶	易溶于二甲基甲酰胺、四氢呋喃、氯苯等

（四）纤维材料在各行业中的用途

1. 纺织业

不过现在人们不仅要求穿得暖和，还增加了许多新要求，纤维都能一一满足。例如，过去曾经流行过"涤盖棉""丙盖棉"，面料外涤里棉，是因为棉和肌肤的亲和性好，而涤与丙纶结实耐磨，方便洗涤。现在的新材料有了颠覆性的转变，可以"棉盖涤""棉盖丙"，新型的抗菌导湿纤维，比通常的纤维直径要小，织成的面料可以使汗液透过，却不附着，这样汗液便被排到外层的棉布层，衣服贴身面便可随时保持干爽。

2. 军事上

纤维的作用早已不只停留在日常穿着上了。例如，黏胶基碳纤维帮导弹穿上"防热衣"，可以耐几万度的高温；无机陶瓷纤维耐氧化性好，且化学稳定性高，还有耐腐蚀性和电绝缘性，航空航天、军工领域都用得着；聚酰亚胺纤维可以制高温防火保护服、赛车防燃服、装甲部队的防护服和飞行服；碳纳米管纤维可用作电磁波吸收材料，用于制作隐形材料、电磁屏蔽材料、电磁波辐射污染防护材料和"暗室"（吸波）材料。

3. 医药方面

甲壳素纤维做成医用纺织品，具有抑菌除臭、消炎止痒、保湿防燥、护理肌肤等功能，因此可以制成各种止血棉、绷带和纱布，废弃后还会自然降解，不污染环境；聚丙烯酰胺类水凝胶能控制药物释放；聚乳酸或者脱乙酰甲壳素纤维制成的外科缝合线，在伤口愈合后自动降解并吸收，病人就不用再动手术拆线了。

4. 建筑领域

防渗防裂纤维可以增强混凝土的强度和防渗性能。纤维技术与混凝土技术相结合，可研制出能改善混凝土性能，提高土建工程质量的钢纤维以及合成纤维，前者对于大坝、机场、高速公路等工程可起到防裂、抗渗、抗冲击和抗折作用，后者可以起到预防混凝土早期开裂，在混凝土材料制造初期起到表面保护作用。该技术在公路、水电、桥梁、国家大剧院、上海市公安局指挥中心屋顶停机坪、上海虹口足球场等大型工程中已得到应用。

5. 生物科技领域

随着生物科技的发展，一些纤维的特性可以派上用场。类似肌肉的纤维可制成"人工肌肉""人体器官"。聚丙烯酰胺具有生物相容性，一直是人体组织良好的替代材料，聚丙烯酰胺水凝胶能够有规律地收缩和溶胀，这些特性正可以模拟人体肌肉的运动。

蜘蛛网一直是人类想要模仿制造的，天然蜘蛛丝的直径为4微米左右，而它的牵引强度相当于钢的5倍，还具有卓越的防水和伸缩功能。如果制造出一种具有天然蜘蛛丝特点的人造蜘蛛丝，将会具有广泛的用途。它不仅可以成为降落伞和汽车安全带的理想材料，而且可以用作易于被人体吸收的外科手术缝合线。

二、皮革材料

皮革制品也是一类重要穿戴品，并具有广泛的用途。

1. 皮革的定义

皮与革是截然不同的两种东西，不过现在不少经营者往往把皮革简称为皮，把人造革简称为革，这种说法是不正确的，也是不严谨的。

皮是指皮胶原纤维仍处于其在动物身体上时的状态（指化学结构）；革是指将动物皮经过物理及化学处理，除去了皮中无用的成分，并使皮的胶原纤维的化学结构发生变化而不同于其在动物体上时的状态。另外，革干燥状态柔软易曲，潮湿状态也不易腐烂，而皮是制革的原料，革是由皮制成的。

如果把皮与革的区别，同"天然皮革"与"人造革"的区别混淆在一起，容易使外行的消费者在概念上发生混乱，增加了鉴别皮革制品的难度。

现实生活中的说法，皮通常指真皮，真皮是动物的表皮经脱毛和鞣制等物理、化学加工后的制品，透气性比较好。革是指人造革，人造革是一种仿真皮的制品，现在的制革技术也很高，有的单从外观上看不出来，只有通过火烧法才能分辨出来。

广义上来说皮革包括动物革和非动物革，一般说的皮革指前者，即天然皮革；后者属于塑料，即人造革。常见的天然皮革分为革皮和裘皮，前者是经过去毛处理的皮革，而后者是处理过的连皮带毛的皮革。皮革的表面有一种特殊的粒面层，具有自然的粒纹和光泽，手感舒适。它多用以制作时装、冬装。

皮革的质地取决于所选用的原料，动物革首先取决于生皮。常见的动物皮有牛皮、羊皮和猪皮，也有其他珍奇动物（如鹿、虎、狐）的皮，这些皮的化学结构大体相近，但细腻程度及毛色不同。实用的生皮包括：表皮，是皮肤最外层组织，主要由角朊细胞组成；真皮，是含有胶质的纤维组织，决定了皮的强韧程度和弹性。化学上均把它们划为蛋白质。根据加工要求，生皮还有去毛和附毛两种。皮和毛中的蛋白质主要为角蛋白，不溶于水、酸、碱及一般有机溶剂，有一定的硬度和耐磨性。

生皮是不能用来直接制成制品的，首先需要进行制革。制革就是把动物体上剥离的生皮加工成实用皮料的过程，也称为鞣制，即用鞣酸及重铬酸钾对生皮进行化学处理。鞣酸又称丹宁，可溶于水，能使蛋白质凝固。当生皮充分润湿并压榨后，它的每条纤维周围均充满蛋白质。经鞣酸处理后，生皮可变得规整。重铬酸钾在鞣制时加入，经还原使 Cr^{6+} 成为 Cr^{3+}，铬离子与氨基酸的活性基团作用，使皮的纤维键合，强度大增。鞣制后，本来容易发臭、腐烂的硬生皮，变成干净、柔软的皮革。

2. 皮革的分类和应用

皮革按照需要可以有多种不同的分类方式。

（1）按用途可分成生活用革、国防用革、工农业用革、文化体育用品革。

（2）按鞣制方法分为铬鞣革、植鞣革、油鞣革、醛鞣革和结合鞣革等。此外，还可分为轻革和重革。一般用于鞋面、服装、手套等的革称为轻革，按面积计量；用较厚的动物皮经植物鞣制或结合鞣制，用于皮鞋内、外底及工业配件等的革称为重革，按重量计量。

（3）按动物种类来分，主要有猪皮革、牛皮革、羊皮革、马皮革、驴皮革和袋鼠皮革等，另有少量的鱼皮革、爬行类动物皮革、两栖类动物皮革、鸵鸟皮革等。其中牛皮革又分黄牛皮革、水牛皮革、牦牛皮革和犏牛皮革；羊皮革分为绵羊皮革和山羊皮革。在主要几类皮革中，黄牛皮革和绵羊皮革，其表面平细，毛眼小，内在结构细密紧实，革身具有较好的弹性，物理性能好。因此，优等黄牛革和绵羊革一般用作高档制品的皮料，其价格较高。

（4）按层次分为头层革和二层革，其中头层革有全粒面革和修面革；二层革又有猪二层革和牛二层革等。

（5）按来源来分可分为真皮、再生皮、人造革和合成革。

① 真皮。动物革是一种自然皮革，即我们常说的真皮，是由动物（生皮）经鞣制加工后，制成各种特性、强度、手感、色彩、花纹的皮具材料，是现代真皮制品的必需材料。其中，牛皮、羊皮和猪皮是制革所用原料的三大皮种。

② 再生皮。再生皮是动物革的衍生物，将各种动物的废皮及真皮下脚料粉碎后，调配化工原料加工制作而成。其表面加工工艺同真皮的修面皮、压花皮一样，其特点是皮张边缘较整齐、利用率高、价格便宜；但皮身一般较厚，强度较差，只适宜制作公文箱、拉杆袋、球杆套等定型工艺产品和皮带，其纵切面纤维组织均匀一致，可辨认出流质物混合纤维的凝固效果。

③ 人造革。也叫仿皮或胶料，是聚氯乙烯（PVC）和聚氨酯（PU）等人造材料的总称。它是在纺织布基或无纺布基上，由各种不同配方的 PVC 和 PU 等发泡或覆膜加工制作而成，可以根据不同强度、耐磨度、耐寒度和色彩、光泽、花纹图案等要求加工制成，具有花色品种繁多、防水性能好、边幅整齐、利用率高和价格相对便宜的特点。

人造革是极为流行的一类材料，被普遍用来制作各种皮革制品。如今，极似真皮特性的人造革已生产面市，它的表面工艺及其基料的纤维组织几乎达到真皮的效果，其价格与头层皮的价格不相上下。

④ 合成革。合成革是模拟天然革的组成和结构，并可作为其代用材料的制品。表面主要是聚氨酯，基料是涤纶、棉、丙纶等合成纤维制成的无纺布。其正、反面都与皮革十分相似，并具有一定的透气性。特点是光泽漂亮，不易发霉和虫蛀，并且比普通人造革更接近天然革。

合成革品种繁多，各种合成革除具有合成纤维无纺布底基和聚氨酯微孔面层等共同特点外，其无纺布纤维品种和加工工艺各不相同。合成革表面光滑，整体厚薄、色泽和强度等均一，在防水、耐酸碱、耐微生物方面优于天然皮革。

动物革和人造革两者在应用上有某些共同性。例如，均适合做御寒外衣，动物皮革较透气，保暖性更好，但怕水，而人造革表面不怕受潮；二者均耐磨、坚韧，但动物皮革做成的皮鞋（及其他皮制品）受潮后易变形、产生折皱，甚至断裂，而人造革制的鞋不怕水，但透气性较差。

皮革的类型不同,其特点和用途也各不相同。例如,牛皮革面细,强度高,最适宜制作皮鞋;羊皮革轻,薄而软,是皮革服装的理想面料;猪皮革的透气、透水汽性能较好。

3. 皮革的保养与护理

在寒冷的冬天,皮衣、皮帽、皮手套等皮质衣物、配件以其防寒保暖、轻软耐用等特点成为人们御寒的良伴,但频密的穿着、严冬的干冷也易造成皮革老化、表面龟裂、褪色等现象。在日常生活中被广泛使用的汽车内部皮革、皮沙发、皮箱、皮包、皮带等皮具制品也面临着以上的问题。

其实,皮革制品表面膜层娇嫩,就像我们的肌肤一样,对季节的更替、环境的变化等十分敏感,需要选择优质的保养品、掌握正确的使用方法与保养小常识、定期护理,才能经得起时间的考验,日久常新,保持润泽光亮的最佳状态。

保养皮革制品时要做到以下几点。

(1)避免使用清洁剂、鞋油、洗革皂和貂油,这些产品都会对皮革造成损伤;

(2)先在皮衣的不显眼处试用清洗剂;

(3)不要将重的物品,如钥匙串,放在口袋里,否则,会使皮衣变形;

(4)穿着皮衣时,避免使用喷发胶及香水;

(5)不要将别针、徽章别在皮衣上;

(6)用少量的橡胶黏合剂修补衣服边缘。

皮革清洗注意事项如下。

(1)用干净的软布,轻轻擦去液体污渍;

(2)皮衣上的盐渍,可用干净的湿布轻轻擦拭,自然吹干;

(3)更严重的污渍,请去皮革专业清洗店。

通常的清洗方法能去除一般的油渍,但会导致皮革变硬、褪色、收缩。专业的皮革清洗方法既能清洗皮革,又能护理皮革。

皮革储藏时注意事项如下。

(1)将皮大衣或皮夹克挂在木质的、塑料的或加软垫的衣架上,以保持衣物不变形;

(2)将皮革衣物置于通风、阴凉、干燥的地方。避免放在热的地方如顶楼,或潮湿的地方,如地下室;

(3)储藏时,在皮衣上盖一层透气的棉布,塑料袋包装会使皮衣过分干燥;

(4)皮衣上的皱褶须抚平。如需熨烫,请在皮衣上盖一层厚牛皮纸,用低温至中温熨烫。注意,温度不能过高,否则皮革会发光;

(5)避免在直射阳光下暴晒皮衣或受热时间过长。

4. 人造革与真皮的鉴别

(1)视觉鉴别法

从皮革的花纹、毛孔等方面来辨别,真皮革表面有较清晰的毛孔、花纹,黄牛皮有较匀称的细毛孔,牦牛皮有较粗而稀疏的毛孔,山羊皮有鱼鳞状的毛孔。猪皮的毛孔圆而粗大,呈三角形排列。这些天然皮革表面分布的花纹和毛孔确实存在,并且分布得不均匀,反面有动物纤维,侧断面层次明显可辨,下层有动物纤维,用手指甲刮拭会出现皮革纤维竖起,有起绒的感觉,少量纤维也可掉落下来,而人造革反面能看到织物,侧面无动物纤维,一般表皮无毛孔,但有些有仿皮人造毛孔,会有不明显的毛孔存在,有些花纹也不明显,或者有较规律的人工制造花纹,毛孔也相当一致。

（2）手感鉴别法

用手触摸真皮表面，有滑爽、柔软、丰满、弹性的感觉；而一般人造革面发涩、死板、柔软性差，将真皮的正面向下弯折90°左右会出现自然皱褶，分别弯折不同部位，产生的折纹粗细、多少，有明显的不均匀，基本可以认定这是真皮，因为真皮革具有天然的不均匀的纤维组织构成，因此形成的折皱纹路表现也有明显的不均匀。而人造革手感像塑料，回复性较差，弯折下去折纹粗细多少都相似。

（3）气味鉴别法

真皮具有一股很浓的皮毛味，即使经过处理，味道也较明显，而人造革产品则有股塑料的味道，无皮毛的味道。

（4）燃烧鉴别法

真皮燃烧时会发出一股毛发烧焦的气味，烧成的灰烬一般易碎成粉状，而人造革燃烧后火焰也较旺，收缩迅速，并有股很难闻的塑料味道，烧后发黏，冷却后会发硬变成块状。

三、橡胶材料

橡胶是高分子化合物中极重要的一种，橡胶的最大特点是富有弹性。橡胶在日常生活和工农业生产中用途很广。生活中的胶鞋、雨衣、橡皮管、热水袋、球胆、防酸手套、自行车车胎等，还有汽车、飞机轮胎等配件都可用橡胶制成。橡胶制品达几万种之多，其中80%的橡胶用来制造轮胎。

橡胶具有以下性能：突出的高弹性、良好的耐磨性、高的摩擦系数和耐酸碱腐蚀性，有些品种如丁腈橡胶、氟橡胶等还耐油。此外，橡胶还具有电绝缘、消振和气密等特性。缺点是导热差、不耐热及不易机械加工等。

橡胶按原料来源分天然橡胶和合成橡胶两大类。天然橡胶是从橡胶树、橡胶草等植物中提取胶质后加工制成，基本化学成分为顺 – 聚异戊二烯，弹性好，强度高，综合性能好。合成橡胶则由各种单体经聚合反应而得。按性能橡胶又可分为通用型及特种型。通用橡胶是指综合性能较好、应用面广的品种，包括天然橡胶、异戊橡胶、丁苯橡胶、顺丁橡胶等。特种橡胶是指具有某些特殊性能的橡胶，包括氯丁橡胶、丁腈橡胶、硅橡胶、氟橡胶、聚氨酯橡胶、聚硫橡胶、氯醇橡胶、丙烯酸酯橡胶等。按橡胶的形态，除通常的块状生胶外，还有胶乳、液体橡胶和粉末橡胶。另外，20世纪60年代开发的热塑性橡胶，是一类具有热塑性的弹性体，它是不需经化学硫化，采用热塑性塑料的加工方法成型为制品的合成橡胶。

（一）天然橡胶

天然橡胶（NR）是由橡胶树采集的胶乳制成的，是异戊二烯的聚合物（即由异戊二烯为单体聚合而成），具有很好的耐磨性，很高的弹性、扯断强度及伸长率，在空气中易老化，遇热变黏，在矿物油或汽油中易膨胀和溶解，耐碱但不耐强酸。天然橡胶是制作胶带、胶管、胶鞋的原料，并适用于制作减震零件。

天然橡胶的分子量约为30万左右，它的分子链极为柔顺，有一定弹性，但显示弹性的温度范围不宽，温度较高会变黏，低温会变脆，影响使用效果。这种未经化学处理的橡胶叫作生胶。把生胶与硫黄一起加热生成硫化橡胶，性能将大为改善，这个过程就叫作硫化。硫化后橡胶的分子量增加不多，仅在100个异戊二烯链中形成一个交联点，但物理性能显著改善，如张力及弹性增大，在有机溶剂中的溶解度降低，受热后不变软。

往橡胶里掺入炭黑，可以做成较硬、耐磨的黑橡胶，用以做鞋底、轮胎等。相反，掺入白色的碳酸钙、钛白粉等填料就变成了白橡胶，可做擦铅笔字的白橡皮。

（二）合成橡胶

合成橡胶是由分子量较低的单体经聚合反应而成的，其基本成分是丁二烯及异戊二烯分子。

1. 合成橡胶的分类

合成橡胶的性能和种类因单体不同而异，表5-7为主要橡胶品种的性能及用途。生产合成橡胶所需的单体，主要来自石油化工产品。

表 5-7　主要橡胶品种的性能及用途

品种	性能					特长和主要用途
	耐热 /℃	耐寒 /℃	弹性	耐油	耐老化	
天然橡胶（NR）	120	−50 ～ −70	优	劣	良	高弹性。做轮胎、胶管、胶鞋、胶带
丁苯橡胶（SBR）	120	−30 ～ −60	良	劣	良	耐磨、价格低，最大品种的工业用胶。做轮胎、鞋、地板等
顺丁橡胶（BR）	120	−73	优	劣	良	弹性比天然橡胶好，耐磨优。作飞机轮胎、兼改性剂
异丁橡胶（IBR）	150	−30 ～ −55	次	劣	优	高度气密性、耐老化、适做内胎、气球、电缆绝缘层
氯丁橡胶（CR）	130	−35 ～ −55	良	良	优	耐油、不燃、耐老化。制耐油制品、运输带、胶黏剂
聚硫橡胶		−7	尚可	优	良	气密性好、做管子、水龙头衬垫等
丁腈橡胶	150	−20	良	优	良	高耐油、耐酸碱。做油封、垫圈、胶管、印刷辊等
乙丙橡胶	150	−40 ～ −60	良	良	优	耐老化、电绝缘。用作电线包层、气胶管、运输带
硅橡胶	200 ～ 250	−50 ～ −100	尚可	优	优	耐热、耐寒。做高级电绝缘材料、医用胶管、衬垫
氟橡胶	120	−100	良	优	优	耐热、耐寒。用于飞机、宇航、特种橡胶元件

2. 橡胶的合成

天然橡胶产量有限，如何用合成方法，制出性能与天然橡胶相仿的橡胶品种，是人们百余年来探索的重大课题。

100 多年前人们已经基本弄清天然橡胶的组成和结构，20 世纪 50 年代开始人们从石油产品中大量生产出异戊二烯，1954 年发现了一类新型的聚合催化剂——钛催化剂和锂催化剂。在钛、锂催化剂催化下，合成橡胶中顺式聚合体的含量可分别达到 97% 和 92%，而天然橡胶中为 98%。后来，我国化学家研制出一种稀土催化剂，其工艺流程和经济效益均超过钛、锂催化剂，具有重要的学术意义和经济价值。

（三）橡胶制品

（1）防水用具　橡胶不透水且轻便、易成型，广泛用来制雨衣、雨靴、水管、热水袋等。

（2）鞋底　橡胶柔软、耐磨、富弹性，多用于制造运动鞋和皮鞋的鞋底。

（3）车胎　长期以来大量橡胶用于制造自行车、汽车、拖拉机、飞机等各种交通工具的轮胎，对于提高这些交通工具的速度和运输效率起了很大作用，并且迄今尚未发现更好的代用品。

（4）日用品　因橡胶具有独特的弹性和柔韧性，故常用制作婴儿的奶嘴、小学生的橡皮擦、皮筋和松紧带。

四、其他类

穿戴用品的制造除了采用上述纤维、皮革、橡胶和塑料四大类材料，还有其他的一些材料也会采用，如一些金属和非金属材料，这些材料可用于衣物、鞋袜等的附件，或一些附属用品中。

（一）眼镜材料

1. 镜架材料

眼镜架按材质主要分为三种：非金属类、金属类、天然材质类。

（1）非金属类镜架材料

① 赛璐珞　这是一种很早就用来做眼镜架的材料，赛璐珞可塑性好，硬度大，可染成各种颜色，但是稳定性差，易老化，摩擦时会发出樟脑气味。现在已很少采用。

② 醋酸纤维　一般化学材料架多为醋酸纤维制成。按照加工方式，又可分为注塑架和板材架。

注塑架：造价低，有接缝，粗糙，用于太阳眼镜的低档架（热加工制造）。

板材架：用冷加工制造，精细，质量好，经久耐用，现在绝大部分的非金属架都是由板材材质加工的碳晶架，材质较脆，在冬季受到冲击碰撞后，易脆裂。区分碳晶架的方法是：镜腿处有明显切割痕迹。

③ 环氧树脂　比重轻，色彩鲜艳，弹性好，寿命长。环氧树脂最早由欧洲的眼镜公司开发出来，主要用于制造 CD、Dunhill 等品牌眼镜架。环氧树脂镜架镜腿处没有芯，而醋酸纤维镜架有金属芯。另外，环氧树脂架颜色较鲜艳。

（2）金属类镜架材料

白铜（铜锌合金）镜架：主要成分为铜（64%）、锌（18%）、镍（18%），镜架材料便宜，易加工、电镀。白铜主要用于制造合页、托丝等细小零件及低档镜架。

高镍合金镜架：镍含量 8% 以上，主要有镍铬合金、锰镍合金等，高镍合金的抗蚀性好、弹性好。

蒙耐尔材镜架：镍铜合金，镍含量达到 63%，铜 28% 左右，另外还有铁、锰等其他少量金属，抗腐蚀、高强度、焊接牢固，为中档镜架采用最多的材料。

纯钛镜架：钛的密度只有 4.5 克/立方厘米，耐腐蚀，强度是钢的 2 倍，用于制造航天飞机、表壳等，被称为"太空金属"，不会引起皮肤过敏。钛材镜架一般表示成 Ti-P 或 TiTAN，除了托丝、合页、螺丝以外基本上由钛制造。

记忆钛合金镜架：镍、钛按 1∶1 所组成的一种新合金，比一般合金轻 25%，而耐蚀性和钛材一样，且弹性非常好。记忆钛合金在 0℃ 以下表现为形状记忆的特性，在 0～40℃ 之间表现为高弹性，记忆钛材质的耐腐蚀性高于蒙耐尔合金及高镍合金。

β-TiTAN 钛合金架：纯钛（占70%）和钴、铬等稀有金属（占30%）混合后形成的一种特殊合金，超轻、超弹性，镜架可以做得很细。由于是钛与钴和铬等稀有金属的合金稳定性很好，不会产生皮肤过敏现象，在未来的数十年里将会有更大的发展普及。

包金架：其工艺是在表层金属和基体间加入钎料或直接机械结合，与电镀相比，包覆材料的表面金属层较厚，同样具有亮丽的外观，具有良好的耐久性和耐腐蚀性。

K金架：一般为18K金。

（3）天然材质类镜架材料

玳瑁架：触感自然，加上独特的透明感和色彩斑纹，戴起来显得高雅、大方。

牛角架：以牛角为镜架材质的眼镜架目前已不常见。

2. 镜片材料

镜片材料采用透明的介质，主要分为无机材料、有机材料和天然材料三大类。

（1）天然材料——水晶　在我们的日常生活中会碰到一种天然介质水晶镜片，这是用石英研磨制成的镜片。古代有水晶能养颜明目的说法，但事实上水晶的主要成分是二氧化硅（SiO_2），最大优点是硬度高且不易受潮，但紫外线及红外线的透过率较高，而且水晶中密度不均匀，含有杂质、条纹及气泡等，会形成折射现象，从而影响视力。

（2）无机材料——玻璃　玻璃材料制成的镜片具有良好的透光性、耐磨性的优点。

① 普通玻璃材料　折射率为1.523的冕牌玻璃是传统光学镜片的制造材料，其中60%～70%为二氧化硅，其余则为由氧化钙、钠和硼等多种物质混合。

② 高折射率玻璃材料　经过多年的研究，镜片制造商已经生产出了含钛元素的镜片，折射率为1.7；含镧元素的镜片，折射率为1.8；含铌元素的镜片，折射率为1.9，这是目前折射率最高的镜片材料。虽然采用这些材料所制造的镜片越来越薄，然而却没有减少镜片的一个重要参数：重量。实际上，随着折射率的增加，材料的比重也随之增加，这样就抵消了因为镜片变薄而带来的重量上的减轻。

③ 光致变色玻璃材料　光致变色现象是通过改变材料的光吸收属性，使材料对太阳光强度作出反应的一种性质。常见的是在镜片内加入卤化银，遇上强光照射，卤化银分解就会变成有色镜片，减弱光线，保护眼睛，所以适合于室内、室外同时使用。光致变色材料大多是灰色和棕色的，其他的颜色也可以通过专门的工艺达到。

（3）有机材料——树脂、PC　热固性材料，具有加热后硬化的性质，受热不会变形，眼镜片大部分以这种材料为主，如CR-39树脂。热塑性材料，具有加热后软化的性质，尤其适合热塑和注塑，如聚碳酸酯PC。

① 热固性材料　普通树脂材料（CR-39）：CR-39是第一代的超轻、抗冲击的树脂镜片。作为光学镜片，CR-39材料性质的参数十分适宜，折射率为1.5（接近普通玻璃镜片）、密度1.32（几乎是玻璃的一半），只有很少的色散，抗冲击，透光率高，可以进行染色和镀膜处理。它主要的缺点是耐磨性不及玻璃，需要镀抗磨损膜处理。树脂镜片可采用模式压法加工镜片表面的曲率，因此适用于非球面镜片的生产。

中高折射率树脂材料：中折射率（n=1.56）和高折射率（$n > 1.56$）材料都是热固性树脂，其发展非常迅速。与传统CR-39相比，用中高折射率树脂材料制造的镜片更轻、更薄。

染色树脂材料：特别适合大批量制造各色平光太阳镜片，同时在材料中加入可吸收紫外线的物质。

光致变色树脂材料：片基是树脂材料，轻且抗冲击，适合用于各种屈光不正者在户外活动时使用。

② 热塑性材料（聚碳酸酯，简称 PC） PC 镜片具有许多光学方面的优点：出色的抗冲击性，高折射率，非常轻，100% 抗紫外线，耐高温。

小知识：特殊镜片

平时我们在生活中还会见到一些特殊的镜片，比如偏光镜片，就是宝丽来片，它的功能是只接受一个方向来的光，其他方向的光都挡回去，它是利用百叶窗的原理，过滤杂光，使我们看东西更清晰。在镜片上加入垂直向的特殊涂料，就成为偏光镜片。偏光太阳镜镜片能吸收 99% 的紫外线，具有抗疲劳、防辐射和消除眩光的功能。同时还能看到视像中隐含的图形。其良好的韧性、耐冲击性、能保护眼睛不受伤害。特别适合钓鱼、开车、航海、打猎、滑雪等户外活动。

偏心片（非球面镜片）就是将它的凸面做成一个一个弯度不平行的交叉面，为的是使光的折射率在我们眼睛的接受范围内，使我们的视线清晰也不会头晕，达到眼镜追求时尚的同时又保护了我们的眼睛。

对于常见的太阳眼镜，其镜片的颜色深度分为 15%、34%、50%、70%，15% 的室内外均可佩戴，镜片要求度数的最适合，34% 的适合普通室外环境，50% 的适合烈日和海边，70% 的属于电焊等特殊用途。镜片颜色深度只影响可见光的吸收度，与防紫外线能力无关。防紫外线能力只与镜片材质有关。

（二）首饰材料

与服装或相关环境相配套，起装饰作用的饰品现在统称为首饰，主要是以贵重金属、宝石等加工而成的耳环、项链、戒指、手镯等。现在更广义地把人们佩戴或携带的所有具有装饰作用的物品都叫饰品。用于饰品的材料主要有钻石、翡翠、珍珠、黄金、铂金以及其他贵金属。

天然宝石美丽而稀少，故备受人们青睐，因而它的价格十分昂贵。人们一直在寻求一些易于生产而价值低廉，又与天然宝石基本相同或相仿的材料。这些完全或部分由人工生产或制造的，用于制造首饰及装饰品的宝石材料称为人工宝石。

1. 人工宝石的分类

根据人为因素的差异以及产品的具体特点，将人工宝石划分为合成宝石、人造宝石、拼合宝石及再造宝石。

（1）合成宝石 指部分或完全由人工制造的晶质或非晶质材料，这些材料的物理性质、化学成分及晶体结构和与其相对应的天然宝石基本相同。例如，合成红宝石与天然红宝石的化学成分均为 Al_2O_3（含微量元素 Cr），它们具有相同的折射率和硬度。

（2）人造宝石 指由人工制造的晶质或非晶质材料，这些材料没有天然的对应物，如人造钛酸锶，迄今为止自然界中还未发现天然钛酸锶。

（3）拼合宝石 指由两种或两种以上材料经人工方法拼合在一起，在外形上给人以整体琢型印象的宝石。例如，目前流行的一种蓝宝石刻面琢型的拼合宝石，常常上部为合成蓝宝石，下部为天然蓝宝石，两者之间用树脂黏合，看上去像一个完整的刻面宝石。

（4）再造宝石　将一些天然宝石的碎块、碎屑经人工熔结后制成。常见的有再造琥珀、再造绿松石等。

2. 人工合成宝石的特点及区分方法

合成宝石与人造宝石的最大区别是其生成的材料是否有天然对应物。对常见的一些人工合成宝石的材料、特点和简单的区分方法做一简单介绍。

（1）玻璃　玻璃是一种价格低廉的人造材料，用于仿制天然珠宝玉石，如玉髓、石英、绿柱石（祖母绿和海蓝宝石）、翡翠、软玉和黄玉等。宝石学上所指的用于仿宝石的玻璃是由氧化硅（石英的成分）和少量金属如钙、钠、钾或铅、硼、铝、钡的氧化物组成的。

（2）塑料　塑料是一种人造材料，是由聚合物长链状分子组成的。塑料作为宝石的仿制品，主要用于模仿不透明的宝石材料如绿松石、翡翠、软玉、象牙；半透明的宝石品种如龟甲、珍珠、贝壳；透明的宝石如琥珀等。

根据塑料的低密度（用手掂，明显感觉到很轻）、低硬度（用小刀可以划动）、低传导率（接触时有温感）、可燃性（用热针接触样品时，样品会熔化或烧焦，发出辛辣难闻的气味）等特点，很容易区分宝石、玉石和塑料。

（3）合成立方氧化锆　合成立方氧化锆也称"CZ钻"，尽管其磨成宝石后，外观极像钻石，但还是可以用一些简单的方法来加以区分。合成立方氧化锆的密度为6克/立方厘米左右，是钻石密度（3.5克/立方厘米）的1.7倍，故它的手感比较沉重；用油性笔划过样品的表面，划过钻石表面时可留下清晰而连续的线条，划过合成立方氧化锆时则出现不连续的小液滴现象；对着样品哈气，对于雾气很快散开的样品为钻石，较慢散开的为合成立方氧化锆。当然要准确无误地区分它们，最好还是通过仪器来鉴定，如反射仪、热导仪、显微镜等。

至于用石墨人工合成的金刚石，由于其合成成本高于天然金刚石，并且合成的金刚石往往颗粒细小，达不到宝石的级别，所以人们至少目前不用担心在珠宝市场上会买到人工合成的金刚石。

（4）合成红宝石和蓝宝石　红宝石和蓝宝石的合成试验始于19世纪60年代，但直到20世纪初维尔纳叶炉诞生后，合成红、蓝宝石才真正成功。合成的红、蓝宝石是从熔体中结晶而来的，其主要成分均为Al_2O_3，在合成时加入微量的Cr，则呈现红色，即合成红宝石；如果加入微量的Ti，就成为合成蓝宝石。

合成红宝石和蓝宝石与天然的红、蓝宝石的外观和性质十分接近，因此区分它们也比较困难。目前主要是根据样品内部的包裹体的差异进行鉴别，如合成红、蓝宝石中常含有气泡、细密的弧线纹等。如果包裹体细小，就需要用光学显微镜来观察才能分辨。

（5）合成水晶　由于自然界水晶资源较其他宝石要丰富得多，以往合成水晶主要是为了满足电子和光学工业等方面的需要，合成水晶作为宝石用显得不经济。然而，随着自然资源的减少以及人工合成技术的提高，现在合成水晶也大量用于珠宝首饰中。

合成水晶和天然水晶几乎没有什么差别，成分上都是以SiO_2为主，加入不同的微量元素，则可呈现不同颜色（如无色、紫、黄、蓝、绿、茶色等）的品种，但用于珠宝以紫色最广泛，其次为黄色。

目前，区分合成水晶与天然水晶的主要方法是区分其内部的包裹体，也可以用吸收光谱等测量。此外，如果见到蓝色或绿色的水晶，通常可以判断其是人工合成的，因为自然界几乎没有发现这两种颜色的水晶。

要鉴别人工宝石的优劣，可从折射率、硬度、外观、相对密度等几方面入手。一般来说，折射率越高，光泽就越强、越闪亮，也就是通常所说的"很火"。其次，硬度越高的人工宝石抵御外界刻划和研磨的能力就越强，这使得研磨后的宝石棱线尖锐完美，可以镶嵌在首饰上长期佩戴而不会被磨毛、失去光泽。虽然氧化锆在折射率和硬度上与钻石接近，可以在外观上达到"以假乱真"的效果，但氧化锆的相对密度几乎是钻石的 2 倍，也就是说，同样大小的氧化锆人工宝石比钻石要重。

第四节　建筑材料

从原始人居住在天然岩洞开始，人类就不断发展、改进着能够遮风挡雨、提供舒适居住环境的居所。约 8000 年前欧洲出现了土坯房屋；到了约 3000 年前出现了砖；2000 年前的秦砖汉瓦说明这一时代砖瓦材料的辉煌；19 世纪出现了钢筋混凝土，使得高楼大厦成为了可能；现代不断出现的各种具有特殊功能的新型建筑材料继续改善着人类的居所。建筑材料是土木工程和建筑工程中使用的材料的统称。人类社会的基本活动如衣、食、住、行，无一不直接或间接地和建筑材料密切相关。

建筑材料根据用途可分为结构材料、装饰材料和某些专用材料。结构材料包括木材、竹材、石材、水泥、混凝土、金属、砖瓦、陶瓷、玻璃、工程塑料、复合材料等；装饰材料包括各种涂料、油漆、镀层、贴面、各色瓷砖、具有特殊效果的玻璃等；专用材料指用于防水、防潮、防腐、防火、阻燃、隔音、隔热、保温、密封等的材料。

建筑材料根据来源可分为天然材料和人造材料。天然材料包括竹、木等；人造材料包括砖、瓦、水泥、砼、钢材等。

建筑材料根据化学成分可分为无机材料、有机材料和复合材料。无机材料包括金属材料（钢、铁、铝、铜等）和非金属材料（水泥、玻璃、砖瓦、石材）；有机材料包括木、竹、沥青、塑料等；复合材料包括玻璃纤维增强材料、钢筋增强砼等。

本节主要讨论水泥、钢材、木材（三大类建材）以及玻璃和新型建材等。

一、水泥

水泥是指一种细磨材料，加入适量水后成为塑性浆体，既能在空气中硬化，又能在水中硬化，并能把砂、石等材料牢固地黏结在一起，形成坚固的石状体的水硬性胶凝材料。水泥是无机非金属材料中使用量最大的一种建筑材料和工程材料，广泛用于建筑、水利、道路、石油、化工以及军事工程中。

（一）水泥的分类

（1）根据生产的原料性质分为天然水泥、有熟料水泥和无熟料水泥。

（2）根据水泥的性能，可分为快硬水泥、低热水泥、膨胀水泥、耐酸水泥、耐火水泥等。

（3）根据用途，可分为油井水泥、大坝水泥、喷射水泥、海工水泥等。

（4）根据水泥中主要化学成分，分为硅酸盐水泥、铝酸盐水泥（高铝水泥）、磷酸盐水泥等，后者应用较少。虽然水泥的品种繁多，但 95% 以上属硅酸盐水泥类，只是根据工程的要求改变其中化学组成，或在使用时加入某些调节性能的物质而已。

（5）水泥还可以分为通用水泥、专用水泥和特性水泥。

（二）水泥生产工艺流程

可分为生料制备、熟料煅烧、水泥制成（粉磨）和包装等过程。

硅酸盐类水泥的生产工艺在水泥生产中具有代表性，是以石灰石和黏土为主要原料，经破碎、配料、磨细制成生料，然后喂入水泥窑中煅烧成熟料，再将熟料加适量石膏（有时还掺加混合材料或外加剂）磨细而成。

水泥生产随生料制备方法不同，可分为干法（包括半干法）与湿法（包括半湿法）两种。干法生产的主要优点是热耗低，缺点是生料成分不易均匀，车间扬尘大，电耗较高。湿法生产具有操作简单、生料成分容易控制、产品质量好、料浆输送方便、车间扬尘少等优点，缺点是热耗高。

水泥行业要通过技术改造和监管到位，减少粉尘、二氧化硫、二氧化氮的污染，以及进行原料和燃料替代，减少二氧化碳排放，同时应降低化石燃料的使用以节约成本，以产生较大的环保及经济效益。

二、钢材

1. 钢材的概述

建筑用钢铁材料是构成土木工程物质基础的四大类材料（钢材、水泥混凝土、木材、塑料）之一。人类开始大量使用生铁作建筑材料是从17世纪70年代开始，那时用的是生铁。到19世纪初发展到用熟铁建造桥梁、房屋等。19世纪中期以后，钢材的规格品种日益增多，强度不断提高，相应的连接等工艺技术也得到发展。

19世纪50年代出现了新型的复合建筑材料——钢筋混凝土。至20世纪30年代，高强钢材的出现又推动了预应力混凝土的发展，开创了钢筋混凝土和预应力混凝土占统治地位的新的历史时期，使土木工程发生了新的飞跃。

与此同时，各国先后推广具有低碳、低合金（加入5%以下合金元素）、高强度、良好的韧性和可焊性以及耐腐蚀性等综合性能的低合金钢。随着桥梁大型化，建筑物和构筑物向大跨、高层发展以及能源和海洋平台的开发，低合金钢的产量在近30年来已大幅度增长。各国大力发展不同于普通钢材品种的各种高效钢材，其中包括低合金钢材、热强化钢材、冷加工钢材、经济断面钢材以及镀层、涂层、复合、表面处理钢材等，在建筑业中已取得明显的经济效益。

2. 建筑钢材的分类和技术性质

建筑钢材通常可分为钢结构用钢和钢筋混凝土结构用钢筋。钢结构用钢主要有普通碳素结构钢和低合金结构钢。品种有型钢、钢管和钢筋。型钢中有角钢、工字钢和槽钢。钢筋混凝土结构用钢筋，按加工方法可分为：热轧钢筋、热处理钢筋、冷拉钢筋、冷拔低碳钢丝和钢绞线管；按表面形状可分为光面钢筋和螺纹钢筋；按钢材品种可分为低碳钢、中碳钢、高碳钢和合金钢等。

钢材的技术性质主要有以下三个方面：

（1）力学性质：抗拉性能、弹性、塑性、冲击韧性、冷脆性和硬度；

（2）工艺性质：冷弯、可焊性、热处理、冷加工以及时效；

（3）耐久性。

3. 建筑钢材的锈蚀与防止

钢材表面与周围介质发生作用而引起破坏的现象称作腐蚀（锈蚀）。根据钢材与环境介质的作用原理，腐蚀可分为化学锈蚀和电化学锈蚀。

根据钢材腐蚀的原理不同，建筑钢材锈蚀的防治方法常见的有保护层法和制成合金。

4. 钢材的化学成分及其对钢材性能的影响

钢材的主要成分有铁、碳、合金元素以及杂质元素。

（1）碳　与铁原子以固溶体、化合物（Fe_3C）和机械混合物的方式结合。固溶体形成铁素体，含碳量极少；化合物形成渗碳体，含碳量较高；机械混合物形成珠光体，含碳量在二者之间。当含碳量升高时，珠光体含量升高，强度增强，塑性、韧性、可焊性下降（0.6%时可焊性很差）。

（2）合金元素

硅：含量低于1%时，能提高钢材的强度。

锰：含量1%~2%，提高钢材的强度。

钛：可大大增加钢材的强度，韧性、可焊性也增加。其化学性质稳定，耐腐蚀（抵抗海水腐蚀能力很强），主要用于飞机、火箭、导弹、飞船等，少量用于冶金、能源、交通、医疗及石化工业。

钒、铌：增加钢材的强度。

（3）杂质元素　磷可增加钢材的强度，但可焊性大大降低，而且冷脆性也会大大增加。磷还可以提高钢材的硬度、耐磨性，改善切削性和耐大气腐蚀性，在低合金钢中可配合其他元素作为合金元素用，军事上利用其冷脆性制造炮弹，增大杀伤力。普通碳素钢的磷含量≤0.045%；优质碳素钢的磷含量≤0.035%；高级优质碳素钢的磷含量≤0.030%。

硫是极有害元素，会使可焊性大大降低，热脆性增加，降低热加工性。普通碳素钢的硫含量≤0.055%；优质碳素钢的硫含量≤0.040%；高级优质碳素钢的硫含量为0.02%~0.03%。

氧可使钢材的韧性、可焊性降低。氮可以增强钢材的强度，但会使得塑性、韧性降低。

三、木材

木材泛指用于工业和民用建筑的木制材料，常被统分为软材和硬材。工程中所用的木材主要取自树木的树干部分。木材因取得和加工容易，自古以来就是一种主要的建筑材料，对于人类生活起着很大的支持作用。

（一）木材的分类

木材按树种进行分类，一般分为针叶树材和阔叶树材。

针叶树（软木）主要有杉木、红松、白松、黄花松等。其树叶呈针状，树干通直、高大，纹理顺直，木质较软，易加工。表观密度（12℃时的气干密度）小，胀缩变形小，耐腐蚀性较强，常作承重材料。

阔叶树（硬木）主要有紫檀、黄花梨、酸枝木、鸡翅木、乌木、铁木、金丝楠木、香樟木、核（胡）桃木、柚木、水曲柳、橡木、榆木、椴木、桦木、杨木等。此类木材材质坚硬，密度大，加工较难，胀缩变形大，颜色、纹理美观（贵重木材油性大，呈金属色），主要用作装修或制作家具。

（二）木材的特性

木材质轻，有较高的强度和较好的韧性，导热系数低，有吸声性能，电绝缘性好，易加工以及装饰性好。

木材有很好的力学性质，但木材是有机各向异性材料，顺纹方向与横纹方向的力学性质有很大差别。木材的顺纹抗拉和抗压强度均较高，但横纹抗拉和抗压强度较低。木材强度还因树种而异，并受木材缺陷、荷载作用时间、含水率及温度等因素的影响，其中以木材缺陷及荷载作用时间两者的影响最大。因木节尺寸和位置不同、受力性质（拉或压）不同，有节木材的强度比无节木材可降低 30% ~ 60%。在荷载长期作用下木材的长期强度几乎只有瞬时强度的一半。另外木材还有易燃、易虫蛀、易腐朽等缺点。

现在具有防腐功能的防腐木材就是采用防腐剂渗透并固化于木材，使木材防止腐朽菌腐朽、防止生物侵害。

（三）木材的应用

由于木材加工、制作方便且性能良好，现在木材广泛应用于建筑结构材料，以及用于制作装饰、装修和制作家具的材料。

1. 木材在结构工程中的应用

木材是传统的建筑材料，在古建筑和现代建筑中都得到了广泛应用。在结构上，木材主要用于构架和屋顶，如梁、柱、椽、望板、斗拱等。我国许多建筑物均为木结构，它们在建筑技术和艺术上均有很高的水平，并具独特的风格。

另外，木材在建筑工程中还常用作混凝土模板及木桩等。

2. 木材在装饰工程中的应用

在国内外，木材历来被广泛用于建筑室内装修与装饰，它给人以自然美的享受，还能使室内空间产生温暖与亲切感。在古建筑中，木材更是用作细木装修的重要材料，这是一种工艺要求极高的艺术装饰。

此外，建筑室内还有一些小部位的装饰，也是采用木材制作的，如窗台板、窗帘盒、踢脚板等，它们和室内地板、墙壁互相联系，相互衬托，使得整个空间的格调、材质、色彩和谐、协调，从而收到良好的整体装饰效果。

3. 木材的综合利用

木材在加工成型材和制作成构件的过程中，会留下大量的碎块、废屑等，将这些下脚料进行加工处理，就可制成各种人造板材（胶合板原料除外）。常用人造板材有胶合板、纤维板、刨花板、复合板等。

（1）胶合板主要特点是：材质均匀，强度高，无疵病，幅面大，使用方便，板面具有真实、立体和天然的美感，广泛用作建筑物室内隔墙板、护壁板、顶棚板、门面板以及各种家具及装修。在建筑工程中，常用的是三合板和五合板。

（2）纤维板的特点是材质构造均匀，各向同性，强度一致，抗弯强度高（可达 55 兆帕），耐磨，绝热性好，不易胀缩和翘曲变形，不腐朽，无木节、虫眼等缺陷。生产纤维板可使木材的利用率达 90% 以上。

（3）刨花板、木丝板、木屑板一般表观密度较小，强度较低，主要用作绝热和吸声材料，但其中热压树脂刨花板和木屑板，其表面可粘贴塑料贴面或胶合板作饰面层，这样既增加了板材的强度，又使板材具有装饰性，可用作吊顶、隔墙、家具等材料。

（4）复合板主要有复合地板及复合木板两种。

复合地板一般为 120 厘米 × 20 厘米的条板，板厚 8 毫米左右，其表面光滑美观，坚实耐磨，不变形、不干裂、不沾污、不褪色，不需打蜡，耐久性较好，且易清洁，铺设方便。复合地板适用于客厅、起居室、卧室等地面铺装。

复合木板一般厚为 2 厘米，长 200 厘米，宽 100 厘米，幅面大，表面平整，使用方便。复合木板可代替实木板应用，现普遍用作建筑室内隔墙、隔断、橱柜等的装修。

四、玻璃

1. 玻璃概述

广义上说，凡熔融体通过一定方式冷却，因黏度逐渐增加而具有固体性质和结构特征的非晶体物质，都称为玻璃。

玻璃是一种透明的硅酸盐类非金属材料，在熔融时形成连续网络结构，冷却过程中黏度逐渐增大并硬化而不结晶。普通玻璃的组成为 $Na_2O \cdot CaO \cdot 6SiO_2$，主要成分是二氧化硅，属于混合物。广泛用于建筑、日用、医疗、化学、电子、仪表、核工程等领域。我们通常使用的玻璃是指硅酸盐玻璃，由石英砂、纯碱、长石及石灰石经高温制成的。

玻璃是一种无规则结构的非晶态固体（从微观上看，玻璃也是一种液体），其原子不像晶体那样在空间具有长程有序的排列，而近似于液体那样具有短程有序。玻璃像固体一样保持特定的外形，不像液体那样随重力作用而流动。

玻璃的原子排列是无规则的，其原子在空间中具有统计上的均匀性。在理想状态下，均质玻璃的物理、化学性质（如折射率、硬度、弹性模量、热膨胀系数、热导率、电导率等）在各方向都是相同的，即具有各向同性。

玻璃由固体转变为液体是在一定温度区域（即软化温度范围）内进行的，它与结晶物质不同，没有固定的熔点。

2. 玻璃的分类方法及其应用

玻璃的种类繁多，常见的分类方法以及应用如下。

（1）**按工艺** 玻璃按工艺可分为热熔玻璃、浮雕玻璃、锻打玻璃、晶彩玻璃、琉璃玻璃、夹丝玻璃、聚晶玻璃、玻璃马赛克、钢化玻璃、夹层玻璃、中空玻璃、调光玻璃、发光玻璃。

（2）**按生产方式** 玻璃按生产方式主要分为平板玻璃和深加工玻璃。平板玻璃主要分为三种：引上法平板玻璃、平拉法平板玻璃和浮法玻璃。由于浮法玻璃具有厚度均匀、上下表面平整平行，再加上受劳动生产率高及利于管理等方面的因素影响，浮法玻璃正成为玻璃制造方式的主流。

为满足生产生活中的各种需求，人们对普通平板玻璃进行深加工处理，即深加工玻璃。

① **钢化玻璃** 它是普通平板玻璃经过再加工处理而成的一种预应力玻璃。钢化玻璃与普通平板玻璃相比，具有两大特征：第一，前者强度是后者的数倍，抗拉度是后者的 3 倍以上，抗冲击度是后者的 5 倍以上；第二，钢化玻璃不容易破碎，即使破碎也会以无锐角的颗粒形式碎裂，对人体的伤害大大降低。

② 磨砂玻璃　它是在普通平板玻璃上面再磨砂加工而成的。一般厚度多在 0.3 厘米以下，以 0.2 厘米厚度居多。

③ 喷砂玻璃　性能上基本与磨砂玻璃相似，不同的为改磨砂为喷砂。由于两者视觉上类同，很多业主，甚至装修专业人员都把它们混为一谈。

④ 压花玻璃　它是采用压延方法制造的一种平板玻璃。其最大的特点是透光不透明，多使用于洗手间等装修区域。

⑤ 夹丝玻璃　它是采用压延方法，将金属丝或金属网嵌于玻璃板内制成的一种具有抗冲击性能的平板玻璃，受撞击时只会形成辐射状裂纹而不至于堕下伤人，故多采用于高层楼宇和震荡性强的厂房。

⑥ 中空玻璃　多采用胶接法将两块玻璃保持一定间隔，间隔中是干燥的空气，周边再用密封材料密封而成，主要用于有隔音、隔热要求的装修工程之中。

⑦ 夹层玻璃　夹层玻璃一般由两片普通平板玻璃（也可以是钢化玻璃或其他特殊玻璃）和玻璃之间的有机胶合层构成。当受到破坏时，碎片仍黏附在胶层上，避免了碎片飞溅对人体的伤害。多用于有安全要求的装修项目。

⑧ 防弹玻璃　实际上是夹层玻璃的一种，只是构成的玻璃多采用强度较高的钢化玻璃，而且夹层的数量也相对较多。多用于银行等对安全要求非常高的装修工程之中。

⑨ 热弯玻璃　它是由优质平板玻璃加热软化在模具中成型，再经退火制成的曲面玻璃。该玻璃样式美观，线条流畅，在一些高级装修中出现的频率越来越高。

⑩ 玻璃砖　玻璃砖的制作工艺基本和平板玻璃一样，不同的是成型方法。其中间为干燥的空气。多用于装饰性项目或者有保温要求的透光造型之中。

⑪ 玻璃纸　也称玻璃膜，具有多种颜色和花色。绝大部分起隔热、防红外线、防紫外线、防爆等作用。

⑫ LED 光电玻璃　光电玻璃是一种新型环保节能产品，是 LED 和玻璃的结合体，既有玻璃的通透性，又有 LED 的亮度，主要用于室内外装饰和广告。

⑬ 调光玻璃　通电呈现玻璃本质透明状，断电时呈现白色磨砂不透明状。不透明状态下，可以作为背投幕。

（3）按主要成分　玻璃按主要成分可分为氧化物玻璃和非氧化物玻璃。

非氧化物玻璃品种和数量很少，主要有硫系玻璃和卤化物玻璃。硫系玻璃的阴离子多为硫、硒、碲等，可截止短波长光线而通过黄、红光，以及近、远红外光，其电阻低，具有开关与记忆特性。卤化物玻璃的折射率低，色散低，多用作光学玻璃。

氧化物玻璃又分为硅酸盐玻璃、硼酸盐玻璃、磷酸盐玻璃等。硅酸盐玻璃指基本成分为 SiO_2 的玻璃，其品种多，用途广。通常按玻璃中 SiO_2 以及碱金属、碱土金属氧化物的不同含量，又分为以下几种。

① 石英玻璃　SiO_2 含量大于 99.5%，热膨胀系数低，耐高温，化学稳定性好，透紫外光和红外光，熔解温度高、黏度大，成型较难。多用于半导体、电光源、光导通信、激光等。

② 高硅氧玻璃　也称 Vycor 玻璃，主要成分 SiO_2 含量约为 95% ~ 98%，含少量 B_2O_3 和 Na_2O，其性质与石英玻璃相似。

③ 钠钙玻璃　以 SiO_2 为主，还含有 15% 的 Na_2O 和 16% 的 CaO，其成本低廉，易成型，适宜大规模生产，其产量占实用玻璃的 90%。可生产玻璃瓶罐、平板玻璃、器皿、灯泡等。

④ 铅硅酸盐玻璃　主要成分为 SiO_2 和 PbO，具有独特的高折射率和高体积电阻，与金属有良好的浸润性，可用于制造灯泡、真空管芯柱、晶质玻璃器皿、火石光学玻璃等。含有

大量 PbO 的铅玻璃能阻挡 X 射线和 γ 射线。

⑤ 铝硅酸盐玻璃　以 SiO_2 和 Al_2O_3 为主要成分，软化变形温度高，用于制作放电灯泡、高温玻璃温度计、化学燃烧管和玻璃纤维等。

⑥ 硼酸盐玻璃　以 SiO_2 和 B_2O_3 为主要成分，具有良好的耐热性和化学稳定性，用以制造烹饪器具、实验室仪器、金属焊封玻璃等。硼酸盐玻璃以 B_2O_3 为主要成分，熔融温度低，可抵抗钠蒸气腐蚀。含稀土元素的硼酸盐玻璃折射率高、色散低，是一种新型光学玻璃。

⑦ 磷酸盐玻璃　磷酸盐玻璃以 P_2O_5 为主要成分，折射率低、色散低，用于光学仪器中。

（4）按特性　根据玻璃的特性，可把玻璃分成如下几类。

① 镜片玻璃

a. 有良好的透视、透光性能。

b. 隔音，有一定的保温性能。

c. 抗拉强度远小于抗压强度，是典型的脆性材料。

d. 有较高的化学稳定性。通常情况下，对酸、碱、盐及化学试剂和气体都有较强的抵抗能力，但长期遭受侵蚀性介质的作用也能导致变质和破坏，如玻璃的风化和发霉都会导致外观破坏和透光性能降低。

e. 热稳定性较差，极冷、极热易发生炸裂。

② 装饰玻璃

a. 彩色平板玻璃可以拼成各类图案，并有耐腐蚀、抗冲刷、易清洗等特点。

b. 釉面玻璃具有良好的化学稳定性和装饰性。

c. 压花玻璃、喷花玻璃、乳花玻璃、刻花玻璃、冰花玻璃根据各自制作花纹的工艺不同，有各种色彩、观感、光泽效果，富有装饰性。

③ 安全玻璃

a. 钢化玻璃　机械强度高、弹性好、热稳定性好，碎后不易伤人。但可发生自爆。

b. 夹丝玻璃　受冲击或温度骤变后碎片不会飞散，可短时防止火焰蔓延，有一定的防盗、防抢作用。

c. 夹层玻璃　透明度好，抗冲击性能高，夹层 PVB 胶片的黏合作用可使碎片不散落伤人，耐久、耐热、耐湿、耐寒性高。

④ 功能性玻璃

a. 着色玻璃　有效吸收太阳辐射热，达到蔽热节能效果；吸收较多可见光，使透过的光线柔和；吸收紫外线，防止紫外线对室内产生影响；色泽艳丽耐久，增加建筑物外形美观。

b. 镀膜玻璃　保温隔热效果较好，但易产生光污染。

c. 中空玻璃　光学性能良好，保温隔热性能好，防结露，具有良好的隔声性能。

3. 新型玻璃

玻璃是一种古老的建筑材料，随着现代科技水平的迅速提高和应用技术的日新月异，各种功能独特的玻璃纷纷问世。

（1）不碎玻璃　英国一家飞机制造公司发明了一种用于飞机上的打不碎玻璃，它是一种夹有碎屑黏合成透明塑料薄膜的多层玻璃。这种以聚氯酯为基础的塑料薄膜具有黏滞的半液态稠度，当有人试图打碎它时，受打击的聚氯酯薄膜会慢慢聚集在一起，并恢复自己特有的整体性。这种玻璃可用于轿车，以防盗车。

（2）防弹玻璃 防弹玻璃是由玻璃（或有机玻璃）和优质工程塑料经特殊加工得到的一种复合型材料，它通常是透明的材料，譬如 PVB/ 聚碳酸酯纤维热塑性塑料（一般为力显树脂即 lexan 树脂也叫 LEXAN PC RESIN）。它具有普通玻璃的外观和传送光的行为，对小型武器的射击提供一定的保护。

（3）可钉钉玻璃 这种玻璃是将硼酸玻璃粉和碳化纤维混合后加热到 1000 摄氏度制成。它是采用硬质合金强化的玻璃，其最大断裂应力为一般玻璃的 2 倍以上，无脆性弱点，钉钉和装螺丝，不用担心破碎。

（4）不反光玻璃 由德国一家玻璃公司开发的不反光玻璃，光线反射率仅在 1% 以内（一般玻璃为 8%），从而解决了玻璃反光和令人目眩的头痛问题。

（5）防盗玻璃 匈牙利一家研究所研制的这种玻璃为多层结构，每层中间嵌有极细的金属导线，盗贼将玻璃击碎时，与金属导线相连接的警报系统会立即发出报警信号。

（6）隔音玻璃 这种玻璃是用厚达 5 毫米的软质树脂将两层玻璃黏合在一起，几乎可将全部杂音吸收殆尽，特别适合录音室和播音室使用。它的价格相当于普通玻璃的 5 倍。

（7）空调玻璃 是用双层玻璃加工制造的，可将暖气送到玻璃夹层中，通过气孔散发到室内，代替暖气片。这不仅节约能量，而且方便、隔音和防尘，到了夏天还可改为送冷气。

（8）真空玻璃 真空玻璃是在两片厚度为 3 毫米的玻璃之间设有 0.2 毫米间隔的 1/100 大气压的真空层，层内有金属小圆柱支撑以防外部大气压使两片玻璃贴到一起。这种真空玻璃厚度仅 6.2 毫米，可直接安装在一般的窗框上。它具有良好的隔热隔音效果，适用于民宅和高层建筑的窗户。

（9）智能玻璃 美国研制的这种玻璃透明度能随着视野角度变化而变化，它有一种特殊的高分子膜，其散光度、厚度、面积和形式都能由制造者自由选择，利用它可以起到一定的保护和屏蔽作用。

（10）全息玻璃 全息衍射玻璃可将某些颜色的光线集中到选择的方位。用这种玻璃的窗户可将自然光线分解成光谱组合色，并将光线射向天花板进而反射至房间的各个角落，即使没有窗户的房间，也可以通过通风管从反射墙"得到"阳光，然后由孔眼将光线射到天花板上。

（11）调温玻璃 英国一家公司研制成功被称为云胶的热变色调温玻璃，它是一种两面是塑料薄膜、中间夹着聚合物溶剂的合成玻璃。它在低温环境中呈透明状，吸收日光，待环境温度升高后则变成不透明，并阻挡日光，从而有效起到调节室内温度的作用。

（12）生物玻璃 生物玻璃具有生物适应性，可用于人造骨和人造齿龈等方面。

（13）天线玻璃 玻璃内层嵌有很细的天线，安装后，室内电视机就能呈现出更为清晰的画面。

（14）薄纸玻璃 德国科学家制造出一种能用于光电子学、生物传感器、计算机显示屏和其他现代技术领域的超薄型玻璃，厚度仅为 0.003 毫米。

（15）信息玻璃 日本德岛大学发明了一种能记录信息的玻璃。它记录信息时，先用光学显微镜将激光集中在玻璃内部的某一点上，30 微秒即完成一次照射，留下一个记录斑点，读信息时，通过激光扫描斑点来进行。这种记录信息可在常温下进行，其性能已高于大家使用的光盘。

（16）污染变色玻璃 美国加州大气污染观测实验室研制出一种能探测污染的污染变色玻璃。这种玻璃受到污染气体污染时能改变颜色，例如受到酸性气体污染时变成绿色，可用来制作污染检测材料和标示材料。

（17）排二氧化碳玻璃　日本开发出可透过二氧化碳的玻璃，应用于居室的玻璃窗上，可将室内的二氧化碳气体排出室外。在不同的湿度下透过的二氧化碳量不同，湿度越大，透过性越高。

（18）电解雾化玻璃　电解雾化玻璃具有耐刮、耐划、手感舒适、柔软、不带汗渍、不留指纹印的功能。它改变传统玻璃给人的冰冷及生硬的观感。通电后会自动产生表面雾化效果。

（19）泡沫玻璃　泡沫玻璃具有良好的生物稳定性，不腐烂，吸湿性差，便于加工，也容易与其他建筑材料黏合。

（20）自洁玻璃　二氧化钛涂层玻璃能防止污垢和水点聚积于表面，可达到自动清洗和防震的效果，可不费气力清洁玻璃窗。

4. 玻璃材料在建筑装饰中的应用

随着科学技术的不断发展，各种各样的装饰玻璃相继进入市场，满足了人们对生活品质的追求。如玻璃幕墙装饰于高层建筑物的外表，覆盖建筑物的表面，尤其是应用热反射镀膜玻璃的玻璃幕墙，将建筑物周围的景物，映衬到建筑物的表面。玻璃幕墙也从当初的采光、保温、防风雨等较为单纯的功能，变为多功能的装饰。

五、新型建材

新型建材（即新型建筑材料）是区别于传统的砖瓦、灰砂石等建材的建筑材料新品种，新型建筑材料主要包括新型墙体材料、新型防水密封材料、新型保温隔热材料和新型装饰装修材料四大类。

（1）新型墙体材料发展状况

新型墙体材料品种较多，主要包括砖、块、板，如黏土空心砖、掺废料的黏土砖、非黏土砖、建筑砌块、加气混凝土、轻质板材、复合板材等，但数量较少。

（2）新型防水密封材料发展状况

防水材料是建筑业及其他有关行业所需要的重要功能材料，是建筑材料工业的一个重要组成部分。改革开放以来，我国建筑防水材料获得较快的发展，拥有包括沥青油毡（含改性沥青油毡）、合成高分子防水卷材、建筑防水涂料、密封材料、堵漏和刚性防水材料等五大类产品。

（3）新型保温隔热材料发展状况

我国保温隔热材料工业已形成膨胀珍珠岩、矿物棉、玻璃棉、泡沫塑料、耐火纤维、硅酸钙绝热制品等为主的品种比较齐全的产业，技术、生产装备水平也有了较大提高。

（4）新型装饰装修材料发展状况

我国建筑装饰装修材料花色品种已达 4000 多种，已基本形成初具规模、产品门类较齐全的工业体系。

第五节　信息材料

信息材料就是为实现信息探测、传输、存储、显示和处理等功能使用的材料。信息材料主要包括半导体材料、光纤材料、激光材料、磁记录材料、光存储材料、有机光电导材料等。信息材料及产品支撑着现代通信、计算机、信息网络技术、微机械智能系统、工业自动化和家电等现代高技术产业。信息材料产业的发展规模和技术水平，已经成为衡量一个国家经济发展、科技进步和国防实力的重要标志之一，在国民经济中具有重要战略地位。

一、半导体材料

自然界的物质、材料按导电能力大小可分为导体、半导体和绝缘体三大类。半导体的电导率为 10^{-3} ~ 10^9 欧姆·厘米。半导体材料的电导率对光、热、电、磁等外界因素的变化十分敏感，在半导体材料中掺入少量杂质可以控制这类材料的电导率。半导体的基本化学特征是原子间存在饱和的共价键，典型的半导体材料具有金刚石或闪锌矿（ZnS）的结构。

最早得到利用的半导体材料都是化合物，如方铅矿（PbS）很早就用于无线电检波，氧化亚铜（Cu_2O）用作固体整流器，闪锌矿（ZnS）是熟知的固体发光材料，碳化硅（SiC）的整流检波作用也较早被利用。硒（Se）是最早被发现并被利用的元素半导体，曾是固体整流器和光电池的重要材料。元素半导体锗（Ge）放大作用的发现开辟了半导体历史新的一页，从此电子设备开始实现晶体管化。中国的半导体研究和生产是从 1957 年首次制备出高纯度（99.999999% ~ 99.9999999%）的锗开始的。采用元素半导体硅（Si）以后，不仅使晶体管的类型和品种增加、性能提高，而且迎来了大规模和超大规模集成电路的时代。以砷化镓（GaAs）为代表的系列化合物的发现促进了微波器件和光电器件的迅速发展。

（一）半导体材料的分类

半导体材料是半导体工业的基础，它的发展对半导体技术的发展有极大的影响。半导体材料按化学成分和内部结构，大致可分为以下几类。

（1）元素半导体，有锗、硅、硒、硼、碲、锑等。

（2）化合物半导体，由两种或两种以上的元素化合而成的半导体材料。它的种类很多，重要的有砷化镓、磷化铟、锑化铟、碳化硅、硫化镉及镓砷硅等。

（3）非晶体半导体材料，用作半导体的玻璃是一种非晶体无定形半导体材料，分为氧化物玻璃和非氧化物玻璃两种。

（4）有机半导体材料，已知的有机半导体材料有几十种，包括萘、蒽、聚丙烯腈、酞菁和一些芳香族化合物等。

（二）半导体材料的特性

半导体材料的导电性对某些微量杂质极敏感。纯度很高的半导体材料称为本征半导体，常温下其电阻率很高，是电的不良导体。在高纯半导体材料中掺入适当杂质后，由于杂质原子提供导电载流子，使材料的电阻率大为降低。这种掺杂半导体常称为杂质半导体。杂质半导体靠导带电子导电的称 N 型半导体，靠价带空穴导电的称 P 型半导体。不同类型半导体间接触（构成 PN 结）或半导体与金属接触时，因电子（或空穴）浓度差而产生扩散，在接触处形成位垒，因而这类接触具有单向导电性。利用 PN 结的单向导电性，可以制成具有不同功能的半导体器件，如二极管、三极管、晶闸管等。此外，半导体材料的导电性对外界条件（如热、光、电、磁等因素）的变化非常敏感，据此可以制造各种敏感元件，用于信息转换。

（三）半导体材料的应用

1. 元素半导体材料的应用

人们的家用电器中所用到的电子器件80%以上元件都离不开硅材料。锗的应用主要集中于制作各种二极管、三极管等。而以锗制作的其他器件如探测器也具有许多的优点，广泛地应用于多个领域。

2. 化合物半导体材料的应用

化合物半导体材料已经在太阳能电池、光电器件、超高速器件、微波等领域占据重要位置，且不同种类具有不同的应用。

3. 非晶体半导体材料的应用

非晶体半导体具有良好的开关和记忆特性及很强的抗辐射能力，工业上主要用来制造阈值开关、记忆开关、固体显示器件以及传感器、太阳能锂电池薄膜晶体管等非晶体半导体器件。

4. 有机半导体材料的应用

近些年来，有机半导体的发展极为迅速，目前有机半导体的主要应用领域包括场效应晶体管、电致发光二极管、太阳能电池、光电导、激光器、光波导、光开关、传感器、调制器以及光电探测等。另外，有机薄膜场效应晶体管、有机太阳能电池等方面的研究也取得了相当不错的进展。

5. 半导体材料在存储器上的应用

半导体存储器是信息产品中非常重要的一个部分，半导体存储器大体分为可高速写入和读取的随机存取存储器 RAM（Random Access Memory）和主要进行读取用的只读存储器 ROM（Read Only Memory）。

二、光纤材料

光纤是光导纤维的简写，是一种利用光在玻璃或塑料制成的纤维中的全反射原理而达成的光传导工具。由于光在光导纤维中的传导损耗比电在电线中传导的损耗低得多，光纤被用作长距离的信息传递。

目前通信中所用的光纤一般是石英光纤，是由两层折射率不同的石英玻璃组成的。通信光纤必须由纯度极高的材料组成。为了使纤维芯和包层的折射率略有不同，在主体材料里掺入微量的掺杂剂，使得光线能够达到全反射，从而有利于信息的传输。

（一）光纤的结构

光纤是一种细长多层同轴圆柱形实体复合纤维。自内向外分为三层：中心高折射率玻璃芯（芯径一般为50或62.5微米），中间为低折射率硅玻璃包层（直径一般为125微米），最外是加强用的高分子树脂涂覆层（图5-8）。核心部分为纤芯（也称芯层）和包层，二者共同构成介质光波导，形成对光信号的传导和约束，实现光的传输，所以又将二者构成的

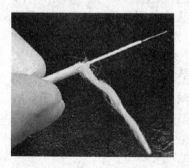

图5-8 光纤

光纤称为裸光纤。其中涂覆层又称被覆层，是一层高分子涂层，主要对裸光纤提供机械保护，因裸光纤的主要成分为二氧化硅，它是一种脆性易碎材料，抗弯曲性能差，韧性差，为提高光纤的微弯性能，涂覆一层高分子材料。

（二）光纤的分类

光纤的种类很多，根据用途不同，所需要的功能和性能也有所差异。但对于有线电视和通信用的光纤，其设计和制造的原则基本相同，如：损耗小，有一定带宽且色散小，接线容易，可靠性高，制造比较简单，价廉等。光纤常见的分类主要有以下两种。

（1）按传输点模数分类　按传输点模数可分单模光纤和多模光纤。单模光纤的纤芯直径很小，在给定的工作波长上只能以单一模式传输，传输频带宽，传输容量大。多模光纤是在给定的工作波长上，能以多个模式同时传输的光纤。与单模光纤相比，多模光纤的传输性能较差。

（2）按折射率分布分类　按折射率分布可分为跳变式光纤和渐变式光纤。跳变式光纤纤芯的折射率和保护层的折射率都是常数。在纤芯和保护层的交界面，折射率呈阶梯形变化。渐变式光纤纤芯的折射率随着半径的增加按一定规律减小，在纤芯与保护层交界处减小为保护层的折射率。纤芯的折射率的变化近似于抛物线。

（三）光纤的应用

1. 通信应用

光导纤维做成的光缆可用于通信技术，光纤传输有许多突出的优点：频带宽、损耗低、重量轻、抗干扰能力强、保真度高、工作性能可靠等。随着制造成本的不断下降，光纤传输成了有线通信的最主要传输手段，广泛应用于电信网络、互联网和有线电视网等。

2. 医学应用

由光导纤维制成的内窥镜可导入心脏，测量心脏中的血压、血液中氧的饱和度、体温等。用光导纤维连接的激光手术刀已在临床应用，并可用于光敏法治癌。

另外，利用光导纤维制成的内窥镜，可以帮助医生检查胃、食道、十二指肠等疾病。光导纤维胃镜是由上千根玻璃纤维组成的软管，它有输送光线、传导图像的本领，又有柔软、灵活、可以任意弯曲等优点，可以通过食道插入胃里。光导纤维把胃里的图像传出来，医生就可以窥见胃里的情形，然后根据情况进行诊断和治疗。

3. 传感器应用

光导纤维可以把阳光送到各个角落，还可以进行机械加工。计算机、机器人、汽车配电盘等也已成功地用光导纤维传输光源或图像。例如，与敏感元件组合或利用本身的特性，则可以做成各种传感器，测量压力、流量、温度、位移、光泽和颜色等。其在能量传输和信息传输方面也获得了广泛的应用。

4. 艺术应用

由于光纤良好的物理特性，光纤照明和 LED 照明已具有艺术装修美化的用途。例如，店名（标志）和广告牌可采用粗光纤制作光晕照明；场所外立面局部可采用光纤三维镜；在草坪上可布置光纤地灯；制造光纤瀑布、光纤立体球等艺术造型。

5. 井下探测技术

石油工业中需要更好的井下技术以提高无干扰流动监测和控制，从而提高原油采收率。可以共同提高采收率的技术有：电子井下传感器，提供定点温度和压力监测；流量和含水量传感器；井下电－液压操控流动控制系统；基于实时油藏动态数据；优化油藏模拟；高温光纤井下传感器；电子与光纤井口湿式连接系统，其中光纤起到了重要作用。

三、激光材料

激光是 20 世纪以来，继原子能、计算机、半导体之后人类的又一重大发明。在现代的信息技术中，激光是一种非常重要的光源，是光通信、光存储和光输出设备等技术的基础。

（一）激光的特点

激光的发射原理及产生过程的特殊性决定了激光具有普通光所不具有的特点：即三好（单色性好、相干性好、方向性好）一高（亮度极高）。

（1）单色性好　激光发射的各个光子频率相同，谱线宽度与单色性最好的氪同位素（^{86}Kr）灯发出的光的谱线相比，是后者的十万分之一，因此激光是最好的单色光源。

（2）相干性好　激光为我们提供了最好的相干光源。激光器的问世，促使相干技术获得飞跃发展，全息技术才得以实现。

（3）方向性好　激光束的发散角很小，可达到毫弧度，几乎是一平行的光线。激光照射到月球上形成的光斑直径仅有 1 千米左右。

（4）亮度极高　比太阳的亮度可高几十亿倍。因此激光具有很大的能量，用它可以容易地在钢板上打洞或切割。在工业生产中，利用激光高亮度的特点已成功地进行了激光打孔、切割、雕刻和焊接。在医学上，利用激光的方向性好和高能量可使剥离视网膜凝结和进行外科手术，现在用于近视治疗的准分子激光手术就是利用了激光的这些特性。在测绘方面，可以进行地球到月球之间距离的测量和卫星大地测量。在军事领域，提高激光能量，可以制成摧毁敌机和导弹甚至是卫星的激光武器；激光制导技术可以大大提高导弹的打击精度。在核技术中，激光可以用于核聚变点火。生活中的激光技术被广泛应用于光纤通信、激光笔、光盘存储等。在科技领域中，光源、激光冷却、全息技术、激光光解等也都离不开激光技术。

（二）激光材料

激光材料是把各种泵浦（电、光、射线）能量转换成激光的发光介质材料，是激光器的工作物质。激光材料按工作方式不同，可以分为连续激光和脉冲激光，前者输出光线不间断，但功率一般不高；后者是以极短暂的间隙周期闪烁式输出光线。以产生激光的介质材料特点分类，可分为固体激光器材料、气体激光器材料、液体激光器材料（主要是染料激光）和半导体激光器材料四大类。

1. 固体激光器材料

固体激光器材料按其化学成分可包括如下几种：简单有序结构氟化物、氟化物固溶体、有序结构的氧化物体系、高浓度自激活晶体、色心晶体和其他类型。

固体激光器的激发态具有相对较长的寿命，功率一般高于气体激光，也容易制成大功率激光器。固体激光器中最为常用的是红宝石激光器和钇铝石榴石激光器。

2. 气体激光器材料

气体激光器是以气体作为工作物质的激光器，利用气体原子、离子或分子的能级跃迁产生激光。通常包括原子、离子和分子气体激光器三种。原子气体激光器的典型代表是氦氖激光器；分子气体激光器的典型代表是 CO_2 激光器、氮分子（N_2）激光器和准分子（XeCl*）激光器；离子气体激光器的典型代表是氩离子（Ar^+）激光器和氦镉（He-Cd）离子激光器。

由于气态物质的光学均匀性一般都比较好，气体激光器在单色性和光束稳定性方面都比固体激光器、半导体激光器和液体（染料）激光器优越。气体激光器产生的激光谱线极为丰富，达数千种，分布在从真空紫外到远红外波段范围内。多数气体激光器都有瞬间功率不高的特点。

3. 液体激光器材料（主要是染料激光器）

染料激光器是以某种有机染料溶解于一定溶剂（甲醇、乙醇或水等）中作为激活介质的激光器。其优点是能连续脉冲和长脉冲工作；输出激光波长可调谐，它不仅可直接获得从 0.3～1.3 微米光谱范围内连续可调谐的窄带高功率激光，还可以通过混频等技术获得从真空紫外到中红外的可调谐相干光；可以产生极窄（飞秒量级）的光脉冲。缺点是稳定性差。主要应用于激光光谱学、同位素分离、激光医学等领域，是目前在光谱学研究中用得最多的一种激光器。

很多荧光染料都可制成染料激光器，如最常用的罗丹明 6G。

4. 半导体激光器材料

半导体激光与传统 LED 的结构与原理基本相似，但有所区别。半导体激光的核心是 P-N 结，它与一般的 LED P-N 结的主要差别是，半导体激光器是高掺杂的，即 P 型半导体中的空穴极多，N 型半导体中的电子极多。因此半导体激光器 P-N 结中的自建场很强，结两边产生的电位差 VD（势垒）很大。

LD 工作时，只有外加足够强的正电压，注入足够大的电流，才能产生激光，否则只能产生荧光。这里所指的荧光就是传统 LED 的发光行为，其发射光波长呈带状分布，谱带半峰宽数十纳米。而 LD 所发射的激光也不是传统意义上的线状光，而是半峰宽仅为几纳米的窄带状光谱。鉴于 LD 受激辐射、窄带发射的特点，可看成一种近似激光。

LD 广泛应用于激光打印机、光碟光驱、激光笔、光纤通信等。

四、磁记录材料

磁记录材料是指利用磁特性和磁效应输入（写入）、记录、存储和输出（读出）声音、图像、数字等信息的磁性材料。分为磁记录介质材料和磁头材料。前者主要完成信息的记录和存储功能，后者主要完成信息的写入和读出功能。磁记录材料的应用领域十分广泛，根据工作频率范围不同主要可分为磁录音、磁录像、磁录数（码）、磁复制、磁印刷和磁照相等。

磁记录材料是一种涂敷在磁带、磁卡、磁盘和磁鼓上面用于记录和存储信息的永磁材料，它具有矫顽力（H_c）和饱和磁感应强度（B_s）大、热稳定性好等特点。常用的介质有氧化物和金属材料两种。金属磁记录介质材料有铁、钴、镍的合金粉末，用电镀化学和蒸发方法制成的钴－镍、钴－铬等磁性合金薄膜，广泛使用的磁记录介质是 γ-Fe_2O_3 系材料。

磁头材料是具有矫顽力低、磁导率高、饱和磁化强度高、损耗小、硬度高和剩余磁化强度小等特点，用以将输入信息记录、存储在记录载体中，或将存储在记录载体中的信息输出的软磁材料。目前磁头材料主要有金属、铁氧体和非晶态三种。金属磁头一般采用 Fe-Ni-

Nb（Ta）合金或 Fe-Ni-Al 合金加工而成，但只能在低频下使用。铁氧体单晶或多晶磁头用的材料有（MnZn）Fe_2O_4 等，都具有高磁导率、高饱和磁化强度和电阻率，可在高频（如录像）中使用。非晶态材料常见的有 Fe-B 系、Fe-Ni 系、Fe-Co-B 系和 Fe-Co-Ni-Zn 系等。

磁记录密度将向大容量、小型化和高速化方向发展。为了得到更好的磁记录效果，这两种材料均不断向薄膜化方向发展。

磁记录具有记录密度高，稳定可靠，可反复使用，时间基准可变，可记录的频率范围宽，信息写入、读出速度快等特点，广泛应用于广播、电影、电视、教育、医疗、自动控制、地质勘探、电子计算技术、军事、航天及日常生活等方面。如以前常见的录像机、录音机等都是采用磁记录技术来记录视频、音频信号的。

五、光存储材料

（一）光存储技术的发展

光存储技术是采用激光照射介质，激光与介质相互作用，导致介质的性质发生变化而将信息存储下来的。读出信息时用激光扫描介质，识别出存储单元性质的变化。在实际操作中，通常都是以二进制数据形式存储信息的，所以首先要将信息转化为二进制数据。写入时，将主机送来的数据编码，然后送入光调制器，这样激光源就输出强度不同的光束。此激光束经光路系统、物镜聚焦后照射到介质上，其中一种存储方法是介质被激光烧蚀出小凹坑。介质上被烧蚀和未烧蚀的两种状态对应着两种不同的二进制数据。识别存储单元这些性质变化，即读出被存储的数据。

光存储技术经过不断地发展，已经发展到了第四代。

1. 第一代光盘技术

多媒体信息时代的第一次数字化革命是以直径为 12 厘米的高音质 CD 光盘取代直径为 30 厘米的密纹唱片。这其中包括 CD-ROM，CD-R 和 CD-RW 类型。CD 光盘使用的激光波长为 780 纳米，存储容量为 650MB。

2. 第二代光盘技术

第二代数字多用 DVD 光盘，使用的激光波长为 635 纳米或 650 纳米，单面存储容量为 4.7GB，双面双层结构的为 17GB。DVD 光盘系列有 DVD-ROM、DVD-R、DVD-RW、DVD+RW 等多种类型。目前 DVD-Multi 已兼容了 DVD-RW、DVD+RW、DVD-RAM 三种光盘。上述产品的问世，对包括音频、视频信息在内的数据的记录都发挥过巨大的作用。

3. 第三代光盘技术

高清晰度电视 HDTV 的投入使用，要求研发出更高存储密度的光盘，蓝光存储、近场光存储等技术应运而生。

（1）蓝光存储　随着 405 纳米波长的蓝紫色半导体激光器的成功开发和商品化，高密度激光视盘系统步入了第三代光存储时代。

刚推出的蓝光光盘，采用 AgInSbTe 相变材料，得到单盘单面 12GB 存储容量，每秒 30MB 数据输出。接下来推出的蓝光光盘容量不断提升，单面单层容量达到 27GB 的可擦写光盘和其他规格的光盘，能存储 2 小时的高清晰度视音频信号，以及超过 13 小时的标准电视信号。之后 HD DVD 联盟推出只读单层 15GB、只读双层 30GB、可擦写单层 20GB、可擦写双层 40GB 等的光盘。

（2）近场光存储　为突破衍射分辨率极限，研究人员提出了近场光存储。其主要原理是使用锥尖光纤作为数据读写的光头，而且将光纤与光盘之间距离控制在纳米级，使从光纤中射出的光在没有扩散之前就接触到盘面，故称作近场记录。与传统的光存储方式相比，近场光存储的存储容量大大提高。当光斑直径小于半个波长时，存储密度就会提高几个数量级，可达到 100GB 以上。

4. 第四代光盘技术

全息记录技术的光盘称为全息通用光盘，简称为全息光盘。全息光盘具有存储密度高、存储速度超快、冗余度高和寻址速度快等特点。

在同样 12 厘米的光盘上，使用全息记录技术可以将存储容量提升到 1TB，这将是目前 DVD 标准容量（4.7GB）的 200 倍。而且在数据传输率方面，也将到达每秒 1GB，远高于现有的硬盘水平，是目前 DVD 最高速度的 40 倍。

（二）光存储材料简介

光存储材料是借助光束作用写入、读出信息的材料，又称为光记录高分子材料。光记录材料可以分为只读型和读写型，只读型由光盘基板和表面记录层构成，用于永久性保留信息，多是从可写型光盘复制得到的，价格低廉，可以大批量复制生产，如常见的 LD 视盘、CD 唱片、VCD、DVD 和蓝光光盘等；读写型光记录材料由光盘基板与光敏材料复合而成，记录的信息可以在激光作用下改写，用于临时性信息记录，价格较贵。光存储材料是目前使用最广、高密度、低价格信息记录材料之一。

1. 只读式光盘材料

只读式光盘一般由盘基（多采用聚碳酸酯 PC）、金属反射层（一般为 Al）和保护层组成。光盘衬底材料一般采用聚甲基丙烯酸甲酯、聚碳酸酯和聚烯类非晶材料。

2. 一次写入型光盘材料

一次写入型光盘 CD-R 是采用有机染料作为记录层的可录式光盘，为了提高反射率，反射层采用 Au 膜取代 Al 膜。CD-R 所用的有机染料主要有花菁染料、酞菁染料和偶氮化合物等。

3. 可擦写光盘材料

（1）相变型存储材料　相变光盘的记录层是由半导体合金相变材料构成的。相变光存储材料主要分为 Te（碲）基、Se（硒）基和 InSb（铟锑）基合金三大类。其中四元 In-Sb-Te-Ag 合金，由于其晶态的反射率较高，写入功率较低，抹除响应特性好，被认为是一种应用前景良好的相变光盘材料，已成为 DVD-RAM 的首选记录材料之一。有机材料有可能成为另一类可擦写的超高密度光存储介质材料，但目前尚处于研究探索阶段。

（2）磁光存储材料　磁光盘（MO）是一种比较特殊的光盘，属于磁记录和光记录的混合体。磁光记录与磁记录的不同主要在于记录读出信号所用的传感元件是光头而不是磁头。

磁光盘的发展方向和光盘相似，是小型化、高密度（大容量）化和高速化。在小型化方面，已从 130 纳米的第一代发展到 90 纳米、64 纳米，以及作为数字相机使用的 50.8 纳米的 iD 图像光盘（单面容量 730MB）。大容量方面，第一代的 130 纳米 MO 的双面容量为 650MB，发展到 1.3GB、2.6GB、5.2GB 和 9.1GB；90 纳米 MO 则从 128MB、230MB、640MB

发展到 1.3GB 和 2.3GB。

4. 全息光盘材料

在全息光存储中，存储介质是一项关键技术。它关系到存储容量、传输速度、系统体积等。目前广泛使用的全息存储材料包括：银盐材料、光致抗蚀剂、光导热塑材料、重铬酸盐明胶（DCG）、光致聚合物、光致变色材料和光折变晶体。

六、有机光电导材料

有机光电导材料是现代信息社会不可缺少的高技术材料。自 20 世纪 80 年代起，人们着重研究了一些毒性低、对环境污染小、具有高灵敏度、长寿命的 OPC 材料。现在已经被应用的材料有几十种之多。

1. 光电导材料的特征

光电导材料是指在光辐射下能增加电导率的无机或有机材料。无机光电导材料是最早使用在静电复印机上的材料，其中硒鼓是用得最多的一种，它是由锑砷掺杂敏化的无定形硒而制成的。由于硒对环境的严重污染，硒鼓的应用逐渐遭到淘汰，取而代之的就是成本低廉、污染小的有机光电导材料。作为光电导材料必须具备以下特征。

（1）光照时能迅速荷电并能保持其静电荷，即具有高的充电电位和较小的暗衰。

（2）能快速放电，即对光敏感，这对静电复印特别重要。

（3）在曝光区域内，其残余电位低，即与充电电位有大的差值，此特征对复印清晰度特别重要。

（4）光谱敏感性好。

（5）耐磨、成本低、毒性小。

2. 有机光电导材料

有机光电导材料与无机光电导材料相比，其优点十分明显，其优点如下。

（1）具有双重导电性，既可传输电子，又可传输空穴。

（2）光敏性好、耐磨性能好、成本低、毒性小、易加工、对环境污染小。

（3）根据要求可以进行分子设计。

有机光电导材料根据用途可分为电荷产生材料和电荷传输材料。

（1）电荷产生材料

① 复印机用电荷发生材料　要求使用在 450 ~ 650 纳米的可见光区具有感光度的有机颜料，在这个波长区域内具有光吸收能力的有机颜料有偶氮颜料（—N＝N—）和稠环系颜料等。

② 激光打印机用电荷发生材料　由于半导体激光打印机的光源波长在 780 ~ 830 纳米区域，所以使用的有机颜料与复印机用的有机颜料相比趋向近红外区，并具长波长的光吸收能力。这些颜料有酞菁、双偶氮颜料和三偶氮颜料等。

（2）电荷传输材料

① 复印机感光鼓用的电荷传输材料　应使用离子化电位差小的化合物，如吡唑啉类、腙类、噁唑类、芳胺类和三苯甲烷类化合物等，这类化合物很多已达实用阶段，以腙类化合物（N—N＝CH—）的效果较好。

② 激光打印机感光鼓用的电荷传输材料　目前使用较多的是酞菁类化合物，如氧化

酞菁。

根据 OPC 材料的光敏特性，目前已开发出以静电摄影原理为基础的感光鼓器件、以电荷耦合器件原理为基础的图像传感器和以光伏效应为基础的光电池三大类有机光电导器件，在静电复印、激光打印、光电池、全息照相等领域得到广泛应用。

现在有机光电导材料已经成为信息社会不可或缺的高技术材料，随着时代和信息技术的发展，成本更低、性能更高、对环境污染小的有机复合光电导材料及器件正成为当前信息和功能材料研究的方向和趋势。

思考题

1. 具有特殊功能的新型金属材料有哪些？分别具有哪些特性？
2. 陶瓷是如何制备的？传统陶瓷和特种陶瓷的差异有哪些？
3. 塑料的主要成分是什么？生活中常见的 1 ~ 7 号塑料分别对应哪些种类有机材料？分别用于制造哪些日常用品？
4. 常见的节能灯的发光原理是什么？有什么特点？
5. 什么是纳米材料？在日常生活中你碰到过哪些纳米材料？
6. 简述用于纺织品的纤维材料的种类和特征。
7. 简述制革的过程和目的。
8. 天然橡胶的结构特点是什么？
9. 水泥生产的工艺流程分为哪些？
10. 简述钢材的化学成分及其对钢材性能的影响。
11. 木材综合利用时，制成的人造板材有哪几种？各自特点是什么？
12. 玻璃的结构特点是什么？有哪些特性？
13. 简述光纤的结构特点及其应用。
14. 石英光纤纤芯和包层折射率差异是如何实现的？
15. 什么是液晶材料？如何分类？有什么特点？举例说明其应用。
16. 重要的化合物半导体有哪些？其主要应用领域有哪些？
17. 简述激光材料的特点及其分类。
18. 信息存储技术主要有哪些？比较各自的特点。
19. 简述 LED 和 OLED 的异同点。举例说明各自的特征应用。

参考文献

［1］江家发. 现代生活化学. 合肥：安徽人民出版社，2013.

［2］迟玉杰. 食品化学. 北京：化学工业出版社，2012.

［3］（美）E. 牛顿. 食品化学. 王中华，译. 上海：上海科学技术文献出版社，2008.

［4］马力. 食品化学与营养学. 北京：中国轻工业出版社，2007.

［5］刘红英，高瑞昌，戚向阳. 食品化学. 北京：中国质检出版社，2013.

［6］潘鸿章. 化学与日用品. 北京：北京师范大学出版社，2011.

［7］曹阳. 结构与材料. 北京：高等教育出版社，2003.

［8］丁秉钧. 纳米材料. 北京：机械工业出版社，2004.

［9］江元汝. 生活中的化学. 北京：中国建材工业出版社，2002.

［10］刘旦初. 化学与人类·3版. 上海：复旦大学出版社，2007.

［11］曾兆华，杨建文. 材料化学. 北京：化学工业出版社，2013.

［12］陈照峰，张中伟. 无机非金属材料学. 西安：西北工业大学出版社 2010.

［13］IterranteL，Hampden-SmithM. 先进材料化学. 郭兴伍，译. 上海：上海交通大学出版社，2013.

［14］雷智，张静全. 信息材料. 北京：国防工业出版社，2009.

［15］干福熹，王阳元，等. 信息材料. 天津：天津大学出版社，2000.

［16］施开良. 环境·化学·人类健康. 北京：化学工业出版社，2003.

［17］徐东耀，许端平. 环境化学. 徐州：中国矿业出版社，2013.

［18］StanleyEM. 环境化学. 孙红文，译. 北京：高等教育出版社，2013.

［19］王春霞，朱利中，江桂斌. 环境化学学科前沿与展望. 北京：科学出版社，2011.

［20］王绍茄. 环境保护与现代生活. 北京：化学工业出版社，2009.

［21］林静. 生活中离不开的化学. 北京：中国社会出版社，2012.

［22］陈军，陶占良. 能源化学. 北京：化学工业出版社，2004.

［23］袁权. 能源化学进展. 北京：化学工业出版社，2005.

［24］周建伟，周勇，刘星. 新能源化学. 郑州：郑州大学出版社，2009.

［25］高胜利，谢钢，杨奇. 化学·社会·能源. 北京：科学出版社，2012.

［26］李红. 食品化学. 北京：中国纺织出版社，2015.

［27］李清寒，赵志刚. 绿色化学. 北京：化学工业出版社，2017.

［28］江元汝. 化学与健康. 北京：科学出版社，2017.

［29］蔡苹. 化学与社会. 北京：科学出版社，2019.

［30］杨金田. 谢德明. 生活的化学. 北京：化学工业出版社，2009.

［31］谢德明，等. 健康与化学. 北京：化学工业出版社，2016.

［32］郑明. 化妆品化学. 北京：中国轻工业出版社，2012.

［33］俞一夫. 烹饪化学. 北京：中国轻工业出版社，2012.